U0344158

玻璃加工技术丛书
编写人员

主　编：刘志海

《玻璃冷加工技术》：高　鹤

《玻璃强化及热加工技术》：李　超

《玻璃镀膜技术》：宋秋芝

《玻璃复合及组件技术》：李　超、高　鹤

玻璃加工技术丛书
BOLI JIAGONG JISHU CONGSHU

BOLI
LENGJIAGONG
JISHU

玻璃
冷加工技术

高鹤 编著

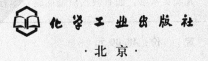

化学工业出版社

·北京·

图书在版编目（CIP）数据

玻璃冷加工技术/高鹤编著．—北京：化学工业出版社，
2013.6（2023.5重印）
（玻璃加工技术丛书）
ISBN 978-7-122-17249-5

Ⅰ.①玻…　Ⅱ.①高…　Ⅲ.①玻璃-冷加工　Ⅳ.①TQ171.6

中国版本图书馆 CIP 数据核字（2013）第 091566 号

责任编辑：常　青　吴　昊　　　　　　装帧设计：韩　飞
责任校对：边　涛

出版发行：化学工业出版社（北京市东城区青年湖南街 1 号　邮政编码 100011）
印　　装：北京天宇星印刷厂
710mm×1000mm　1/16　印张15　字数282千字　　2023 年 5 月北京第 1 版第 3 次印刷

购书咨询：010-64518888　　　　　　售后服务：010-64518899
网　　址：http://www.cip.com.cn
凡购买本书，如有缺损质量问题，本社销售中心负责调换。

定　　价：48.00 元

丛书前言

　　玻璃是应用广泛的透明材料，玻璃经过各种工艺加工以后，其光学、热学、电学、力学及化学的性能改变，可以制得具有某设定值的太阳光反射率、透射率；辐射热的反射率、透射率；热传导率；表面电阻；机械强度；晶莹高雅的颜色或图案。因此加工玻璃制品具有隔热、控光、导电、隔声、防结露、防辐射、减反射、安全、美观舒适的功能。

　　随着我国国民经济的迅速发展和城乡居民生活水平的不断提高，对加工玻璃的数量和质量的要求也不断提高。进入 21 世纪，玻璃精细加工行业发展迅猛。玻璃的加工过程，常是运用热学、化学、电子学、磁学、分子动力学、离子迁移学的处理过程，更多时是运用多种工艺方法共同处理的过程。也就是说，玻璃加工行业已从简单的生产，发展为各学科、各技术相互渗透与交融的高新技术产业。在新的形势面前，为了使广大的生产、科研、使用者能够充分了解玻璃加工技术的发展，掌握其产品性能、生产工艺、检测手段和使用方法，我们在参考国内外有关玻璃深加工方面文献的基础上，并结合玻璃加工技术实践经验，组织编著了这套玻璃加工技术丛书，以飨读者。

　　本套丛书按照玻璃加工工艺及专业分为四册，即《玻璃冷加工技术》、《玻璃强化及热加工技术》、《玻璃镀膜技术》和《玻璃复合及组件技术》。本套丛书在编写过程中，力求做到既介绍玻璃加工基础知识，又联系生产实际，希望能为从事玻璃加工研究、开发设计、生产、施工、管理、监理等广大同仁提供一些帮助。

　　由于我们学识水平所限，难免在丛书的整体结构方面，各分册具体技术的阐述方面存在这样和那样的问题及不足，敬请有识之士批评、指正。

　　借此丛书出版之际，谨向所有关心我们的老领导、老前辈以及同事、朋友表示深切的谢意！

刘志海

2013 年 5 月

前言

FOREWORD

　　玻璃是一种传统建筑材料，随着人们生活水平的提高和审美观念的不断改变，单纯的平板玻璃已经不能满足需求，各类加工玻璃应运而生。加工玻璃是以平板玻璃为基础，经过不同的加工或者处理方法，使其具有节能、环保、安全、装饰等新的功能或形状的二次加工制品。

　　玻璃冷加工是在常温下，通过研磨、抛光、磨边、切割、钻孔、磨砂、喷砂、刻花等机械方法，以改变玻璃及玻璃制品外形和表面状态。近年来，玻璃冷加工技术发展迅速，产品品种日益增多，包括喷砂或磨砂玻璃、喷花玻璃、雕刻玻璃、彩绘玻璃、蒙砂玻璃以及蚀刻玻璃等越来越多地出现在人们生活当中。

　　为满足玻璃加工生产技术人员的需要，笔者在参考了玻璃冷加工技术最新成果及发展状况文献资料并结合实践经验的基础上，编写了本书。

　　本书按照技术原理、生产工艺及设备、产品质量、标准检测的主线，系统介绍了玻璃的清洗、切割及钻孔、研磨及抛光、雕刻、贴膜与涂膜、化学蚀刻、丝网印刷、彩绘与镶嵌等玻璃冷加工技术，以期对玻璃冷加工从业人员提供一些帮助。

　　本书在编写中，得到同事、朋友及家人的大力支持，他们是马军、刘世民、王彦彩、王立坤、冀杉、刘笑阳、付一轩等，在此一并致以衷心的感谢！

　　鉴于玻璃冷加工行业还在不断发展变化，加之笔者学识有限，实践经验不足，难免在某些问题的界定、分类以及表述等方面存在疏漏和不妥之处，敬请有识之士不吝赐教，给予批评指正。

编者

2013 年 6 月

目 录

CONTENTS

第 4 章 玻璃的研磨及抛光技术 … 82

第 5 章 玻璃雕刻技术 … 116

第 6 章　玻璃贴膜与涂膜技术　142

第 7 章　玻璃化学蚀刻技术　167

第 8 章　玻璃丝网印刷技术 186

第 **1** 章

玻璃冷加工基本知识

1.1 玻璃冷加工概述

1.1.1 玻璃冷加工的概念

在常温下，通过机械等方法来改变玻璃及玻璃制品的外形和表面状态的过程，称为玻璃的冷加工。冷加工的基本方法有：研磨、抛光、磨边、切割、钻孔、磨砂、喷砂、刻花、砂雕、切削、洗涤、干燥、彩绘、蚀刻、丝网印刷、贴膜和涂膜等。

某些玻璃制品在进行工艺加工之前，要对玻璃原片进行切割、磨边、研磨、抛光、钻孔、洗涤、干燥等处理，如钢化玻璃、夹层玻璃等；还有一些玻璃，经洗涤干燥后即进行加工处理，然后再根据使用要求进行切割、磨边、钻孔、洗涤等工序成为最终产品，如玻璃镜；另外还有的装饰玻璃、艺术玻璃（如彩绘、浮雕等），需要特定的工艺加工，这些均属于玻璃的冷加工。

1.1.2 玻璃冷加工的缺陷及影响因素

玻璃在冷加工的各生产过程中，由于加工工艺、机械设备或人为原因，会使玻璃上出现各种不同的缺陷。玻璃加工的缺陷使玻璃的质量大大降低，甚至严重地影响玻璃的进一步成型和加工，或者造成大量的废品。冷加工过程中的缺陷主要是外观缺陷，包括磨伤、划伤、爆边、凹凸、缺角、尺寸偏差等。

不同种类的缺陷，其研究方法也不同，当玻璃中出现某种缺陷后，往往需要通过几种方法的共同研究，才能正确加以判断。在查明产生原因的基础上，及时采取有效的工艺措施来制止缺陷的继续发生。

总之，玻璃冷加工的好坏，玻璃的性质是决定性的因素。而影响冷加工的玻璃的性质有玻璃表面的张力、玻璃的力学性质以及玻璃的化学稳定性等。

1.1.3 玻璃冷加工技术的发展趋势

玻璃冷加工技术的发展趋势主要有以下几个方面。

（1）产品品种多样化 随着加工技术的进步，玻璃产品的品种日益繁多，包括喷砂或磨砂玻璃、喷花玻璃、雕刻玻璃、彩绘玻璃、蒙砂玻璃、镀膜玻璃以及蚀刻玻璃等越来越多地出现在人们的生活当中。

（2）加工生产技术的复合性 未来玻璃加工不只是利用单一的技术和方法进行生产，而是利用多种技术综合的方法来生产，这就要求相关的生产企业研究建立系统规范的生产体系。

（3）新型功能玻璃的生产与加工 在目前玻璃加工技术的基础上，应努力开发新技术，从而有效利用资源，研究具有新型功能（如复合功能、生态智能）的玻璃生产加工技术，这还需要业内人士的进一步研究开发。

1.2 玻璃的表面张力

1.2.1 玻璃表面张力的物理与工艺意义

与其他液体一样，熔融玻璃表面层的质点受到内部质点的作用而趋向于熔体内部，使表面有收缩的趋势，即玻璃液表面分子间存在着作用力，称为表面张力。增加熔体表面面积，相当于将更多质点移到表面，必须对系统作功。为此表面张力的物理意义为：玻璃与另一相接触的相分界面上（一般指空气），在恒温、恒容下增加一个单位表面时所作的功，它的国际单位为 N/m 或 J/m^2。硅酸盐玻璃的表面张力一般为 $(220 \sim 380) \times 10^{-3}$ N/m，比水的表面张力大 3~4 倍，也比熔融的盐类大，而与熔融金属数值接近。

熔融玻璃的表面张力在玻璃制品的生产和加工过程中有着重要的意义，特别是在玻璃的澄清、均化、成形，以及玻璃液与耐火材料相互作用等过程中起着重要的作用。

在熔制过程中，表面张力在一定程度上决定了玻璃液中气泡的长大和排除，在一定条件下，微小气泡在表面张力作用下，可溶解于玻璃液内。在均化时，条纹及节瘤扩散和熔解的速率决定于主体玻璃和条纹表面张力的相对大小。如果条纹的表面张力较小，则条纹力求展开成薄膜状，并包围在玻璃体周围，这样条纹就很快地熔解而消失。相反如果条纹（节瘤）的表面张力较主体玻璃大，条纹（节瘤）力求成球形，不利于扩散和熔解，因而较难消除。

在玻璃成形过程中，浮法平板玻璃是基于玻璃的表面张力作用，从而获得了可与磨光玻璃表面相媲美的优质玻璃。另外，玻璃液的表面张力还影响到玻璃液对金属表面的附着作用，这使得在玻璃与金属材料和其他材料封接时也有重要的作用。玻璃制品生产中的人工挑料或吹小泡及滴料供料时，都要借助表面张力，使之达到一定形状。比如拉制玻璃管、玻璃棒、玻璃丝时，正是由于表面张力的作用才能获得正确的圆柱形。另外玻璃制品的烘口、火抛光也是借助表面张力的作用才能实现。

　　但是，表面张力有时对某些玻璃制品的生产也会带来不利影响。例如在生产压花玻璃及用模具压制的玻璃制品时，其表面图案往往因表面张力作用使尖锐的棱角变圆，清晰度变差。在生产玻璃薄膜和玻璃纤维时，必须很好地克服表面张力的作用。在生产平板玻璃，特别是薄玻璃进行拉制时，需要用拉边克服因表面张力所引起的收缩。

1.2.2　玻璃表面张力与组成、温度的关系

　　如前所述，表面张力是由于排列在表面层（或相界面）的质点受力不均衡引起的，故这个力场相差越大，表面张力越大，因此凡是影响熔体质点间相互作用力（分子键结合力）的因素，都将直接影响表面张力的大小。主要包括玻璃的组成、温度等。

　　（1）与组成的关系　对于硅酸盐熔体，随着组成的变化，特别是 O/Si 比值的变化，其复合阴离子团的大小、形态和作用力矩 e/r 大小也发生变化（e 是阴离子团所带的电荷，r 是阴离子团的半径）。一般来说 O/Si 越小，熔体中复合阴离子团越大，e/r 值变小，相互作用力越小，因此，这些复合阴离子团就部分地被排挤到熔体表面层，使表面张力降低。一价金属阳离子以断网为主，它的加入能使复合阴离子团离解，由于复合阴离子团的 r 减小使 e/r 值增大，相互间作用力增加，表面张力增大。如图 1-1 所示。

　　从图 1-1 可以看出，在不同温度下，随着 Na_2O 含量增多，表面张力 σ 增大。但对于 $Na_2O\text{-}SiO_2$ 系统，随着离子半径的增加，这种作用依次减小。其顺序为：

$$\sigma_{Li_2O\text{-}SiO_2} > \sigma_{Na_2O\text{-}SiO_2} > \sigma_{K_2O\text{-}SiO_2} > \sigma_{Cs_2O\text{-}SiO_2}$$

到 K_2O 时已经起到降低表面张力的作用，如图 1-2 所示。

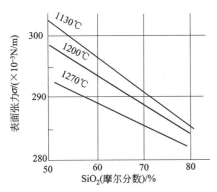

图 1-1　$Na_2O\text{-}SiO_2$ 系统熔体成分对表面张力的影响

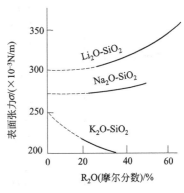

图 1-2　1300℃ $R_2O\text{-}SiO_2$ 系统表面张力与成分的关系

各种氧化物对玻璃的表面张力的影响是不同的，Al_2O_3、CaO、MgO 等增加表面张力，引入大量的 K_2O、PbO、B_2O_3、Sb_2O_3 等氧化物则起显著地降低效应，而 Cr_2O_3、V_2O_5、MoO_3、WO_3 等氧化物，即使引入量较少，也可剧烈的降低表面张力。例如，在锂硅酸盐玻璃中引入 33% 的 K_2O 可能使表面张力从 $317\times10^{-3}N/m$ 降到 $212\times10^{-3}N/m$，往同样玻璃中只要引入 7% 的 V_2O_5 时，表面张力就降到 $100\times10^{-3}N/m$。

一般能使熔体表面张力剧烈降低的物质称为表面活性物质。表面活性物质与非表面活性物质对多元硅酸盐系统表面张力影响的程度有很大的差别。表 1-1 是当玻璃熔体与空气为界面时，各种组分对表面张力的影响。

表 1-1 中，第 I 类组成氧化物包括 SiO_2、TiO_2、ZrO_2 等，对表面张力符合加和性法则，可用下式计算：

$$\sigma=\frac{\sum \bar{\sigma}_i a_i}{\sum a_i} \tag{1-1}$$

式中　σ——玻璃的表面张力；

$\bar{\sigma}_i$——各种氧化物组分的平均表面张力因数（常数，表 1-1）；

a_i——每一种氧化物的摩尔分数。

表 1-1　组成氧化物对玻璃表面张力的影响

类　别	组　分	组分的平均表面张力因数 $\bar{\sigma}_i$(1300℃时)/$\times10^{-3}$	备　注
I. 非表面活性组分	SiO_2	290	La_2O_3、Pr_2O_5、Nd_2O_3、GeO_2 也属于此类
	TiO_2	250	
	ZrO_2	350	
	SnO_2	350	
	Al_2O_3	380	
	BeO	390	
	MgO	520	
	CaO	510	
	SrO	490	
	BaO	470	
	ZnO	450	
	CdO	430	
	MnO	390	
	FeO	490	
	CoO	430	
	NiO	400	
	Li_2O	450	
	Na_2O	290	
	CaF_2	420	

续表

类　　别	组　　分	组分的平均表面张力因数 $\bar{\sigma}_i$(1300℃时)/$\times 10^{-3}$	备　　注
Ⅱ．中间性质的组分	K_2O、Rb_2O、Cs_2O、PbO、B_2O_3、Sb_2O_3、P_2O_5、	可变的，数值小，可能为负值	Na_3AlF_6、Na_2SiF_6 也能显著降低表面张力
Ⅲ．难熔而表面活性强的组分	As_2O_3、V_2O_5、WO_3、MoO_3、$CrO_3(Cr_2O_3)$、SO_3	可变的，并且是负值	这种组分能使玻璃的 σ 降低 20%～30% 或更多

如果组成氧化物为质量百分数计算时，则可用表 1-2 所给出的表面张力因数计算。

表 1-2　不同温度下的表面张力因数

组　　分	表面张力因数/$\times 10^{-3}$			
	900℃	1200℃	1300℃	1400℃
SiO_2	340	325	324.5	324
B_2O_3	80	23	—	—23
Al_2O_3	620	598	591.5	585
Fe_2O_3	450	450	—	440
CaO	480	492	492	492
MgO	660	577	563	549
BaO	370	370	—	380
Na_2O	150	127	124	122
K_2O	10	0.0	—	—75

第Ⅱ类和第Ⅲ类组成氧化物对熔体的表面张力影响，不符合加和法则。这时熔体的表面张力是组分的复合函数，因为这两类组分氧化物为表面活性物质，它们总是趋于自动聚集在表面（这现象为吸附）以降低体系的表面能，从而使表面层与熔体内的组成不均一。

（2）与温度的关系　从表面张力的概念可知，温度升高，质点热运动增加，体积膨胀，相互作用力松弛，因此，液-气界面上的质点在界面两侧所受的力场差异也随之减少，即表面张力降低，因此表面张力与温度的关系几乎成直线。在高温时，玻璃的表面张力受温度变化的影响不大，一般温度每增加 100℃，表面张力约减少 $(4\sim10)\times 10^{-3}$N/m。当玻璃温度降到接近其软化温度范围时，其表面张力会显著增加，这是因为此时体积突然收缩，质点间

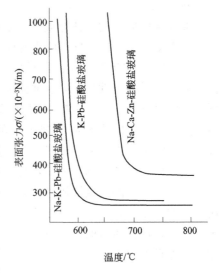

图 1-3　三种玻璃的表面张力与温度的关系

作用力显著增大所致，如图1-3所示。

由图1-3可看出，在高温及低温区，表面张力均随温度的增加而减小，二者几乎呈直线关系，可用下述经验式表示：

$$\sigma = \sigma_0(1-bT) \tag{1-2}$$

式中 b——与组成有关的经验常数；

σ_0——一定条件下开始的表面张力值；

T——温度变动值。

式(1-2)对于不缔合或解离的液体具有良好的适用性。但由于硅酸盐玻璃熔体随着温度变化，复合硅氧阴离子团会发生解离或缔合作用，因此在软化温度附近出现转折，不呈线性关系，固不能用上述经验公式表示。

另外某些系统，如$PbO-SiO_2$出现反常现象，其表面张力随温度升高而变大，温度系数为正值。这可能是Pb^{2+}离子具有较大的极化率之故。一般含有表面活性物质的系统均有与此相似的行为，这可能与较高温度下出现的"解吸"过程有关。

对硼酸盐玻璃熔体，随着碱含量减少，表面张力的温度系数由负逐渐接近零值，当碱含量再减少时$d\sigma/dT$将出现正值。这是由于温度升高时，熔体中各组分的活动能力增强，扰乱了熔体表面$[BO_3]$平面基团的整齐排列，致使表面张力增大。B_2O_3玻璃熔体在$1000℃$左右的$d\sigma/dT \approx 0.04 \times 10^{-3}N/m$。

一般硅酸盐玻璃熔体的表面张力温度系数并不大，波动范围在$(-0.06 \sim +0.06) \times 10^{-3}N/(m \cdot ℃)$。

玻璃熔体周围的气体介质对其表面张力也产生一定的影响，非极性气体如干燥的空气、N_2、H_2、He等对表面张力的影响较小，而极性气体如水蒸气、SO_2、NH_3和HCl等对玻璃表面张力的影响较大，通常使表面张力有明显的降低，而且介质的极性越强，表面张力降低得越多，即与气体的偶极矩成正比。特别在低温时（如$550℃$左右），此现象较明显。当温度升高时，由于气体被吸附能力降低，气氛的影响同时减小，在温度超过$850℃$或更高时，此现象完全消失。在实际生产中，玻璃较多的和水蒸气、SO_2等气体接触，因此研究这些气体对玻璃表面张力的影响具有一定意义。

此外熔炉中的气氛性质对玻璃液的表面张力有强烈影响。一般还原气氛下玻璃熔体的表面张力较氧化气氛下大20%。由于表面张力增大，玻璃熔体表面趋于收缩，这样促使新的玻璃液达到表面，这对于熔制棕色玻璃时保持色泽的均匀性，有着重大意义。

1.2.3 玻璃的润湿性及影响因素

（1）玻璃的润湿性 在实际生产中，经常遇到玻璃液对耐火材料、金属材料或液体对玻璃的润湿性问题。例如在金属与玻璃的封接中，玻璃与金属封接得密实与否，首先取决于玻璃对金属的润湿情况。润湿情况越好、润湿角越小，则相互间黏着力越好，最后封接得越密实。

当玻璃与液滴接触时，在玻璃、液滴、空气三相的交点处，做一条沿液滴表面的切线，该切线与固体、液体接触面的夹角称为润湿角 θ。如图 1-4 所示。润湿角 θ 越小，表明玻璃表面越易被润湿。

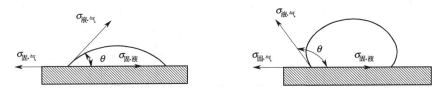

图 1-4　玻璃表面液滴的润湿示意

当玻璃、液体、空气三相表面的相互作用力达到平衡时，应满足式（1-3）的要求：

$$\sigma_{固 \cdot 气} = \sigma_{液 \cdot 气} \cdot \cos\theta + \sigma_{固 \cdot 液} \qquad (1-3)$$

式中　$\sigma_{固 \cdot 气}$——固-气界面上的表面张力；

$\sigma_{液 \cdot 气}$——液-气界面上的表面张力；

$\sigma_{固 \cdot 液}$——固-液界面上的表面张力；

θ——润湿角。

由式（1-3）可得：

$$\cos\theta = \frac{\sigma_{固 \cdot 气} - \sigma_{固 \cdot 液}}{\sigma_{液 \cdot 气}} \qquad (1-4)$$

由图 1-4 可知，如果 $\sigma_{固 \cdot 液}$ 很大，液体趋向于球状，以减少两相界面达到平衡，这时 θ 会很大。润湿角 $\theta > 90°$ 时，称为液相不润湿固相；$\theta \leqslant 90°$ 时，称为液相润湿固相。润湿角 θ 越小，即 $\cos\theta$ 越大，表明材料越易被润湿，当 $\theta = 0$ 即 $\cos\theta = 1$ 时，达到完全润湿。当 $\theta = 180°$ 即 $\cos\theta = -1$ 时，称为绝对不产生润湿。

（2）玻璃润湿性的影响因素

① 气体介质　熔融的玻璃液对金属的润湿能力相对较差。一般认为，纯净的金属是不被熔融玻璃润湿的。表 1-3 表示真空中熔融玻璃对纯净金属的润湿角。在空气或氧气中，熔融玻璃的润湿情况比较好，表 1-4 表示 900℃时在不同气体中钠钙硅酸盐玻璃对某些金属的润湿角。从表中可以看出，熔融玻璃对一些金属在氧气或空气的气氛下润湿角等于 0°，这是由于在这些金属的表面存在一

层金属氧化物，促使了润湿性的增加。

表 1-3　真空中熔融玻璃对纯净金属的润湿角

金属	Cr	Ni	Pt	Mo	Co	Cu	Ag
润湿角 θ/(°)	154	145	149	146	138	130	124

表 1-4　900℃时不同气体介质钠钙硅酸盐玻璃对金属的润湿角　单位：(°)

气体介质	金 属					
	Cu	Ag	Au	Ni	Pd	Pt
氧	0	0	53	0	20	0
空气	0	0	55	0	25	0
氢	60	73	45	60	40	43
氮	60	70	60	55	55	60

润湿性也与金属表面的氧化程度有关，一般在金属表面形成低价氧化物的润湿性比高价氧化物好，如表 1-5 所示。

表 1-5　钼及其氧化物的润湿角

金属或氧化物名称	Mo	MoO_3	MoO_2
润湿角 θ/(°)	146	120	60

② 温度　温度升高时，一般能提高润湿能力，对玻璃和陶瓷材料而言，这种作用更加显著，如图 1-5 所示。图 1-5 中，玻璃液的组成如下：SiO_2 54.5%、B_2O_3 10.8%、Al_2O_3 11.4%、CaO 16.9%、MgO 4.4%、Na_2O 1.7%、Fe_2O_3 + TiO_2 0.2%。

③ 玻璃的化学组成　玻璃液对金属的润湿能力也与本身的组成有关。加入少量表面活性氧化物如 V_2O_5、WO_3、MoO_3、Cr_2O_3 等能显著地增加玻璃液的润湿能力。而加入大量的 Fe_2O_3、Na_2O 等则会降低玻璃液的润湿能力。

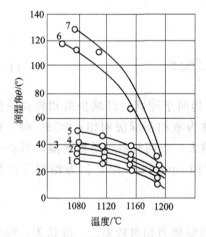

图 1-5　不同材料被不同组成玻璃液所润湿的润湿度曲线
1—100%Pd；2—75%Pd+25%Pt；3—75%Pt+25%Pd；4—100%Pt；5—93%Pt+7%Pd；6—熔融石英；7—特种陶瓷

另外，玻璃制品在使用过程中，经常会接触到不同的液体，如水或水溶液、油类、有机液体等，若在其表面涂憎油膜可大大降低液体对玻璃的润湿性。

1.3　玻璃的表面性质

玻璃的表面性质，不仅对玻璃的化学稳定性、机械性能、电性能、光学性能等有很大的影响，而且对于玻璃的封接、蚀刻、镀银、表面装饰等加工工艺的顺利进行也有重要意义，可以通过改变玻璃的表面性质来改善玻璃的性质。

1.3.1　玻璃的表面组成与表面结构

玻璃的表面组成和表面结构是紧密联系的，两者互为因果，一般来说化学组成决定结构，但也不可忽视结构对组成的影响。

（1）玻璃表面化学组成　玻璃表面化学组成与玻璃主体（整体）的化学组成有一定的差异，即沿着玻璃截面（深度）的各成分的含量不是恒值，其组成随深度而变化。

玻璃表面与主体化学组成上的差异，主要是因为熔制、成型和热加工过程中，由于高温时一些组分的挥发，或者由于各组分对表面能贡献的大小不同，造成表面中某些组分的富集，某些组分的减少。当玻璃处于黏滞状态下，使表面能减小的组分，就会富集到玻璃表面，以使玻璃表面能尽可能降低；相反，使表面能增大的组分，会迁移玻璃表面向内部移动，所以这些组分在表面含量比较低。常用的组分中 B_2O_3 能降低玻璃表面能。阳离子极化率大的组分，也能显著地降低玻璃表面能，如碱金属氧化物中，K^+ 的极化率远比 Li^+ 大，因而 K_2O 能降低玻璃熔体的表面能。PbO 也能强烈降低玻璃的表面能。

另外，挥发引起组分减少，与由于降低表面能引起组分富集，两者有时会互相矛盾，如硼易挥发，表面浓度会减少，而从降低表面能观点来看，B_2O_3 应富集于表面，但两者相比，挥发是主要的，故含 B_2O_3 组分的玻璃，表面的硼含量往往比主体的硼含量低。

对不同品种玻璃的表面组成，由于样品所处条件不同和测试技术条件不同，使得所测数据有时相差较大。

（2）玻璃表面结构　玻璃表面原子的排列和内部是有区别的，当玻璃表面从高温成形冷却到室温，或断裂而出现表面时，表面就存在不饱和键，也称为断键。

以二氧化硅玻璃为例，当 ［SiO_4］四面体组成的网络断裂，出现新表面时，即形成 E-基团和 D-基团。其中，E-基团为过剩氧单元，即 Si^{4+} 不仅由四面体中三个氧离子键合，还与一个未同其他阳离子键合的氧离子相连，因而造成此基团氧过剩，带负电荷，即：

$$\left[Si^{4+}(O^{2-}/2)_3 O^{2-}\right]^- \text{ 或 } (Si^{4+}O_{2.5}^{2-})^-$$

D-基团为不足氧单元，即 Si^{4+} 仅与四面体中三个氧离子键合，造成氧不足（缺氧），此基团带正电荷，即：

$$[Si^{4+}(O^{2-}/2)_3]^+ \text{ 或 } (Si^{4+}O_{1.5}^{2-})^+$$

为保持表面中性和化学计量组成，断裂的二氧化硅玻璃新鲜表面保持相等数量的 E-基团和 D-基团。

当没有活性分子存在时，断裂的二氧化硅玻璃新鲜表面排列着 E-基团和 D-基团，分别具有过剩的正电荷和负电荷。电子能否从 E-基团转移到 D-基团，使新生的表面具有较低表面能，魏尔（Weyl）认为这种转移是不可能的，因为这将导致形成 Si^{3+} 离子外层有 $8+1$ 个电子，这种电子构型是不稳定的，所以未必通过这种途径来降低表面能。一般认为通过吸附大气中活性分子的途径来降低表面能是比较合理的。

大气中最普通的活性介质是水蒸气，玻璃表面存在的不饱和键能很快吸附大气中的水蒸气，并且和吸附的水分子反应，形成各种羟基团。根据红外光谱测定，硅酸盐玻璃表面存在下列几种类型的羟基团，如图 1-6 所示。

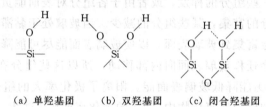

(a) 单羟基团　　　(b) 双羟基团　　　(c) 闭合羟基团

图 1-6　硅氧断面上的羟基团示意

玻璃表面单羟基团的密度为 14 个/10^{-18} m^2，闭合羟基团的密度为 32 个/10^{-18} m^2。

对于钠钙硅玻璃来说，水分子中的水合氢离子$(H_3O)^+$和质子(H^+)会和玻璃表面上的钠离子（Na^+）发生离子交换，使硅酸盐的网络解聚，结果形成键的断裂和硅羟基团 $Si—OH$ 的生成。由于 $Si—OH$ 基团的形成，玻璃表面的通道由氢键连接，但氢键比离子键的结合力要弱，因而使表面区域键强降低，易形成表面缺陷，同时此通道也有利于表面的互扩散。这些缺陷有可能构成玻璃表面的格里菲斯（Griffith）微裂纹。

由此可看出，$Si—OH$ 的生成意味着 $Si—O—Si$ 的断裂，桥氧减少，这将影响玻璃的机械性能、电性能和光学性能等。

1.3.2　玻璃表面的离子交换

把玻璃涂覆某些盐类或浸在某些盐类的熔融物中，玻璃中某些离子就会与熔盐中的离子进行交换。进行交换的离子主要是一价正离子。交换现象通常是从表面开始的，通过交换，玻璃中原有的较小离子被熔盐中的较大离子所置换，则在玻璃表面上产生压应力，从而使玻璃的强度增加。例如，把 $Na_2O\text{-}Al_2O_3\text{-}SiO_2$ 玻璃浸在熔融的 KNO_3 中，温度 623℃，时间 24h。可使玻璃的机械强度提高。

玻璃中的离子交换，一般可用式(1-5) 表示，属于互扩散反应。

$$A^+（玻璃）+B^+（熔盐）=B^+（玻璃）+A^+（熔盐） \tag{1-5}$$

在实际生产中，常用半径较大的阳离子交换半径较小的阳离子，由于这种类型的离子交换在转变点以下进行，因此，一般不会产生任何结构松弛。表面压应力的产生系大离子挤压的结果。由大离子挤压效应产生的压应力大小主要与以下因素有关：

① 交换离子的离子半径比；

② 产生交换的程度；

③ 热膨胀系数的变化；

④ 表面结构重组所产生的应力松弛情况；

⑤ 压应力层的厚度。

这些因素中，压应力层的厚度是主要因素，如果厚度很小将无法抵御机械磨伤，裂纹就深入在表面层内。卡斯特勒（Kistler）发现，强度高的压缩应力层深度是 $30\sim50\mu m$。

1.3.3　玻璃的表面吸附

玻璃表面吸附分为物理吸附和化学吸附两大类型。

(1) 物理吸附　物理吸附是由范德华力引起的，是玻璃和被吸附物质之间作用最弱的一类吸附。由于范德华力无方向性，所以对吸附气体无选择性，对任何气体均可进行物理吸附，吸附不仅限于一个分子层，而往往是多分子层，吸附速率快，很快达到平衡，并且是可逆的。

(2) 化学吸附　化学吸附是通过玻璃表面断键（悬挂键）与被吸附分子发生电子转移的化学键合过程，一般只能在表面吸附一个分子层吸附质，吸附气体是有选择性的，而且吸附过程大部分是不可逆的，不容易发生解吸（脱附）。

化学吸附也可看成表面化学反应，所以吸附速率比较慢。利用这一性质，可以在玻璃表面进行涂膜（如增强膜、憎水膜、增透膜、导电膜等）改变玻璃的性质和使玻璃与金属封接。

1.4　玻璃的力学性能

玻璃的力学性能主要包括：玻璃的机械强度、玻璃的弹性、玻璃的硬度和脆性以及玻璃的密度等，对玻璃的加工和使用有着非常重要的作用。

1.4.1 玻璃的机械强度

玻璃是一种脆性材料，它的机械强度可用耐压、抗折、抗张、抗冲击强度等指标表示。玻璃之所以得到广泛应用，原因之一就是它的耐压强度高，硬度也高。但是，由于玻璃的抗折和抗张强度不高，并且脆性较大，使得玻璃的应用受到一定的限制。为了改善玻璃的这些性能，可采用退火、钢化（淬火）、表面处理与涂层、微晶化或与其他材料制成复合材料等方法来强化。这些方法中有的可使玻璃抗折强度成倍甚至十几倍的增加。

玻璃的强度与组成、表面和内部状态、环境温度、样品的几何形状、热处理条件等因素有关。

（1）理论强度与实际强度 所谓材料的理论强度，就是从不同理论角度来分析材料所能承受的最大应力或使原子（离子或分子等）发生分离所需的最小应力。其值取决于原子间的相互作用及热运动。

玻璃的理论强度可通过不同的方法进行计算，其值约为 $(1\sim1.5)\times10^{10}$ Pa。由于晶体和无定形物质结构的复杂性，玻璃的理论强度可近似按 $\sigma_{th}=xE$ 进行计算。其中，E 为弹性模量，x 为与物质结构和键型有关的常数，一般 $x=0.1\sim0.2$。按此式计算，石英玻璃的理论强度为 1.2×10^{10} Pa。

表1-6列出一些材料的弹性模量、理论强度与实际强度的数据。

表1-6 不同材料的弹性模量、理论强度与实际强度

材　料	键　型	弹性模量 E/Pa	系数 x	理论强度/Pa	实际强度/Pa
石英玻璃纤维	离子-共价键	12.4×10^{10}	0.1	1.24×10^{10}	1.05×10^{10}
玻璃纤维	离子-共价键	7.2×10^{10}	0.1	0.72×10^{10}	$(0.2\sim0.3)\times10^{10}$
块状玻璃	离子-共价键	7.2×10^{10}	0.1	0.72×10^{10}	$(8\sim15)\times10^{7}$
氯化钠	离子键	4.0×10^{10}	0.06	0.24×10^{10}	0.44×10^{7}
有机玻璃	共价键	$(0.4\sim0.6)\times10^{10}$	0.1	$(0.04\sim0.06)\times10^{10}$	$(10\sim15)\times10^{7}$
钢	金属键	20×10^{10}	0.15	3.0×10^{10}	$(0.1\sim0.2)\times10^{10}$

由表1-6可看出，块状玻璃的实际强度比理论强度低得多，大约相差2～3个数量级。块状玻璃实际强度这样低的原因，是由于玻璃本身的脆性、玻璃中存在微裂纹（尤其是表面微裂纹）、内部不均匀区及缺陷的存在等造成应力集中所引起的（由于玻璃受到应力作用时不会产生流动，表面上的微裂纹便急剧扩展并且应力集中，以致破裂）。其中表面微裂纹对玻璃强度的影响尤为重要。

（2）玻璃的断裂力学 断裂力学是固体力学中研究带裂纹材料强度的一门学科，它在生产上有着重要的应用价值。断裂力学首先承认材料内部有裂纹存在，着眼于裂纹尖端局部地区的应力和变形情况来研究带裂纹构件的承载能力和材料抗脆断性能（断裂韧性）与裂纹之间的定量关系，研究裂纹发生和扩展的力学规律，从而提出容许裂纹设计方法，防止材料的脆断。

① 断裂力学的基本概念　格里菲斯于 1920 年首先总结出的材料断裂机理，该机理解释了材料实际强度比理论强度低的原因，并提出了有名的脆性断裂理论。该理论的要点如下。

假定在一个无限大的平板内有一椭圆形裂纹，它与外力垂直分布，长度为 $2c$（图 1-7），在一定应力 σ 作用下，此裂纹处弹性应变能为：

$$-\frac{c^2\sigma^2\pi}{E}$$

而同时产生两个新裂口表面，相应的表面断裂能为：

$$4\gamma_z \cdot c$$

因而在外力作用下，裂纹得以扩展的条件为：

$$\frac{\mathrm{d}}{\mathrm{d}c}\left(4\gamma_z \cdot c-\frac{c^2\sigma^2\pi}{E}\right)=0$$

得：

$$4\gamma_z-\frac{2c\sigma^2\pi}{E}=0 \tag{1-6}$$

式中　γ_z——形成新裂纹的表面能。

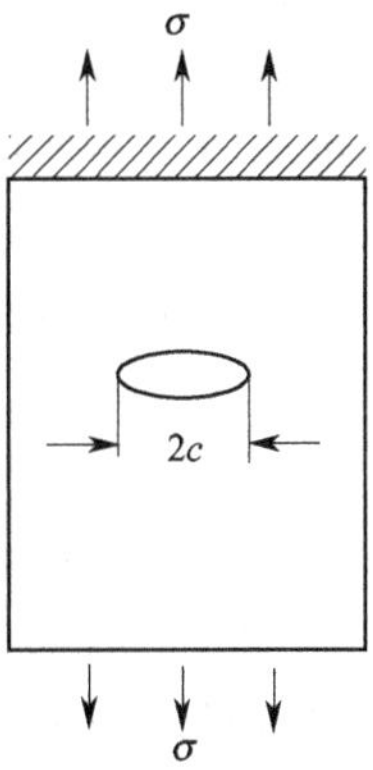

图 1-7　施加一定应力 σ 于一端固定的平板（有裂纹）

这时的 σ 相当于断裂应力 σ_f，则有下面关系：

$$\sigma_f=\sqrt{\frac{2E\gamma_z}{\pi c}} \tag{1-7}$$

当外力超过 σ_f 时，则裂纹自动传播而导致断裂。而且当裂纹扩展时，式（1-7）中 c 随之变大，σ_f 也相应下降，故裂纹继续扩展所要求的应力条件就更低。

玻璃极限强度（临界强度），即试样发生断裂时的负荷，比理论强度低。常用脆性材料中的微裂纹引起强度降低这一概念来加以解释，格里菲斯认为：不同大小的裂纹需要不同的应力才能扩展。裂纹的形状，裂纹与张应力的作用方向等不同时，其玻璃的极限强度计算公式也不同。此外，若材料中不仅存在微裂纹，而且还有晶格位错时，其强度降低的更多。

② 玻璃材料的缺陷及裂纹的扩展　玻璃材料由于在其表面和内部存在着不同的杂质、缺陷或微不均匀区，在这些地方引起应力的集中导致微裂纹的产生。外加负荷越小，裂纹增长越慢。经过一定时间后，裂纹尖端处的应力越来越大，超过临界应力时，裂纹就迅速分裂，使玻璃断裂（图 1-8）。由此可见，玻璃断裂过程分为两个阶段：第一阶段主要

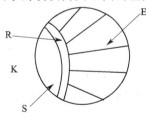

图 1-8　玻璃棒轴向拉力断裂示意
K—裂纹源；S—镜平面；
R—粗糙度逐渐增加的区域；
E—辐射裂纹

是初生裂纹缓慢增长,形成断裂表面的镜面部分;第二阶段,随着初生裂纹的增长,次生裂纹同时产生和增长,在其相互相遇时就形成以镜面为中心的辐射状碎裂条纹。如果裂纹源在断裂的表面,则产生呈半圆形的镜面;如果裂纹源从内部发生,则镜面为圆形。

按照格里菲斯的概念,在裂纹的尖端存在着应力集中,这种应力的集中是驱使裂纹扩展的动力。

从裂纹扩展过程中的能量平衡,可推导出临界断裂应力 σ_c 的近似值为:

$$\sigma_c = A'\sqrt{\frac{E\gamma}{c}} \tag{1-8}$$

式中 A'——常数;

γ——形成单位面积新表面的表面能。

而材料的理论强度计算公式为:

$$\sigma_{th} = \sqrt{\frac{E\gamma_z}{r_0}} \tag{1-9}$$

式中 r_0——原子间平衡距离。

由式(1-8)与式(1-9)相比较,当裂纹长度 c 接近于 r_0,也就是裂纹尺寸控制在原子间平衡距离的水平,材料的强度可达到理论值,这实际上是很难做到的。由此可见,研究裂纹源的产生,掌握和控制裂纹的大小及传播速率就显得非常重要。

根据断裂力学理论的推导对裂纹前缘应力场的研究,以应力场强度因子 K 来描述这个应力场,一般 K 可用下式表示:

$$K = a\sqrt{c\sigma\pi} \tag{1-10}$$

式中 a——随裂纹形状而异的常数。

满足式(1-10)的临界条件时的 K 值为 K_c,K_c 值称为临界应力强度因子或断裂韧性。则:

$$K_c = a\sqrt{c\sigma_c\pi} \tag{1-11}$$

各种玻璃的 K_c 值见表1-7。K_c 值根据其成分波动在 $(0.62\sim0.63)\times10^3$ Pa。当玻璃受力情况下 K 值大于 K_c 值时,玻璃即发生断裂。根据已知的 K_c 值,根据式(1-11)还可求出玻璃的临界裂纹半长度 C_a:

$$C_a = \frac{1}{\pi\sigma_c^2}\left(\frac{K_c}{a}\right)^2 \tag{1-12}$$

如果裂纹长度小于临界裂纹长度,玻璃还可以使用,接近裂纹长度,就不能再使用,达到临界裂纹长度玻璃就要断裂。

表 1-7　各种玻璃的 K_c 值

玻璃	成分/%									K_c(真空,三点受力弯曲测试)/$\times 10^3 Pa$
	SiO_2	Al_2O_3	B_2O_3	Na_2O	K_2O	CaO	MgO	BaO	PbO	
石英玻璃	99.9									0.753 ± 0.030
高硅氧玻璃	96	0.3	3							0.709 ± 0.040
铝硅酸盐玻璃	57	15	5			7	10			0.836 ± 0.032
硼硅酸盐玻璃	81	2	13	4						0.777 ± 0.032
硼冕玻璃	20		11	10	7	0.2		2		0.904 ± 0.014
铅玻璃	35			4					61	0.643 ± 0.009

玻璃的实际裂纹长度可以利用扫描电子显微镜或其他测试设备测定，测出的表面微裂纹的长度与计算出的临界半裂纹长度比较，如远小于临界裂纹长度，说明玻璃在此应力下可以使用。

裂纹的扩展速度为：

$$(0.4\sim0.6)\sqrt{\frac{E}{\rho}} \tag{1-13}$$

式中　ρ——密度；

E——玻璃的弹性模量。

（3）影响玻璃强度的主要因素　影响玻璃强度的主要因素有：化学键强度、表面微裂纹、微不均匀性、结构缺陷和外界条件如温度、活性介质、疲劳等。

① 化学组成　固体物质的强度主要由各质点的键强及单位体积内结合键的数目决定。对不同化学组成的玻璃来说，其结构间的键力及单位体积的键数是不同的，因此强度的大小也不同。对硅酸盐玻璃来说，桥氧与非桥氧所形成的键，其强度不同。石英玻璃中的氧离子全部为桥氧，Si—O 键力很强，因此石英玻璃的强度最高。就非桥氧来说，碱土金属的键强比碱金属的键强要大，所以以含大量碱金属离子的玻璃强度最低。单位体积内的键数也即结构网络的疏密程度，结构网稀，强度就低。图 1-9 所示为上述三种不同结构、强度的玻璃。

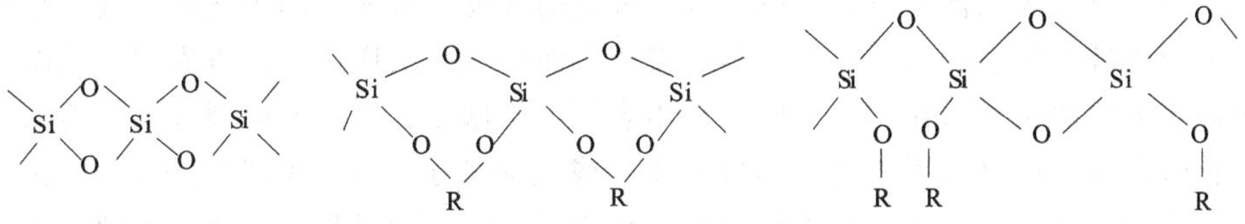

(a) 石英玻璃　　(b) 含有 R^{2+} 的硅酸盐玻璃　　(c) 含有 R^+ 的硅酸盐玻璃

图 1-9　三种不同结构、强度的玻璃

在玻璃组成中加入少量 Al_2O_3 或引入适量 B_2O_3（小于 15%），会使结构网络紧密，玻璃强度提高。此外 CaO、BaO、PbO、ZnO 等氧化物对强度提高的作用也较大，MgO、Fe_2O_3 等对抗张强度影响不大。

玻璃的抗张强度范围为 $(34.3 \sim 83.3) \times 10^6\,Pa$，各组成氧化物对玻璃抗张强度提高作用顺序为：

$$CaO > B_2O_3 > Al_2O_3 > PbO > K_2O > Na_2O > (MgO、Fe_2O_3)$$

各组成氧化物对玻璃抗压强度提高作用顺序为（括号中的成分作用大致相同）：

$$Al_2O_3 > (SiO_2、MgO、ZnO) > B_2O_3 > Fe_2O_3 > (BaO、CaO、PbO) > Na_2O > K_2O$$

玻璃的抗张强度 σ_F 和抗压强度 σ_C 可按加和法则用下式计算：

$$\sigma_F = p_1 F_1 + p_2 F_2 + \cdots + p_n F_n \tag{1-14}$$

$$\sigma_C = p_1 C_1 + p_2 C_2 + \cdots + p_n C_n \tag{1-15}$$

式中　p_1、p_2、$\cdots$、p_n——玻璃中各氧化物的质量分数；

F_1、F_2、$\cdots$、F_n——各组成氧化物的抗张强度计算系数；

C_1、C_2、$\cdots$、C_n——各组成氧化物的抗压强度计算系数。

这些计算系数见表1-8，应当指出，由于影响玻璃强度的因素很多，因而计算所得的强度精度往往较低，只具有参考价值，一般最好进行测定。

表1-8　计算抗张强度及抗压强度的系数

强度类别	计 算 系 数										
	Na_2O	K_2O	MgO	CaO	BaO	ZnO	PbO	Al_2O_3	As_2O_3	B_2O_3	P_2O_5	SiO_2
抗张强度	0.02	0.01	0.01	0.20	0.05	0.15	0.025	0.05	0.03	0.065	0.075	0.09
抗压强度	0.52	0.05	1.10	0.20	0.65	0.60	0.48	1.00	1.00	0.90	0.76	1.23

② 表面微裂纹　前面所述玻璃强度与表面微裂纹密切相关。格里菲斯（Griffith）认为玻璃破坏时首先是从表面微裂纹开始，随着裂纹逐渐扩展，导致整个试样的破裂。根据测定，在 $1mm^2$ 玻璃表面上含有 300 个左右的微裂纹，这些微裂纹的深度约为 $4 \sim 8nm$。由于这些微裂纹的存在，使玻璃的抗拉、抗折强度仅为抗压强度的 $1/15 \sim 1/10$。

为了克服表面微裂纹的影响，提高玻璃的强度，可采取两个途径。其一是减少和消除玻璃的表面缺陷。其二是使玻璃表面形成残余压应力，以克服表面微裂纹的扩展时的拉应力作用。为此可采用表面火焰抛光、氢氟酸腐蚀等，以消除或钝化微裂纹；还可采用淬冷（物理钢化）或表面离子交换（化学钢化），以获得压应力层。例如，把玻璃在火焰中拉成纤维，在拉丝的过程中，原有微裂纹被火焰熔去，并且在冷却过程中表面产生压应力层，从而强化了表面，使玻璃纤维的强度大幅增加。

③ 微不均匀性　通过电镜观察证实，玻璃中存在微相和微不均匀结构。它们是由分相或形成离子群聚而致。微相之间易生成裂纹，且其相互间的结合力比

较薄弱，又因成分不同，热膨胀不一样，必然会产生应力，使玻璃强度降低。微相之间的热膨胀系数差别越大，冷却过程中生成微裂纹的数目也越多。

不同种类玻璃的微不均匀区大小不同，有时可达 20nm。微相直径在热处理后有所增加，而玻璃的极限强度是与微相直径大小的开方成反比，微相增加则强度降低。

④ 玻璃中的宏观和微观缺陷　宏观缺陷如固体夹杂物（结石）、气体夹杂物（气泡）、化学不均匀（条纹）等常因成分与主体玻璃成分不一致，膨胀系数不同而造成内应力。同时由于宏观缺陷提供了界面，从而使微观缺陷（如点缺陷、局部析晶、晶界等）常常在宏观缺陷的地方集中，从而导致裂纹的产生，严重影响玻璃的强度。

⑤ 活性介质　活性介质（如水、酸、碱及某些盐类等）对玻璃表面有两种作用：一是渗入裂纹像楔子（斜劈）一样使微裂纹扩展；二是与玻璃起化学作用破坏结构（如使硅氧键断开）。因此在活性介质中玻璃的强度降低。水引起强度降低最大。玻璃在醇中的强度比在水中高 40%，在醇中或其他介质中含水分越高，越接近水中的强度。在酸或碱的溶液中当 pH＝1～11.3 范围（酸和碱都在 0.1mol/L 以下），强度与 pH 值无关（与水中相同，在 1mol/L 的浓度时，对强度稍有影响，酸中减小，碱中增大，6mol/L 浓度时各增减约 10%）。

干燥的空气、非极性介质（如煤油等）、憎水性有机硅等，对强度的影响小，所以测定玻璃强度最好在真空中或液氮中进行，以免受活性介质的影响。相反，在 SO_2 气氛中退火玻璃，可在玻璃表面生成一层白霜（Na_2SO_4），这层白霜极易被冲洗掉，结果使玻璃表面的碱金属氧化物含量减少，不仅增加了化学稳定性，也提高了玻璃的强度。

⑥ 温度　低温与高温对玻璃强度的影响是不同的。在接近绝对零度（−273℃附近）到 200℃范围内，强度随温度的上升而下降。此时由于温度的升高，裂纹端部分子的热运动增强，导致结合键的断裂，增加玻璃破裂的几率。在 200℃左右时强度最低。高于 200℃时，强度逐渐增加，这可归因于裂口的纯化，缓和了应力的集中。

⑦ 玻璃中的应力　玻璃中的残余应力，特别是分布不均匀的残余应力，使强度大为降低。实验证明，残余应力增加到 1.5～2 倍时，抗弯强度降低 9%～12%。玻璃进行钢化后，使其表面产生均匀的压应力、内部形成均匀的张应力，则能大大提高制品的机械强度。经过钢化处理的玻璃，其耐机械冲击和热冲击的能力比经良好退火的玻璃要高 5～10 倍。

⑧ 玻璃的疲劳现象　在常温下，玻璃的破坏强度随加荷速率或加荷时间的变化而变化。加荷速率越大或加荷时间越长，其破坏强度越小，短时间不会破坏的负荷，时间久了可能会破坏，这种现象称之为玻璃的疲劳现象。玻璃在实际使

用时，当经受长时间、多次负荷的作用，或在弹性变形温度范围内经受多次温差的冲击，都会受到"疲劳"的影响。例如用玻璃纤维做试验，若短时间内施加为断裂负荷 60% 的负荷时，只有个别试样断裂，而在长时间负荷作用下，全部试样都断裂。

研究表明，玻璃的疲劳现象是由于在加荷作用下微裂纹的扩展而逐渐加深所致。此时周围介质特别是水分将加速与微裂纹尖端的 SiO_2 网络结构反应，使网络结构破坏，导致裂纹的延伸。而玻璃在液氮、更低温度下和真空中，不出现疲劳现象。此外，疲劳与裂纹大小无关。

1.4.2 玻璃的弹性

材料在外力的作用下发生变形，当外力去掉后能恢复原来的形状的性质称为弹性。在 T_g 温度以下，玻璃基本上是服从虎克定律的弹性体。

玻璃的弹性主要是包括弹性模量 E（即杨氏模量）、剪切模量 G、泊松比 μ 和体积压缩模量 K。它们之间有如下关系：

$$\frac{E}{G} = 2(1 + \mu) \tag{1-16}$$

$$\frac{E}{K} = 3(1 - 2\mu) \tag{1-17}$$

弹性模量是表征材料应力与应变关系的物理量，是表示材料对形变的抵抗力。在 T_g 温度以下，玻璃的弹性模量可用下式表示：

$$E = \frac{\sigma}{\varepsilon}$$

式中　σ——应力；

　　　ε——相对的纵向变形。

一般玻璃的弹性模量为 $(441\sim882)\times10^8\,Pa$，而泊松比在 $0.11\sim0.30$ 范围变化。各种玻璃的弹性模量见表 1-9。

表 1-9　各种玻璃的弹性模量及泊松比

玻璃类型	$E/(\times10^8\,Pa)$	泊松比 μ	玻璃类型	$E/(\times10^8\,Pa)$	泊松比 μ
钠钙硅玻璃	676.2	0.24	高硅氧玻璃	676.2	0.19
钙铅玻璃	578.2	0.22	石英玻璃	705.6	0.16
铝硅酸盐玻璃	842.8	0.25	微晶玻璃	1204	0.25
硼硅酸盐玻璃	617.4	0.20			

（1）玻璃的弹性模量与成分的关系　玻璃的弹性模量主要取决于内部质点间化学键的强度，同时也与结构有关。质点间化学键力越强，受力时的变形量越小，则弹性模量就越大。玻璃结构越坚实，弹性模量也越大。

质点间的键力大小与原子半径和价电子数有关，因此在常温下弹性模量是原子序数的周期函数。在同一族中的元素例如 Be、Mg、Ca、Sr 及 Ba，随原子序数的递增和原子半径的增大，弹性模量 E 则降低。E 的大小几乎和这些离子与氧离子间吸引力 $2Z/a^2$ 成直线关系，同一氧化物当处于高配位时其弹性模量要比处于低配位时高。所以在玻璃中引入离子半径较大、电荷较低的 Na^+、K^+、Sr^{2+}、Ba^{2+} 等离子是不利于提高弹性模量的。相反，引入半径小、极化能力强的离子（如 Li^+、Be^+、Mg^{2+}、Al^{3+}、Ti^{4+}、Zr^{4+}）则能提高玻璃的弹性模量。

石英玻璃中 Si—O 间的键强较大，为 $106kJ/mol$，且具有三度空间的架状结构，应具有较高的弹性模量，但如表 1-9 中所示，石英玻璃的弹性模量并不高，这是因为在石英玻璃结构中含有较多的空穴。另外，在高应变的情况下，石英玻璃纤维和一般钠钙硅玻璃纤维都偏离了虎克定律，

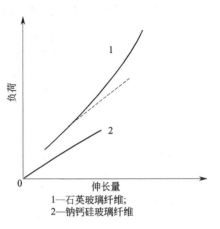

图 1-10　石英玻璃纤维和钠钙硅玻璃纤维的应力与应变曲线

1—石英玻璃纤维；
2—钠钙硅玻璃纤维

石英玻璃纤维变得更"硬"了，而后者显得变"软"了（图 1-10）。这充分说明，在负荷作用下，石英玻璃纤维中硅氧基团的空穴减少，Si—O 键较强的键性显示了作用，而钠钙硅玻璃纤维因网络外离子的引入，使结构疏松，应变增大。

纯 B_2O_3 玻璃由于层状结构比较疏松，因此具有很低的弹性模量，仅为 $175\times10^8 Pa$。但随着 Na_2O 含量的增加，其弹性模量可增加到 $600\times10^8 Pa$。这是由于硼离子由三配位转变为四配位，层状结构向三度空间结构转化，且 Na^+ 离子又填充了网络空间的结果。

在铝硼硅酸盐玻璃中，弹性模量同样出现（硼铝反常）现象。当摩尔比 φ $[(Na_2O-Al_2O_3)/B_2O_3]>1$ 时，B^{3+} 和 Al^{3+} 都能成为四面体，处于结构网络中，使结构连接紧密，弹性模量 E 增加。当 $1>\varphi>0$ 时，Al_2O_3 代替 SiO_2 后，由于 Na_2O 不足，Al^{3+} 可以形成四面体进入结构网络，而 B^{3+} 由四面体转变为三角体，因此弹性模量下降。当 Na_2O 更少时（$\varphi<0$），B^{3+} 全部处于 $[BO_3]$ 三角体的配位状态，而 Al^{3+} 以较高的配位状态 $[AlO_6]$ 填充于网络外空隙部分，使玻璃网络坚实，弹性模量再度上升。所以弹性模量的增减实质上反映了玻璃内部结构的变化。

各种氧化物对玻璃弹性模量的提高作用顺序是：$CaO>MgO>B_2O_3>Fe_2O_3>Al_2O_3>BaO>ZnO>PbO$。

弹性模量可用下式近似地计算：

$$E = E_1 P_1 + E_2 P_2 + \cdots + E_n P_n \tag{1-18}$$

式中 E_1、E_2、$\cdots$、E_n——玻璃中氧化物的弹性模量系数；

$\qquad$ P_1、P_2、$\cdots$、P_n——玻璃中氧化物的质量百分数。

计算玻璃弹性模量的各种氧化物的系数见表 1-10。

表 1-10   几种玻璃的弹性模量系数

氧 化 物	弹性模量系数		
	硅酸盐玻璃	无铅硼硅酸盐玻璃	含铅硼硅酸盐玻璃
Na_2O	61	100	70
K_2O	40	70	30
MgO	—	40	30
CaO	70	70	30
ZnO	52	100	30
BaO	—	70	30
PbO	46	—	55
B_2O_3	—	60	25
Al_2O_3	180	150	130
SiO_2	70	70	70
P_2O_5	—	—	70
As_2O_3	40	40	40

（2）玻璃的弹性模量与温度的关系   大多数硅酸盐玻璃的弹性模量随温度的升高而降低，这是由于离子间距离增大，相互作用力降低所致。此外，高温时质点热运动的增加也是造成弹性模量 E 降低的原因之一。到变形温度以上，玻璃逐渐失去弹性，变形随着温度的上升而增大，并趋于软化。

弹性模量与温度的关系对某些玻璃却有正比关系，例如膨胀系数小的石英玻璃、高硅氧玻璃和派来克斯玻璃，当温度升高时，其弹性模量反而增加，如图 1-11 所示。这个反常现象与热膨胀系数和玻璃的组成有很大关系，当温度升高时，离子间距增大而造成相互作用力减弱，导致弹性模量 E 下降的原因已不复存在。相反由于温度升高，引起玻璃内部结构的重组，使较弱结合的结构基团转化为较强结合的结构基团这一因素起作用。对于硼硅酸盐玻璃的弹性模量 E，不论是淬火的还是退火的，都随温度升高而增大，只有在接近 T_g 温度时。退火玻璃的弹性模量才与淬火玻璃的行径不同。如图 1-12 所示。

（3）玻璃的弹性模量与热处理的关系   由于弹性模量随温度的升高而降低，淬火玻璃基本保持了高温状态的疏松结构，因此同组成的淬火玻璃的弹性模量较退火玻璃小，一般低 2%～7%，具体降低的幅度与淬火的程度、玻璃的组成有关。同样，玻璃纤维的弹性模量要比同组成的退火玻璃的低，这是由于玻璃纤维是在几十分之一秒的瞬间内凝固而成。例如块状玻璃的弹性模量为 803.6×10^8 Pa，

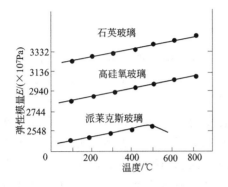

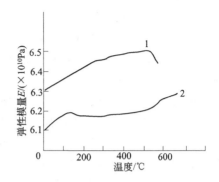

图 1-11　石英玻璃、高硅氧玻璃和派
来克斯玻璃的弹性模量 E 和温度的关系

图 1-12　硼硅酸盐玻璃的弹性
模量 E 和温度的关系
1—退火的　2—淬火的

而同成分的玻璃纤维的弹性模量仅为 $774.2 \times 10^8 \text{Pa}$，这可能是常温下玻璃纤维的结构在一定程度上保持了高温状态的结构。但玻璃纤维只要在 $300 \sim 350℃$ 热处理若干时间后，再冷却到室温，其弹性模量就与块状玻璃的相同。

　　玻璃在微晶化后，弹性模量是增高的，对不同组成的 $Li_2O\text{-}K_2O\text{-}Al_2O_3\text{-}SiO_2$ 系统玻璃以 Au 为成核剂诱导析晶后，其弹性模量普遍增高。其增高值随组成不同可达 10% 左右，当 Al_2O_3 含量为 7% 时，出现最高值。微晶化后弹性模量的增高幅度主要取决于析出的主晶相的种类和性质。

　　除此之外，玻璃的弹性模量还与其测试制度和条件有关。目前用静态法和动态法进行测定。静态法是直接根据试样弯曲及扭转力矩后的变形大小来进行测定。动态法是根据弹性波在玻璃介质传输过程中，其振动频率与介质固有频率相同时发生共振而得到最大的振幅。

1.4.3　玻璃的硬度与脆性

　　(1) 玻璃的硬度　硬度可以理解为固体材料抵抗另一种固体深入其内部而不产生残余形变的能力。玻璃硬度的表示方法有：莫氏硬度（划痕法）、显微硬度（压痕法）、研磨硬度（磨损法）和刻化硬度（刻痕法）等。一般玻璃用显微硬度表示。此法是利用金刚石正方锥体以一定负荷在玻璃表面打入印痕，然后测量印痕对角线的长度，按式(1-19)进行计算：

$$H = \frac{1.854P}{L^2} \qquad (1-19)$$

式中　　H——显微硬度；

　　　　P——负荷，N；

　　　　L——印痕对角线长度，mm。

玻璃的硬度主要决定于化学成分及结构。在硅酸盐玻璃中，以石英玻璃为最硬，硬度在 $(67\sim120)\times10^8\,\text{Pa}$ 之间。含有 $10\%\sim14\%\ B_2O_3$ 的硼硅酸盐玻璃的硬度也较大，高铅的或碱性氧化物的玻璃硬度较小。

一般地说，网络生成体离子使玻璃硬度增加，而网络外体离子则使玻璃硬度降低，随着网络外体离子半径的减小和原子价的上升硬度增加。硼反常现象、硼铝反常现象及"压制效应"同样反映在硬度-组成的关系中，使硬度出现极值。此外，阳离子的配位数对硬度也有很大影响，一般硬度随配位数的上升而增大。

各种氧化物对玻璃硬度提高的作用顺序大致如下：

$$SiO_2>B_2O_3>(MgO、ZnO、BaO)>Al_2O_3>Fe_2O_3>K_2O>Na_2O>PbO$$

一般玻璃的硬度为 $5\sim7$（莫氏硬度）。玻璃的硬度还与温度、热历史等有关。温度升高时分子间结合强度降低，硬度下降。淬火玻璃，由于结构疏松，故硬度也有所下降。

玻璃的硬度同玻璃的冷加工工艺密切相关。例如玻璃的切割、研磨、抛光、雕刻等应根据玻璃的硬度来选择切割工具、磨料和抛光材料的硬度、磨轮的材质及加工方法等。

（2）玻璃的脆性　玻璃的脆性是指当负荷超过玻璃的极限强度时，不产生明显的塑性变形而立即破裂的性质。玻璃是典型的脆性材料之一，它没有屈服延伸阶段，特别是受到突然施加的负荷（冲击）时，玻璃内部的质点来不及作出适应性的流动，就相互分裂。松弛速率低是脆性的重要原因。

玻璃的脆性通常用它破坏时所受到的冲击强度来表示。也可用玻璃的耐压强度与抗冲击强度之比来表示。若以 D 代表玻璃的脆弱度（其值越大，玻璃的脆性越大），则有以下关系：

$$D=\frac{C}{S} \tag{1-20}$$

式中　　C——玻璃的耐压强度；

　　　　S——玻璃的耐冲击强度。

当玻璃的耐压强度 C 相仿时，S 值越大则脆弱度 D 越小，即脆性越小。

玻璃的耐冲击强度测试方法：将重量为 P 的钢球，从高度 h 自由落下冲击玻璃试样的表面，如果钢球几次以不同的高度冲击试样的同一表面直至破裂，则钢球所作的全部功为 $\sum Ph$，设试样的体积为 V，则玻璃的耐冲击强度 S 可用式（1-21）表示：

$$S = \frac{\sum Ph}{V} \qquad (1\text{-}21)$$

玻璃的脆性也可用测定显微硬度的方法：把压痕发生破裂时的负荷值，即脆裂负荷作为玻璃脆性的标志。如石英玻璃的显微硬度测定表明，在负荷 30g 时压痕即开始破裂，因而其脆性是很大的。当加入碱金属和二价金属氧化物时玻璃的脆性将随加入离子半径的增大而增加。见表 1-11。

表 1-11　R^+ 和 R^{2+} 离子对玻璃脆性的影响

项　目	玻璃组成及加入氧化物										
	$16R_2O \cdot 84SiO_2$			$12Na_2O \cdot 18RO \cdot 70SiO_2$							
	Li_2O	Na_2O	K_2O	BeO	MgO	CaO	SrO	BaO	ZnO	CdO	PbO
脆裂负荷/g	170	80	70	170	120	70	30	20	70	50	50

对于硼硅酸盐玻璃来说，硼离子处于三角体时比处于四面体时的脆性要小。表 1-12 列出了 $Na_2O\text{-}B_2O_3\text{-}SiO_2$ 系统中，以 B_2O_3 代替 SiO_2 时脆裂负荷的变化情况。

表 1-12　B_2O_3 含量对 $Na_2O\text{-}B_2O_3\text{-}SiO_2$ 系统玻璃脆性的影响

项　目	玻璃组成												
	$16Na_2O \cdot xB_2O_3 \cdot (84-x)SiO_2$								$(32-x)Na_2O \cdot xB_2O_3 \cdot 68SiO_2$				
B_2O_3 含量(x)/%	0	4	8	12	16	20	24	32	4	12	20	24	28
脆裂负荷/g	80	50	30	30	30	30	40	60	50	30	40	100	150

由此可知，为了获得硬度大而脆性小的玻璃，应当在玻璃中引入离子半径小的氧化物，如 Li_2O、BeO、MgO、B_2O_3 等。

此外，玻璃的脆性还决定于试样的形状、厚度、热处理条件等。因为耐冲击强度随试样厚度的增加而增加，热处理对抗冲击强度的影响也很大，经均匀淬火的玻璃耐冲击强度是退火玻璃的 5～7 倍，从而脆性大大降低。

1.4.4　玻璃的密度

玻璃的密度表示玻璃单位体积的质量。它主要取决于构成玻璃原子的质量，也与原子的堆积紧密程度以及配位数有关，是表征玻璃结构的一个标志。在考虑玻璃制品的重量及玻璃池窑的热工计算时都要用到有关玻璃密度的数据。在实际生产中，通过测定玻璃密度来控制工艺过程，借以控制玻璃成分。

(1) 玻璃密度与成分的关系　玻璃密度与成分关系十分密切，如石英玻璃密度最小，仅为 $2.21g/cm^3$，而含有大量 PbO 的重火石玻璃可达 $6.5g/cm^3$，某些防辐射玻璃的密度达 $8g/cm^3$，普通钠钙硅玻璃的密度约为 $2.5g/cm^3$。

一般单组分玻璃的密度最小。例如硼氧玻璃（B_2O_3）为 $1.833g/cm^3$，磷氧玻璃（P_2O_5）为 $2.737g/cm^3$，它们单纯由网络生成体构成，当添加网络外体时，密度就增大。因为这些网络外体离子在不太改变网络大小的情况下，增加了存在的原子数，此时网络外离子对密度增加的作用大于网络断裂、膨胀及体积增加而导致密度下降的影响。

在硅酸盐、硼酸盐及磷酸盐的玻璃中引入 R_2O 和 RO 氧化物时，一般随着它们离子半径的增大而使玻璃密度增加。加入半径小的阳离子（如 Li^+、Mg^{2+} 等）可以填充于网络的空隙，虽然其使硅氧四面体的连接断裂但并不引起网络结构的扩大，使结构紧密度增加。加入半径大的阳离子（如 K^+、Ba^{2+}、La^{3+} 等）其半径比网络间空隙大，因而使结构网络扩张，使结构紧密度下降。

同一种氧化物在玻璃中配位状态改变时，对其密度也产生明显的影响。如 B_2O_3 从硼氧三角体［BO_3］转变为硼氧四面体［BO_4］，或者中间体氧化物 Al_2O_3、Ga_2O_3、MgO、TiO_2 等从网络内四面体［RO_4］转变为网络外八面体［RO_6］而填充于网络空隙中，均使密度上升。因此当连续改变这类氧化物含量至产生配位数的变化时，在玻璃组成-性质变化曲线上就出现极值或转折点。在 Na_2O-B_2O_3-SiO_2 系统玻璃中，当 $Na_2O/B_2O_3>1$ 时，B^{3+} 由三角体转变为四面体，把结构网络中断裂的键连接起来，且［BO_4］的体积比［SiO_4］体积小，使玻璃结构紧密，密度增加。当 $Na_2O/B_2O_3<1$ 时，由于 Na_2O 的不足，［BO_4］又转变成［BO_3］，促使玻璃结构松懈，密度下降，出现"硼反常现象"。

Al_2O_3 对玻璃密度的影响更为复杂。一般在玻璃中引入 Al_2O_3 使密度增加，但在钠硅酸盐玻璃中，当 $Na_2O/Al_2O_3>1$ 时，Al^{3+} 均位于铝氧四面体［AlO_4］中，由于［AlO_4］体积大于［SiO_4］，其密度下降；当 $Na_2O/Al_2O_3<1$ 时，Al^{3+} 作为网络外体位于八面体［AlO_6］中，填充于结构网络的空隙，使玻璃密度上升，出现"铝反常现象"。

在玻璃中含有 B_2O_3 时，Al_2O_3 对玻璃密度的影响更为复杂。由于［AlO_4］比［BO_4］更为稳定，所以 Al_2O_3 引入时，先形成［AlO_4］。当玻璃中含 R_2O 足够多时，才能使 B^{3+} 处于［BO_4］中。

玻璃的密度可通过玻璃的化学组成和比容 V 的关系进行计算：

$$V=\frac{1}{\rho}=\sum V_m f_m \tag{1-22}$$

式中　ρ——密度；

　　　V_m——各种组分的计算系数，见表1-13；

　　　f_m——玻璃中氧化物的质量分数。

表1-13中，N_{Si} 表示 Si 的原子数/O 的原子数，对于相同的氧化物 N_{Si} 不同则其系数不同。例如 SiO_2 玻璃的 $N_{Si}=0.5$，增加了其他氧化物则 $N_{Si}<0.5$。N_{Si} 的计算方法如下：

$$N_{Si} = \frac{P_{Si}}{M_{Si} \sum S_m f_m} = \frac{P_{Si}}{60.06 \sum S_m f_m} \tag{1-23}$$

式中　P_{Si}——玻璃中 SiO_2 的质量分数；

　　　S_m——常数，见表 1-13；

　　　M_{Si}——SiO_2 的分子量。

表 1-13　玻璃比容的计算系数

氧化物	$S_m/\times 10^{-2}$	V_m			
		$N_{Si}=0.270\sim 0.345$	$N_{Si}=0.345\sim 0.400$	$N_{Si}=0.400\sim 0.435$	$N_{Si}=0.435\sim 0.500$
SiO_2	3.330	0.4063	0.4281	0.4409	0.4542
Li_2O	3.347	0.452	0.402	0.350	0.262
Na_2O	1.6131	0.373	0.349	0.324	0.281
K_2O	1.0617	0.390	0.374	0.357	0.329
Rb_2O	0.53487	0.266	0.258	0.250	0.236
BeO	3.997	0.348	0.289	0.227	0.120
MgO	2.480	0.397	0.360	0.322	0.256
CaO	1.7852	0.285	0.259	0.231	0.184
SrO	0.96497	0.200	0.185	0.171	0.145
BaO	0.65206	0.142	0.132	0.122	0.104
ZnO	1.2288	0.205	0.187	0.168	0.135
CdO	0.77876	0.138	0.126	0.114	0.0935
PbO	0.44801	0.106	0.0955	0.0926	0.0807
$B_2O_3[BO_4]$	4.3079	0.590	0.526	0.460	0.345
$B_2O_3[BO_3]$	4.3079	0.791	0.727	0.661	0.546
Al_2O_3	2.9429	0.462	0.418	0.373	0.294
Fe_2O_3	1.8785	0.282	0.255	0.225	0.176
Bi_2O_3	0.6438	0.106	0.0985	0.858	0.0687
TiO_2	2.5032	0.311	0.282	0.243	0.176
ZrO_2	1.6231	0.232	0.198	0.173	0.130
Ta_2O_3	1.1318	0.164	0.147	0.130	0.0997
Ga_2O_3	1.6005	0.25	—	—	0.18
Yb_2O_3	1.3284	0.23	—	—	0.15
In_2O_3	1.0810	0.14	—	—	0.09
CeO_2	1.1619	0.17	—	—	0.10
ThO_2	0.7572	0.12	—	—	0.08
MoO_2	2.084	0.37	—	—	0.25
WO_2	1.2935	0.19	—	—	0.12
UO_2	1.0487	0.15	—	—	0.09

（2）玻璃密度与温度及热处理的关系　随着温度的升高，玻璃的密度随之下降。一般工业玻璃，当温度自室温升高到 1300℃ 时，密度下降约为 6%～12%。在弹性变形范围内密度的下降与玻璃的热膨胀系数有关。

玻璃在退火温度范围内，密度的变化存在如下规律：

① 玻璃从高温状态冷却下来，同成分的淬火（急冷）玻璃的密度比退火（慢冷）玻璃的低。

② 在一定退火温度下保持一定的时间后，淬火玻璃和退火玻璃的密度趋向该温度时的平衡密度。

③ 冷却速率越快，偏离平衡密度的温度愈高，其 T_g 温度愈高。

根据这些规律，在生产上可用密度值来判断退火质量的好坏，见表 1-14。

表 1-14　不同热处理情况下玻璃瓶子密度的变化

热处理情况	密度/(g/cm³)	密度变化/(g/cm³)
成型后未退火	2.5000	0
退火较差	2.5050	0.005
退火良好	2.5070	0.007

玻璃析晶是一个结构有序化过程，因此玻璃析晶后密度是增加的。玻璃晶化（包括微晶化）后密度的大小主要决定于析出晶相种类。由此可通过控制热处理条件，得到不同的晶相，制得具有不同物理性质的微晶玻璃。

（3）玻璃密度与压力关系　当玻璃承受高压或超高压后，使玻璃的密度发生变化，且在一定温度下，随着压力的增加玻璃的密度随之增加。这是由于在高压后玻璃网络结构的容积减小，使玻璃密度增大。例如石英玻璃在承受 200×10^8 Pa 压力后密度由 $2.22g/cm^3$ 增至 $2.61g/cm^3$，除去压力后，此密度的增高可在室温下持久地保存下来，只有把这种密度玻璃重新进行退火后才能恢复原状。

玻璃密度变化的幅度除与压力有关外，还与玻璃的组成有关。在高压下，不同的玻璃组成其密度有很大差别。一般来说，含网络形成离子多的玻璃具有较大的空隙，因而在加压下密度增加较大。但含网络外离子多的玻璃，由于它们填充于网络的空隙，因此加压后密度变化很小。

（4）玻璃密度在生产中的应用　玻璃生产中经常会发生一些如配料称量不准确、料方计算错误、原料成分改变、配合料输送过程中的分层及意外因素、温度制度波动等引起的玻璃质量波动，这些都能通过玻璃密度的变化反映出来。如砂子的含水量在（3～10）％范围波动时，可导致玻璃密度产生 $100 \times 10^{-4} g/cm^3$ 的变化。所以，可以利用玻璃密度变化控制生产工艺。

在实际生产中，常通过测定玻璃密度和热膨胀系数的方法来监视生产工艺过程运转是否正常，从分析波动原因来指导日常的稳定生产。但必须指出，取样时必须定点、定时、定条件，否则会影响测定的正确性，从而失去可比性。

1.5　玻璃的化学稳定性

玻璃制品在使用过程中要受到水、酸、碱、盐、气体及各种化学试剂和药液的侵蚀，玻璃对这些侵蚀的抵抗能力称为玻璃的化学稳定性。

玻璃具有较高的化学稳定性，常用于制造包装容器，盛装食品、药液和各种化学制品。在实验室以及化学工业的生产过程中，也广泛采用玻璃设备，如玻璃仪器、玻璃管道、耐酸泵、化学反应锅等。

但是，玻璃的化学稳定性在使用中有时还不能满足要求。例如，普通的窗玻璃在长期承受大气和雨水的侵蚀下，玻璃表面失去光泽，使玻璃变灰暗，并在表面上出现油脂状薄膜、斑点等受侵蚀的痕迹；光学仪器的各类透镜在使用过程中，因受周围介质的作用，使光学零件蒙上"雾"状膜、聚滴薄膜或白斑等，影响透光性和成像质量，严重时将造成报废；化学仪器因玻璃受侵蚀而影响分析、化验结果；对于安瓿瓶、盐水瓶，在蒸压灭菌及各种气候条件下长期与药液接触，玻璃就会溶解于药液中，甚至出现脱片现象。因此，对任何玻璃制品，都必须具有符合规定的化学稳定性指标。玻璃的化学稳定性对玻璃的加工、如磨光、镀银、蚀刻以及玻璃制品的存放都有重要的意义。

玻璃的化学稳定性决定于玻璃的抗蚀能力以及侵蚀介质（水、酸、碱及大气等）的种类和特性。此外侵蚀时的温度、压力等也有很大的影响。

1.5.1 玻璃的侵蚀机理

玻璃对于不同介质具有不同的抗蚀能力，因此应该对玻璃的耐水性、耐酸性、耐碱性以及耐气体侵蚀性等分别进行研究。

（1）水对玻璃的侵蚀　水对不同成分的玻璃侵蚀情况不同。硅酸盐玻璃在水中的溶解过程比较复杂，水对玻璃的侵蚀开始于水中的 H^+ 离子和玻璃中的 Na^+ 离子进行离子交换，其反应为：

$$[SiO_3]—O—Na + H_2O =\!=\!= [SiO_3]—OH + NaOH \qquad (1-24)$$

这一交换又引起下列反应：

$$[SiO_3]—OH + \frac{3}{2}H_2O =\!=\!= Si(OH)_4 \qquad (1-25)$$

$$Si(OH)_4 + NaOH =\!=\!= [Si(OH)_3O]Na + H_2O \qquad (1-26)$$

上述三个反应互为因果，循环进行。随着如式（1-24）的反应进行，反应产物 $[SiO_3]—OH$ 增多，催使与水发生如式（1-25）的反应，生成物 $Si(OH)_4$ 接着发生的是如式（1-26）的反应。$[Si(OH)_3O]Na$ 的电离度低于 $NaOH$ 的电离度，因此这一反应使溶液中 Na^+ 浓度降低，促使前一反应进行。

随着水化反应继续，Si 原子周围原有的四个桥氧成为 OH，形成 $Si(OH)_4$，这是 H_2O 分子对硅氧骨架的直接破坏。反应产物 $Si(OH)_4$ 是一种极性分子，它能使周围的水分子极化，而定向地附着在自己周围，成为 $Si(OH)_4 \cdot nH_2O$，这是一个高度分散的 $SiO_2—H_2O$ 系统，通常称为硅酸凝胶。它具有较强的抗水和抗酸能力，因此，有人称之为"硅胶保护膜"，并认为保护膜层的存在，使 Na^+ 和 H^+ 的离子扩散受到阻挡，离子交换反应速率越来越慢，以致停止。

但许多实验证明，Na^+ 和 H_2O 分子在凝胶层中的扩散速率比在未被侵蚀的玻璃中要快得多。其原因如下。

① 由于 Na^+ 被 H^+ 代替，H^+ 半径远小于 Na^+ 半径，从而使结构变得疏松。

② 由于 H_2O 分子破坏了网络，也有利于扩散。因此，硅酸凝胶薄膜并不会使扩散变慢。进一步侵蚀之所以变慢以致停顿的原因，是由于在薄膜内的一定厚度中，Na^+ 已很缺乏，而且随着 Na^+ 含量的降低，其他成分如 R^{2+}（碱土金属或其他二价金属离子）的含量相对上升，这些二价阳离子对 Na^+ 的"抑制效应"（阻挡作用）加强，因而使 H^+ 与 Na^+ 交换缓慢，在玻璃表面层中，如式(1-24)的反应几乎不能继续进行，从而使如式(1-25)和式(1-26)的反应相继停止，结果使玻璃在水中的溶解量几乎不再增加，水对玻璃的侵蚀也就停止了。

对于 Na_2O-SiO_2 系统的玻璃，则在水中的溶解将长期继续下去，直到 Na^+ 离子几乎全部被侵蚀出为止。但在含有 RO、R_2O_3、RO_2 等三组分或多组分系统玻璃中，由于第三、第四等组分的存在，对 Na^+ 的扩散有巨大影响。它们通常能阻挡 Na^+ 的扩散，且随 Na^+ 相对浓度（相对于 R^{2+}、R^{3+}、R^{4+} 的含量）的降低，则所受阻挡越大，扩散越来越慢，以至几乎停止。

（2）酸对玻璃的侵蚀　除氢氟酸外，一般的酸并不直接与玻璃起反应，而是通过水对玻璃起侵蚀作用。酸的浓度大意味着其中水的含量低，因此，浓酸对玻璃的侵蚀能力低于稀酸。然而酸对玻璃的作用又与水对玻璃的作用有所不同。

首先，在酸中 H^+ 浓度比水中的 H^+ 浓度大，所以 H^+ 与 Na^+ 的离子交换速率在酸中比在水中快，即在酸中反应［式(1-24)］有较快的速率，从而增加了玻璃的失重；其次在酸中由于溶液的 pH 值降低，从而使 $Si(OH)_4$ 的溶解度减小，也即减慢了式(1-26)的反应速率，从而减少了玻璃的失重。

当玻璃中 R_2O 含量较高时，前一种效果是主要的；反之，当玻璃含 SiO_2 较高时，则后一种效果是主要的。即高碱玻璃的耐酸性小于耐水性，而高硅玻璃的耐酸性则大于耐水性。

（3）碱对玻璃的侵蚀　硅酸盐玻璃一般不耐碱，碱对玻璃的侵蚀是通过 OH^- 破坏硅氧骨架（$\equiv Si-O-Si \equiv$），使 Si—O 键断裂，网络解体，产生 $\equiv Si-O^-$ 群，使 SiO_2 溶解在碱液中，其反应为：

$$\equiv Si-O-Si \equiv +OH^- \longrightarrow \equiv Si-O^- + HO-Si \equiv \qquad (1-27)$$

而且又由于在碱液中存在如下反应：

$$Si(OH)_4 + NaOH \longrightarrow [Si(OH)_3O]^- Na^+ + H_2O \qquad (1-28)$$

该反应能不断地进行（此时 NaOH 不像水对玻璃的侵蚀那样仅由离子交换而得），所以使碱对玻璃的侵蚀过程不生成硅胶薄膜，而是玻璃表面层不断脱落，玻璃的侵蚀程度与侵蚀时间成直线关系。此外玻璃的侵蚀程度还与阳离子的种类有关，见图 1-13。

由图 1-13 可知，在相同 pH 值的碱溶液中，不同阳离子的侵蚀顺序为：

$$Ba^{2+} > Sr^{2+} \geqslant NH_4^+ > Rb^+ \approx$$
$$Na^+ \approx Li^+ > N(CH_3)_4^+ > Ca^{2+}$$

另外，阳离子对玻璃表面的吸附能力以及侵蚀后玻璃表面形成的硅酸盐在碱溶液中溶解度大小，对玻璃的侵蚀也有较大影响。例如 $Ca(OH)_2$ 溶液对玻璃的侵蚀较小，其原因就在于玻璃受侵蚀后生成硅酸离子与 Ca^{2+} 在玻璃表面生成溶解度小的硅酸钙，从而阻碍了进一步被侵蚀的缘故。

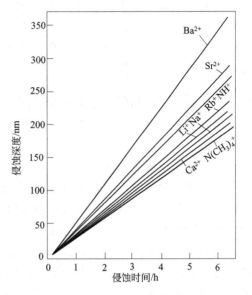

图 1-13　Na_2O-CaO-SiO_2 玻璃在 70℃，pH 值为 11.5 的碱溶液中的侵蚀

除此之外，玻璃的耐碱性还与玻璃中 R—O 键的强度有关。R^+ 和 R^{2+} 随着离子半径的增加，耐碱性降低，而高场强、高配位的阳离子能提高玻璃的耐碱性。

综上所述，碱性溶液对玻璃的侵蚀机理与水或酸不同。水或酸（包括中性盐和酸性盐）对玻璃的侵蚀只是改变、破坏或溶解（沥滤）玻璃结构组成中的 R_2O、RO 等网络外物质；而碱性溶液不仅对网络外氧化物起作用，而且也对玻璃结构中的硅氧骨架起溶蚀作用。

（4）大气对玻璃的侵蚀　大气的侵蚀实质上是水汽、CO_2、SO_2 等作用的总和。玻璃受潮湿大气的侵蚀过程首先开始于玻璃表面。玻璃表面的某些离子吸附了空气中的水分子，在玻璃表面形成了一层薄薄的水膜，如果玻璃组成中 R_2O 等含量少，这种薄膜形成后就不再继续发展；如果玻璃组成中 R_2O 含量较多，则被吸附的水膜会变成碱金属氢氧化物的溶液，并进一步吸附水，同时使玻璃表面受到破坏。

实践证明，水汽比水溶液具有更大的侵蚀性。水溶液对玻璃的侵蚀是在大量水存在的情况下进行的，因此从玻璃中释出的碱（Na^+）不断转入水溶液中（不断稀释）。所以在侵蚀的过程中，玻璃表面附近水的 pH 值没有明显的改变。而水汽则不然，它是以微粒水滴黏附于玻璃的表面。玻璃中释出的碱不能被移走，而是在玻璃表面的水膜中不断积累。随着侵蚀的进行，碱浓度越来越大，pH 值迅速上升，最后类似于碱液对玻璃的侵蚀。从而大大加速了玻璃的侵蚀。因此水汽对玻璃的侵蚀先是以离子交换为主的释碱过程，后来逐步过渡到以破坏网络为主的溶蚀过程，即水汽比水对玻璃的侵蚀更强烈。在高温、高压下使用的水位计玻璃侵蚀特别严重，就是与水汽的侵蚀特性有关。

1.5.2　影响玻璃化学稳定性的因素

玻璃的化学稳定性主要决定于玻璃的化学组成、热处理、表面处理及温度和压力等。

（1）化学组成的影响

① 硅酸盐玻璃的耐水性和耐酸性主要是由硅氧和碱金属氧化物的含量来决定的。二氧化硅含量越高，硅氧四面体相互连接程度则越大，玻璃的化学稳定性也越高。因此石英玻璃有极高的抗水、抗酸侵蚀能力。

当石英玻璃中引入 R_2O，随着碱金属氧化物含量的增多，玻璃的化学稳定性降低。且随着碱金属离子半径增大，化学键强度减弱，其化学稳定性一般是降低的，即耐水性 $Li^+ > Na^+ > K^+$，见图 1-14。

② 当玻璃中同时存在两种碱金属氧化物时，由于"混合碱效应"使玻璃的化学稳定性出现极值，这一效应在铅玻璃中表现更为明显，如图 1-15 所示是在铅玻璃中，当 K_2O 与 Na_2O 互相取代时对化学稳定性的作用。由图 1-15 可见，在 K_2O-Na_2O-PbO-SiO_2 玻璃中，当 $K_2O : Na_2O$（摩尔比）≈ 1 时，玻璃的耐酸性最强，这一比值在 PbO 和 SiO_2 的任何含量下都是适用的。

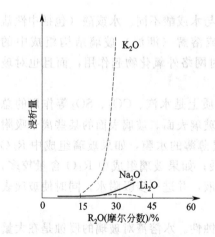

图 1-14　二元碱金属硅酸
盐玻璃的水侵蚀

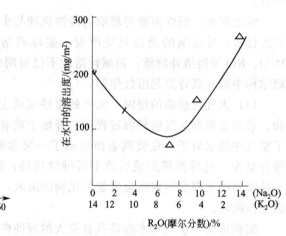

图 1-15　$14R_2O \cdot 9PbO \cdot 77SiO_2$
玻璃的化学稳定性

③ 在硅酸盐玻璃中以碱土金属或其他二价金属氧化物置换硅氧时，也会降低玻璃的化学稳定性。但是，降低稳定性的效应比碱金属氧化物为弱。在二价氧化物中，BaO 和 PbO 降低化学稳定性的作用最强烈，MgO 和 CaO 次之。

④ 在化学成分为 $100SiO_2 + (33.3 - x)Na_2O + xRO(R_2O_3$ 或 $RO_2)$ 的基础玻璃中，用 CaO、MgO、Al_2O_3、TiO_2、ZrO_2、BaO 等氧化物依次置换部分 Na_2O（x 为置换量）后，对耐水性和耐酸性的顺序如下。

耐水性：$ZrO_2 > Al_2O_3 > TiO_2 > ZnO > MgO > CaO > BaO$

耐酸性：$ZrO_2 > Al_2O_3 > ZnO > CaO > TiO_2 > MgO > BaO$

在玻璃组成中，ZrO_2 不仅耐水、耐酸性能最好，而且耐碱性也最好，但难熔。BaO 的耐水、耐酸性、耐碱性都不好。

⑤ 在三价氧化物中，氧化硼对玻璃的化学稳定性同样会出现"硼反常"现象，见图 1-16。从图 1-16 可以看出，以 B_2O_3 代替 SiO_2 时，最初 B^{3+} 离子位于 ［BO_4］四面体中，可使原来断裂的键重新连接起来，加强了网络结构，使水中溶出度显著下降。若继续用 B_2O_3 取代 SiO_2 至 $Na_2O/B_2O_3 < 1$ 时，即 B_2O_3 达到 16％ 以上时，B^{3+} 离子将位于 ［BO_3］三角体中，又促使水中溶出度增大。

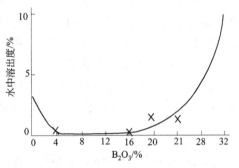

图 1-16　$16Na_2O \cdot xB_2O_3 \cdot (84-x)SiO_2$ 玻璃在水中的溶出度（2h）

在 Na_2O-CaO-SiO_2 玻璃中，加入少量 Al_2O_3 时，能大大提高其化学稳定性，这是因为此时 Al^{3+} 位于 ［AlO_4］四面体，对硅氧网络起补网作用；如果 Al_2O_3 含量过高时，由于 ［AlO_4］四面体体积大于 ［SiO_4］四面体的体积，使网络紧密程度下降，因而玻璃的化学稳定性也随之下降。

⑥ 在钠钙硅酸盐玻璃 $xNa_2O \cdot yCaO \cdot zSiO_2$ 中，如果氧化物的含量符合如式（1-29）的关系，则可以得到相当稳定的玻璃。

$$z = 3\left(\frac{x^2}{y} + y\right) \tag{1-29}$$

综上所述，凡是能加强玻璃结构网络并使结构完整致密的氧化物，都能提高玻璃的化学稳定性，反之，将使玻璃的化学稳定性下降。

（2）热处理的影响　一般来说，退火玻璃比淬火玻璃的化学稳定性高，这是因为退火玻璃比淬火玻璃的密度大，网络结构比较紧密的缘故。但是，玻璃经淬火后，表面处于很高的压应力状态，对表面的疏松结构有抵消作用。因此淬火程度高的玻璃，其化学稳定性有可能高于退火玻璃。

退火有明焰和暗焰两种方式。前者是指玻璃制品在炉气中进行退火，此时玻璃表面的碱金属氧化物能与炉气中的酸性气体（主要是 SO_2）发生中和，而形成"白霜"（主要成分为硫酸钠），通称为"硫霜化"，当"白霜"被去掉后，玻璃表面的碱金属氧化物含量有所降低，从而提高了玻璃制品的化学稳定性。且随着退火时间的延长和退火温度的提高，有利于碱金属氧化物向表面的扩散，将使更多的碱金属氧化物参加与炉气的反应，使玻璃的化学稳定性得到更大的提高。相反，如果采用暗焰退火，将引起碱在玻璃表面的富集，玻璃的化学稳定性反而随退火时间的增长和退火温度的提高而降低。为此，工厂有时为了改进玻璃制品的化学稳定性而用含硫量高的燃料进行明焰退火或往退火炉中加进 SO_2 气体及硫酸铵、硫酸铝等盐类。

硼硅酸盐玻璃在退火过程中会发生分相，分成富硅氧相和富钠硼相。分相后如形成孤岛滴球状结构，如图 1-17(a) 所示，钠硼相为富硅氧相所包围，使易熔的钠硼相免受介质的侵蚀，则玻璃的化学稳定性将会提高。如果分相后钠硼相与硅氧相形成连通结构，如图 1-17(c) 所示，则玻璃的化学稳定性将会大大降低，由于易熔的钠硼相能不断地被侵蚀介质浸析出来所致（高硅氧玻璃就是利用钠硼硅酸盐玻璃的分相原理来制造的）。因此对含 B_2O_3 较高的玻璃，其化学稳定性与退火制度的关系必须予以注意（如退火温度不能过高，退火时间也不宜过长，要尽量避免重复退火等）。

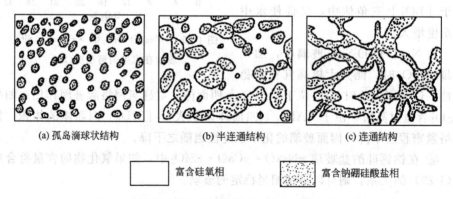

(a) 孤岛滴球状结构　　　　(b) 半连通结构　　　　(c) 连通结构

☐ 富含硅氧相　　　　▨ 富含钠硼硅酸盐相

图 1-17　钠硼硅酸盐玻璃在退火过程中结构变化示意

（3）表面状态的影响　介质对玻璃的侵蚀首先从表面开始，因此玻璃的表面状态对玻璃的化学稳定性具有重要的意义。可以通过表面处理的方法来改变玻璃的表面状态，以提高玻璃的化学稳定性。表面处理大致可以分为以下两大类。

① 从玻璃表面移除能降低玻璃表面化学稳定性的氧化物，如 Na_2O、K_2O 等。

a. 酸性气体处理玻璃表面　例如，在 CO_2 和 SO_2 中把平板玻璃试样在 420℃ 加热 3h，然后测定在 80℃水中加热 3h 的 Na_2O 溶出量（表 1-15）。提高处理温度可以大大提高表面处理的效果。

表 1-15　平板玻璃用酸性气体处理表面 Na_2O 溶出量

试样编号	Na_2O 溶出量 / (mg/m²)		
	不处理	CO_2	SO_2
1	18.0	9.0	8.7
2	12.5	4.9	7.7
3	15.0	10.3	9.1

b. 用水或酸溶液预先处理玻璃表面　即能在玻璃表面生成一定厚度的高硅氧膜，以提高玻璃的化学稳定性。例如用 H_2SO_4 作用于火石光学玻璃的表面，能形成一层硅胶膜，它阻碍了侵蚀介质对玻璃的进一步侵蚀。如果将酸处理过的玻璃制品，再加热到 400～500℃，由于硅胶膜的更加致密，可使玻璃的化学稳定性有更大的提高。

② 玻璃表面进行涂层　玻璃表面涂以对玻璃具有良好黏附力而对侵蚀介质具有低亲和力的物质。通常用硅有机化合物进行玻璃表面涂层来提高抗蚀性。硅有机化合物不仅对提高抗水性和抗酸性有显著的作用，而且对提高玻璃的力学和电学性质也有重要的作用。此外还采用氟化物、氧化物和金属等进行无机涂膜。

（4）温度和压力的影响　玻璃的化学稳定性随温度和压力的升高而剧烈地变化。在 100℃以下，温度每升高 10℃，侵蚀介质对玻璃的浸析速率增加 50％～250％，100℃以上时（如在热压器中），侵蚀作用始终是剧烈的，只有含锆多的玻璃才是稳定的。

1.5.3　玻璃的生物发霉

在湿度大、气温高的地方使用光学仪器时常发生光学玻璃透镜发霉的现象。玻璃一经发霉，霉是很难擦去的，轻者影响仪器的性能，重者使仪器报废。许多研究者确实从霉点上检查出多种菌体的存在，并用电子显微镜摄得霉点处凹凸不平的侵蚀表面，但对玻璃的生物发霉本质研究得还不多，对于解释和解决生物发霉现象的途径还存在着不同的观点。

尽管人们对细菌、微生物在分解天然矿物形成土壤中的生物化学过程作出了许多成功的研究和解释，但对菌体在玻璃表面上滋长现象的分析还存在困难，实际上最容易产生霉斑的是那些化学稳定性（耐水性）差的玻璃透镜，而在实验室条件下，在玻璃表面上作菌种培养时发现，菌类最容易在石英玻璃表面滋长，显然因为它的表面是中性的缘故。与此相反，一些在湿气的作用下在表面上形成碱性介质的却抑制菌类的生长。但在多数情况下，清洁玻璃表面受潮属于碱性环境，是不利于菌类滋生的，因此有人认为如果玻璃表面上没有有机物质的污染，清洁的玻璃表面是不会滋生微生物群的。由此不妨推论玻璃生物发霉的起点首先是潮气作用于玻璃表面，形成一层碱性水膜，受到外来有机物的污染，碱性被中和，形成有机盐类，成为菌类的养分，菌类落在玻璃表面上开始滋长。由于菌类的繁衍，吸收空气中的水分，CO_2 分解出有机酸，更加剧了侵蚀，菌体深入玻璃表层，破坏了玻璃表面。

由此可见，提高玻璃的化学稳定性，首先是提高玻璃的抗水性，这是提高玻璃抗霉能力的首要条件。但是由于光学玻璃品种很多，用调整玻璃成分的方法提高其化学稳定性不是都能满足抗霉要求。实验证实，向玻璃组成中引入 Ag、Cu、Mo、Tl、Cd、Ti、As 等（因其有抑制微生物生长的作用）的氧化物对部分微生物（特别是霉菌）有抑制作用，但对细菌类没有明显的抑制作用。为此人们提出，为了防止玻璃发霉可采取向玻璃组成中引入少量抑菌金属离子和在玻璃表面涂覆杀菌剂的方法，如在涂膜中引入汞盐或汞的有机化合物，光学零件在涂膜前，先在常温下于 0.25% 的甲氧基乙基醋酸的酒精溶液中处理 18～20h 也是一种有效方法。

1.5.4　金属蒸气对玻璃的侵蚀

气体放电灯（例如汞灯、钠灯、铯灯等）在科学技术上作为单色光源，并被广泛地用于机场、工地、剧院、街道等照明。钠光灯是透过云雾的最好光源。

气体放电灯利用高温金属蒸气的激发光谱，正常照明时温度在 300℃ 以上，气体放电灯对玻璃的要求除了必须经受得住启动和关闭时的温度急变外，就是不受金属蒸气的作用而变质。

汞蒸气对于硅酸盐玻璃没有作用。钠蒸汽则侵蚀硅酸盐玻璃使之逐渐变黑不能使用。石英玻璃、水晶都会被钠蒸气强烈侵蚀，而 LiF、CaF_2、MgO 和 Al_2O_3 制品几乎不被钠蒸气侵蚀，同样，在玻璃中 SiO_2 是不利于抗钠蒸气侵蚀的，而 Al_2O_3、RO、R_2O 比例越大，抗钠蒸气侵蚀的能力越强。铯蒸气在铯灯工作温度下（350～400℃）对石英玻璃没有明显的破坏作用，但冷却后与铯蒸气接触的表面具有金黄色，重新加热后石英玻璃又变为无色透明。

第2章
玻璃的清洁技术

玻璃基片和坯体在进行后续的表面处理工艺前,需进行表面的清洁处理。因为基片或坯体的清洁程度对玻璃表面处理的产品质量有很大的影响。通常情况下,暴露于大气中的玻璃基片和坯体的表面受到不同程度的污染,如表面上的一些无用的物质或能量,以及一些其他因素造成的污染。

从物理状态来说,玻璃表面的污染可以是气体、液体或者固体,它们均以膜或散粒形式存在。而从化学特征来看,这些污染物可以处于离子态或共价态,可以是无机物或有机物。污染物的来源有多种,而最初的污染常常是玻璃表面在形成过程中造成的。另外,吸附现象、化学反应、浸析和干燥过程、机械处理以及扩散和离析过程也都可能会使玻璃表面污染物增加。然而,大多数科学技术研究和应用都要求清洁的表面。例如,在给一个玻璃的表面进行镀膜之前,表面必须是清洁的,否则膜与表面将不能很好地黏附,甚至一点也不黏附。因此玻璃表面的清洁处理对于后续的玻璃加工工艺是非常重要的。

2.1 玻璃表面清洁度的检验

玻璃表面进行清洗前,必须检验玻璃表面清洁度,以此为依据来确定玻璃的清洁方法。玻璃表面清洁度的常用检验方法有玻璃表面与液体的接触角法、呵痕试验法、玻璃表面的静摩擦系数法等。

2.1.1 玻璃表面与液体的接触角法

当液体滴到玻璃表面时,玻璃表面的润湿的程度与润湿能力有关。当玻璃与液滴接触时,在玻璃、液滴、空气三相的交点处,做一条沿液滴表面的切线,该切线与固体、液体接触面的夹角称为润湿角 θ(图 1-4)。润湿角越小,表明玻璃表面越易被润湿。

据润湿程度(润湿角)的大小,就可以判断玻璃表面的污染程度,润湿角往洁净的玻璃表面倒上水和乙醇,都能扩展而完全润湿,接触角几乎等于零。而如果玻璃基片和坯体的表面有污染，水和酒精就不能完全润湿，呈明显而较大的接触角。

2.1.2 呵痕试验法

用经过过滤的洁净、潮湿的空气吹向待测的玻璃表面，并将其放在黑色背景前。如玻璃表面为洁净的，此时就会就呈现黑色、细薄、均匀的湿气膜，称为黑色呵痕。相反如玻璃表面有污染，水气就凝集成不均匀的水滴，称为灰色呵痕。灰色呵痕上的水滴有明显的接触角，而黑色呵痕中水的接触角接近于零值。呵痕试验法是检查玻璃表面清洁度常用的简便而有效的方法。

2.1.3 玻璃表面的静摩擦系数法

玻璃表面具有一定的光滑性，通过测量固体与玻璃的静摩擦系数是检查玻璃表面清洁度的一种灵敏的方法。玻璃摩擦系数的测试有两种情况：①玻璃与机械金属面或传送带间的摩擦系数；②玻璃之间面对面的摩擦系数。以检验玻璃的静摩擦系数的第二种方法为例，试验仪器应具有自动加载和测力装置。

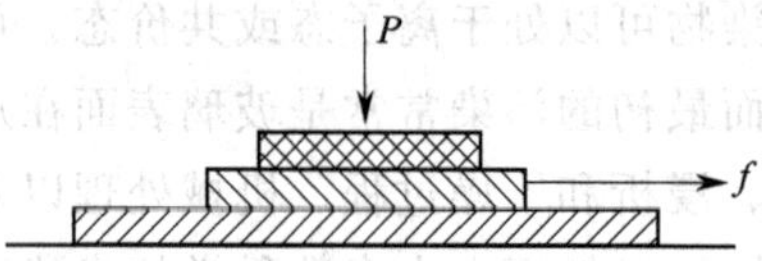

首先按标准对玻璃进行取样2件，将一块玻璃的试验表面向上，平整地固定在水平试验台上。然后将另一块玻璃的试验表面向

图 2-1 玻璃表面静摩擦力测试示意

下，用胶带在滑块表面固定试样。将固定有试样的滑块无冲击地放在第一个试样中央，并使两试样的试验方向与受力方向平行，如图 2-1 所示。启动仪器测试出静摩擦系数。

$$\mu = \frac{P}{f} \tag{2-1}$$

式中 μ——玻璃表面的静摩擦系数；

P——施加在滑块上的正压力；

f——静摩擦力。

清洁的玻璃表面具有很高的摩擦系数，接近于1。如果玻璃表面受到污染，如粘有油脂或有吸附膜存在，静摩擦系数会减小。例如玻璃吸附硬脂酸层时，静摩擦系数仅为0.3。通过测定玻璃表面静摩擦系数，可以半定量地得到玻璃表面的清洁度，也可以由此评估各种不同方法的清洗效果。

2.2 玻璃的清洗方法

常用的玻璃清洗方法有很多，归纳起来主要有用溶剂清洗、加热和辐射清洗、超声清洗、放电清洗等，其中最为常见的是用溶剂清洗和加热清洗。

用溶剂清洗是一种普遍的方法，该方法使用各种清洗液主要包括以下几种类型：

① 含清洗剂的水、稀酸或碱；

② 无水有机溶剂如乙醇、乙二醇、异丙醇、甲酮、丙酮等；

③ 乳状液或溶剂蒸汽等。

所采用的清洗液类型取决于污染物的性质，大致可分为酸性、碱性和中性偏碱等三类。其中酸性清洗液多用于清洗氧化物、腐蚀物；碱性清洗液含有表面活性剂，用于清除轻质油污；中性偏碱清洗液可以避免酸碱对玻璃表面的损伤，适用于前两种清洗液都不能用的情况。

用溶剂清洗可分为擦洗、浸洗（包括酸液清洗、碱液清洗等）、蒸气脱脂、喷射清洗等方法。

2.2.1　擦洗玻璃

擦洗玻璃是用浸入一种沉淀的白垩、酒精或氨的混合物的脱脂棉擦洗玻璃的表面，这是清洗玻璃最简单的方法。这种方法最适宜作预清洗，即清洗程序的第一步。实践表明，白垩的痕迹可能会留在这些表面上，所以处理之后必须仔细地用纯净水或乙醇清洗这些玻璃。

透镜或镜面衬底的清洗，最常采用方法就是用蘸满溶剂的镜头纸擦拭。当镜头纸的纤维擦过表面时，它利用溶剂萃取并对附着微粒施以高的液体剪切力。擦拭后的清洁度与镜头纸擦去污染物的多少有关，需要注意的是，每张镜头纸用过一次就丢掉，以避免重复使用造成再次污染。用这种清洗方法可以使透镜或镜面衬底达到很高的表面清洁度。

2.2.2　浸洗玻璃

浸洗玻璃是另一种简单而常用的清洗方法。用于浸泡清洗的基本设备是一个由玻璃、塑料或不锈钢制成的开口容器，装满预先配制好的清洗液，清洗液种类可根据污染物的性质来进行选择。

浸洗时先将玻璃用镊子夹住或用特殊夹具钳住，然后放入清洗液中浸泡，清洗液可以搅动或者不搅动。浸泡一定时间后，将玻璃从容器中取出。然后用未受污染的纯棉布将湿玻璃擦干，接着用暗场照明设备检验清洁度。若清洁度不符合要求，则可在同样液体或其他清洗液中再次浸泡，重复上述过程，直至满足要求为止。

2.2.3　酸洗玻璃

酸洗玻璃是指使用各种从弱到强的酸，或者是酸的混合物（如铬酸和硫酸的混合物）来清洗玻璃。

老化的玻璃表层总是存在细碎的二氧化硅，而二氧化硅不容易被酸溶解（氢氟酸除外）。因此，在进行酸液清洗时，为了产生清洁的玻璃表面，除氢氟酸外，其他所有的酸应加热至一定温度使用，实际生产中常用的加热温度范围是 60～85℃。实践证明，一种含 5％HF、33％HNO_3、2％Teepol 阳离子去垢剂和 60％H_2O 的冷却稀释混合物，是清洗玻璃和二氧化硅极好的通用液体。

需要注意的是，酸洗并不适用于一切玻璃，特别是氧化钡或氧化铅含量较高的玻璃（如某些光学玻璃）是不适用的，这些物质甚至能被弱酸滤取，形成一种疏松的二氧化硅表面。

2.2.4 碱液清洗玻璃

碱液清洗玻璃是用苛性钠溶液（NaOH 溶液）清洗玻璃，NaOH 溶液具有去垢和清除各种油脂的能力。油脂和类脂材料可与氢氧化钠反应生成脂肪酸盐，这些水溶液的反应生成物可以很容易被漂洗掉，得到清洁的表面。以乙酸乙酯为例，化学方程式为：

$$CH_3COOCH_2CH_3 + NaOH \longrightarrow CH_3COONa + CH_3CH_2OH \qquad (2-2)$$

需要注意的是，一般希望把清洗过程限制在污染层，不希望有较强的腐蚀和浸析效应，这些效应会破坏玻璃表面质量，所以应当避免。但底衬材料自身的轻度腐蚀是允许的，它保证清洗过程的圆满。简单的和复合的浸渍清洗过程主要用于清洁小块玻璃或小型制品。

2.2.5 蒸汽脱脂清洗玻璃

蒸汽脱脂主要适用于清除表面油脂和类脂膜，在玻璃的清洁中，它经常作为各种清洗工序的最后一步。蒸汽脱脂设备基本上是由底部具有加热元件和顶部周围绕有水冷蛇形管的开口容器组成。清洗液可以是异丙基乙醇或一种氯化和氟化的碳水化合物，溶剂蒸发，形成一种热的高密度蒸汽，而冷凝蛇形管阻止蒸汽损失，所以这种蒸汽可保留在设备中。将准备清洗的冷玻璃片，用特殊的工具夹住，浸入浓蒸汽中 15s 至几分钟。纯净的清洁液蒸汽对多脂物有较高溶解性，它在冷玻璃上凝结形成带有污染物的溶液并滴落，而后为更纯的凝结溶剂所代替。这种过程一直进行到玻璃过热不再蒸汽凝结为止。玻璃的热容量越大，蒸汽不断凝结清洗浸泡表面的时间就越长。

用这种方法清洗的玻璃带静电，因为有电力作用，尘埃粒子的黏附很强。所以这种电荷必须通过在离子化的清洁空气中处理来消除，以阻止吸引大气中尘埃粒子。

蒸汽脱脂是得到高质量清洁表面的极好方法。清洗效率可用测定摩擦系数的方法来检验。另外，还有暗场检验、接触角和薄膜附着力测量等方法。

2.2.6　喷射清洗玻璃

喷射清洗处理玻璃是运用运动流体施加于小粒子上的剪切力来破坏粒子与表面间的黏附力。粒子悬浮于湍流流体中，被流体从表面带走，以此来达到清洁的目的。

通常用于浸渍清洗的液体也可用于喷射清洗。在恒定的喷射速度下，清洗液越浓，则传递给黏附的污染粒子的动能越大。增加压力和相应的液流速度则使清洗效率提高，常用的压力约350kPa，为了获得最佳结果，用一种细的扇行喷口，而且喷口与表面之间的距离不应超过喷口直径的一百倍。有机液的高压喷射造成表面冷却问题，不希望有的水蒸气凝结而留下表面污点。周围用氮气或利用无污物的水喷射代替有机液，可避免上述情况的发生。高压液体喷射对清除小到 $5\mu m$ 的粒子是非常有效的方法。在某些情况下，高压空气或气体喷射也很有效。

2.2.7　超声清洗玻璃

超声清洗是一种清除较强黏附污染的方法。这种清洗方法会产生强的物理清洗作用，因而是振松与表面强黏合污染物的非常有效的技术，既可采用无机酸性、碱性和中性清洗液，也可采用有机液。

超声清洗是在盛有清洗液的不锈钢容器中进行的，容器底部或侧壁装有换能器，这些换能器将输入的电震荡转换成机械震动输出。玻璃主要在 $20\sim40kHz$ 频率下进行清洁，这些声波的作用在玻璃表面与清洁液界面处引起空化作用，由小的内向爆裂气泡所产生的瞬间压力可达约100MPa。显而易见，空化作用是这样一个系统中主要机理，虽然有时也用清洗剂加速乳化或使被释放出来的粒子分散。除了其他一些因素，输入功率的增加将在表面产生一种较高的成穴密度，这反过来又提高了清洁效率，超声清洗也是一个迅速的过程，约在几秒到几分之间。

超声清洗用来清除已经光学加工的玻璃表面的沥青和抛光剂残渣。由于它还经常用于产生残留物很少的表面的清洗工序，所以清洗设备通常放在清洁室内而不放在加工场所。

2.2.8　加热清洗玻璃

加热清洗玻璃是将衬底放置于真空中会促使挥发杂质的蒸发，从而达到清洁的目的。这种方法的效果与衬底在真空中保留时间的长短、温度、污染物的类型及衬底材料有关。在室温高真空条件下，局部压力对解吸的影响是可以忽略的，解吸是由加热产生的。加热玻璃表面促使吸附的水分子和各种碳氢化合物分子的解吸作用有不同程度的增加，这与温度有关。外加温度在 $100\sim850℃$ 之间，需要加热的时间在 10～60min。在超高真空下，为了得到原子级清洁表面，加热温度必须高于 450℃才行。对于较高温度衬底上淀积膜（制备特殊性质的膜）的情形，加热清洗特别有效。

但是由于加热，也会使某些碳氢化合物聚合成较大的团粒，并同时分解成碳渣。然而用高温火焰处理（如氢-空气火焰）的效果很好，虽然这个过程中表面温度仅约 100℃，火焰中存在着各种离子、杂质及高热能分子。一般认为，火焰的清洁作用与一种辉光放电作用相类似，在辉光放电中，离子化的高能粒子撞击待清洁表面。粒子轰击和表面上离子的复合将释放热量，也有助于解吸污物分子。

2.2.9 辐照清洗玻璃

辐照清洗玻璃是利用紫外线辐射分解碳氢化合物，在空气中照射 15h 就能产生清洁的玻璃表面。如果把经过适当预清洗的玻璃表面，放在一个产生臭氧的几毫米的紫外线源中，只需要 1min 内就可形成清洁表面。显然这表明臭氧的存在增加了清洗效率。

臭氧增强辐射清洁效率的机理是，污物分子在紫外线影响下受激并离解，而臭氧的生成和存在产生高活性的原子态氧。现在认为，受激的污物分子和由污物离解产生的自由基与原子态氧作用，形成较简单易挥发分子，如 H_2O、CO_2 和 N_2，而且反应速率随温度的升高而增大。

2.2.10 放电清洗玻璃

这种清洗方法在实际中应用最广泛，它是在镀膜设备中膜淀积前立即减小压力完成的。可利用持续的辉光放电来清洁的设备有多种，通常放电发生在位于衬底附近的两个可忽略的溅射铝电极之间。一般用氧和氩形成必需的气体环境，标准的放电电压在 500～5000V，衬底置于等离子体中，而不是辉光放电电路的一部分，这种方法只处理预清洁衬底。投入辉光放电等离子区的玻璃表面，受到电子，更主要的是阳离子、受激原子和分子的轰击。所以，辉光放电的清洁作用很复杂，与各种电参数和几何参数以及放电条件有紧密的关系。

一些过程决定着在膜淀积之前辉光放电处理衬底的有利作用，粒子轰击及表面电子与离子的复合把能量传递给衬底并引起发热，可使温度上升到 300℃，加热以及用电子、低能离子和中性原子轰击，都有利于吸附水和一些有机污物的解吸。受击氧原子的碰撞引起与有机污物的化学反应，形成低分子量、易发挥的化合物。进而通过附加氧和玻璃中易迁移成分（如碱金属原子）的溅射，引起表面化学性质的变化。

在辉光放电清洗中，最重要的参数是外加电压的类型（交流或直流）、放电电压大小、电流密度、气体种类和气压、处理的持续时间、待清洗材料的类型、电极的形状和排列以及待清洗部件的位置等。在直流电中，这种电极作为阴极，设备的壁代表阳极并接地，绝缘衬底放在阳极附近。按照这种安排放电电流大部轰击在真空室壁上，仅一小部分轰击衬底。因此，真空室壁的气体解吸得到改善，从而减少了抽气所用时间，但从壁上溅射的很少量物质的淀积，可能污染所清洁的衬底。为了得到一种可控的气体环境，设备首先被抽成高真空，然后充氧达到所要求的放电气压。为了防止再污染和改进清洗效果，需使用一些特殊的装置。在阳极区域，有等量的低能离子和电子数目，它们的速率服从麦克斯韦分布。在辉光放电等离子区绝缘衬底的侵入，使用低能电子进行仔细清洁成为可能。

2.2.11　剥去喷涂层清洗玻璃

利用可剥去黏附层或喷涂层以清除表面尘埃粒子的方法，是一种非常特殊的，有点异乎寻常的清洗方法，利用它清洗小片（如激光镜衬底）更为可取。甚至非常小的、已嵌入黏附涂层的尘粒，也能利用这种方法从表面中清除。已发现在市场上现有的各种剥离涂层中，醋酸戊酯中的硝化纤维最适合于剥离尘埃，而不留下任何残渣。有时少量的有机残渣在剥离后仍留在表面上，这可能与所用涂层的类型有关，如果发生这种情况，剥离操作可重复进行，或利用一种有机溶剂再去清洁表面，尽可能在蒸汽脱脂中进行。

基本清洗工序十分简单。厚的涂层适用于用刷洗或浸渍预清洁表面，然后使这些部件完全干燥，为避免再污染，在一层流箱中进行连续操作，这时涂膜被剥去。若线环嵌入涂层，剥离就比较容易。人们曾试图在真空中在薄膜沉淀之前剥离膜，但只是取得部分成功，因为难以测定真空系统内表面的残渣。

2.3　清洗程序

正如前面所介绍的，玻璃表面清洗的方法有很多种，但没有一种方法是最为理想的一次就可以达到标准的要求。为了达到要求的最佳洁净度，往往必须使用联合清洁的方法。例如，一部分清洗常在喷射清洗之前先进行蒸汽脱脂，蒸汽脱脂可清除油膜但对颗粒物状无效，而喷射清洗对清除这些颗粒物质却十分有效，如果表面留有油膜，则喷射清洗效果不好。所以只有清除表面油膜后，才能获得最佳效果。

用溶剂清洗玻璃时，每种方法都有其适用范围，在许多情况下，特别当溶剂本身就是污染物时，它就不适用了。清洁液通常是彼此不相容的，所以在使用另一种清洁液前，必须先从表面上完全清除这一种清洁液。

在清洗过程中，清洗液的顺序必须是化学上相容的和可溶混的，而在各阶段都没有沉淀。由酸性溶液改为碱性溶液，期间需要用纯水冲洗。由含水溶液换成有机液，总是需要用一种溶混的助溶剂（如酒精或特殊的除水液体）进行中间处理。加工过程中的化学腐蚀剂以及腐蚀性清洁剂只允许在表面停留很短时间。清洁程序的最后一步必须极小心地完成。用湿法处理时，最后所用的冲洗液必须尽可能的纯，而且它一般应该是极易挥发的。

最佳清洁程序的选择需要经验。最后，已清洁的表面不要留在无保护处，在镀膜等进一步处理之前，应严格妥当的存放和搬动，这一点非常的重要。

2.4　清洁表面的保持

通常情况下，玻璃清洗干燥后，表面应清洁，无水珠、水痕、污迹和无划伤现象。被清洗的表面可分为两类，即原子级清洁表面和工艺技术上的清洁表面。原子级清洁表面是特殊科学用途所要求的，仅能在超高真空下实现。除了一些采用特殊先进技术的产品之外，实际加工玻璃过程中仅要求达到工业技术上的清洁或稍好的表面质量。表面清洁程度必须满足下述两个标准：它必须好到满足后续加工的要求，且必须充分保证将来使用表面时产品的可靠性。

对清洁表面的稳定和保持非常重要，保护不好，各种污染物（如尘埃粒子、化学蒸汽的凝结物等）都会冲洗污染玻璃表面，影响后续工艺的进行。通常采用的方法是，把玻璃表面密封在一密封干燥装置中，或者是真空密封容器中。实际应用中，最简单也是最有效的办法就是尽量缩短从清洗到加工使用的时间间隔，以尽量降低再次污染的可能性。

2.5　玻璃洗涤设备

2.5.1　玻璃清洗机的组成与工作原理

玻璃清洗机是玻璃在制镜、真空镀膜、钢化、热弯、复合等加工工艺前工序对玻璃表面进行清洁、干燥处理的专用设备。主要由传动系统、刷洗、清水冲洗、纯水冲洗、冷风干、热风干、电控系统等组成。此外根据用户需要，中大型玻璃清洗机还配有手动（气动）玻璃翻转小车和检验光源等系统。

玻璃清洗机的工作原理是用传动辊子把玻璃输送到刷辊间，再由水泵把温水带回清洗剂的水喷到刷辊和玻璃上，通过两道或数道刷辊的旋转刷洗玻璃。然后再喷淋清水或去离子水冲掉脏水，最后靠风刀吹风吹掉玻璃表面的水，达到干燥的目的。必要时还可通过吹热风使玻璃进一步干燥。

2.5.2　玻璃清洗机的类型

玻璃清洗干燥机型号由特征代号、主参数和特性代号或更新代号组成。以最大宽度为 2500mm 的玻璃清洗干燥机为例，其型号为 QX25，最大宽度为 2500mm。

玻璃清洗干燥机常用规格主要有：QX06、QX08、QX10、QX12、QX15、QX20、QX25、QX30、QX33。

玻璃清洗机按机器结构分为水平（卧式）玻璃清洗干燥机和立式玻璃清洗干燥机。

（1）水平玻璃清洗干燥机　水平玻璃清洗干燥机是玻璃加工专用的设备，如图 2-2 所示。其原理主要是利用尼龙毛刷将玻璃表面上的污迹清除，然后用风机吹干，结构简图如图 2-3 所示。

图 2-2　水平玻璃清洗干燥机

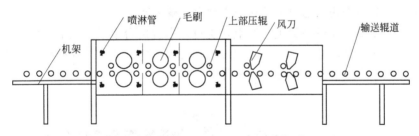

图 2-3　水平玻璃清洗干燥机结构示意

水平玻璃清洗干燥机由输送辊道及其驱动装置、圆筒形辊刷和辊刷驱动装置、喷水管和水泵系统、风机和吹风风刀及空气过滤系统、机架和罩板等部分组成。

输送辊道采用橡胶包裹，以减少对玻璃的损伤，有的全包胶，有的间断包胶，有的在辊道上套橡胶圈。在斜风刀处还布置有短的自由辊道，部分辊道上面还配有被动传动的辊道作为压辊，防止玻璃滑动。输送辊道采用链轮、链条传动，驱动装置一般用调速电机或无级调速变速器进行调速，以保证玻璃清洗质量。

玻璃清洗干燥机至少要有三对圆筒形辊刷，刷毛材料一般采用尼龙丝，尼龙丝的直径可以根据产品进行选择，直径一般在0.1～0.2mm之间，毛刷直径太粗容易划伤玻璃表面，太细又不能达到清洗的效果。普通玻璃清洗一般选择直径为0.2mm的尼龙丝，镀膜玻璃一般选用直径为0.1mm的尼龙丝。辊刷每个单独驱动或整体驱动，驱动装置安装在机器外面。辊刷与玻璃之间的干涉距离是可以调整的，以保证辊刷对玻璃表面最佳的洗涤能力。每对辊刷中的上部辊刷是被动旋转，旋转方向与玻璃输送方向相反。

在每道辊刷的前面有带喷嘴的喷淋管，特制喷嘴可以保证清洗水均匀地洒在玻璃上面，喷淋管的安装角度也可以调整。清洗水一般是逐级向前循环，经水泵加压后重复使用。

风刀安装在清洗之后，在清洗与吹干之间，一般用橡胶皮或毛毡隔离清洗水。风刀一般倾斜布置，与玻璃呈一定角度。吹风的风压、角度以及距玻璃表面的距离对玻璃干燥效果都有很大影响。

另外，带盘刷的水平玻璃清洗干燥机与普通水平玻璃清洗干燥机基本相同，只是在辊刷的前面增加了盘刷机构。盘刷分上下两部分，用于镀膜、镀镜产品的盘刷清洗机一般只用上盘刷，而用于夹层玻璃生产的盘刷清洗机则同时需要上下盘刷。盘刷作往复摆动，两排盘刷错开布置。

盘刷部分的清洗水一般采用后面辊刷用过的循环水，也可以用加热后的洗涤剂水。最后一道喷水管一般使用去离子水（纯水），以避免吹干后出现水迹。

风刀部分多采用两道以上的风刀以保证干燥效果。

在洁净度要求比较高的生产线上，也可以布置两台水平清洗干燥机。

（2）立式玻璃清洗干燥机 立式玻璃清洗干燥机一般不单独使用，多用于立式玻璃加工生产线的配套。如图2-4所示。

图2-4 立式玻璃清洗干燥机

该机器分清洗、干燥两段，中间有隔板分割开。整个立式清洗机有玻璃传输系统、清洗用圆筒形辊刷和辊刷驱动装置、喷水管和水泵系统、吹风风刀机、过滤系统以及机架、罩板等部分组成。

输送辊道以至少 6°的仰角安装在机架上，传动装置安输送辊道的一端，一般采用链轮或链条传动，在输送的下端有一排支撑轮，玻璃放在支撑轮上面，倾斜靠在送辊道上进行传送，进入清洗辊刷段和吹干段，玻璃则有对辊夹持。

一台立式玻璃清洗干燥机一般有三对圆筒形辊刷，刷毛材料一般采用尼龙丝，辊刷每个单独驱动或整体驱动，驱动装置安装在机器外面。每对圆筒形辊刷与输送辊道平行安装，辊刷与玻璃之间的干涉距离是可以调整的，以保证辊刷对玻璃表面最佳的洗涤能力。

立式玻璃清洗干燥机除输送辊道传动装置外，其他方面基本与水平玻璃清洗干燥机相同。

立式玻璃清洗干燥机的清洗质量较好，由于玻璃是立式行走，辊刷上的脏物不会掉落在玻璃表面，风刀会把洗涤水吹到玻璃最下边的后角，因此吹风干燥效果要比水平玻璃清洗干燥机稍好。

2.5.3 玻璃清洗机的基本技术要求

依据 ZBJ/HB 021—2007《玻璃清洗干燥机》，玻璃清洗机的基本技术要求包括以下几个方面。

(1) 基本参数

① 加工玻璃厚度：3～25mm；

② 输送速度：1.0～5.0m/min；

③ 输送速度：1.5～7.5m/min；

④ 输送速度：2.0～10m/min。

(2) 一般规定

① 温度范围：1～40℃；

② 湿度要求：≤90%；

③ 海拔高度：≤1000m；

④ 电源电压：380V±10%；

⑤ 电源频率：50Hz（出口机应符合用户所在国的供电电源的电压和频率）。

⑥ 玻璃原片必须符合 GB11614 规定的平板玻璃；

⑦ 用于制造清洗干燥机的原材料、标准件和外购件应有生产厂的出厂合格证、相应的许可认证，并符合清洗干燥机的具体设计要求；

⑧ 清洗用水应是 pH 值 6～8 的中性水，水质硬度应小于 200mg/L；清洗 Low-E 玻璃应使用去离子水；

⑨ 清洗机要保证操作安全，符合环保要求。

（3）外观要求

① 整机外观应清洁、无污渍、金属零件表面无锈蚀；

② 油漆层表面色泽均匀一致，无流挂、起泡、脱落等缺陷；

③ 电镀层表面均匀光亮，无镀层剥落缺陷；

④ 焊缝应平整光滑，无夹渣和裂纹等缺陷；

⑤ 外露管、线应固定并排列整齐；

⑥ 各种标志和标牌应清晰、醒目、固定端正、牢固。

（4）电气性能

① 显示屏或显示器图形和文字显示应清晰、完整和可靠；

② 操作面板上各操作键应灵敏可靠；

③ 各行程限位开关工作可靠；

④ 所有电气线路都应规范地置入线槽，接线应准确并做好标识；

⑤ 设备接地绝缘电阻≥1MΩ；

⑥ 电气系统安全应符合相关国家标准的规定。

2.5.4 玻璃清洗机的设备性能要求

（1）设备性能要求

① 传送机构动作应平稳、可靠、无震动现象；

② 传动胶辊平行度公差：1mm；

③ 传动胶辊运动精度：径向跳动不大于0.5mm，轴向跳动不大于0.5mm；

④ 传动胶辊上母线共面，平面度公差：1mm；

⑤ 玻璃从上片到下片的输送过程中沿垂直输送方向偏移量不大于5mm/1000mm；

⑥ 水泵、风机工作应正常，各管道无堵塞和泄漏现象；

⑦ 设备噪声≤85dB(A)。

（2）设备性能检测方法

① 各运动部件应运转自如，传动平稳，不许有震动、爬行现象；

② 用卡尺测量传动胶辊平行度误差，应符合（1）设备性能要求的②；

③ 用百分表置于机座上，旋转传动辊道检查传动辊道的外圆跳动误差，应符合（1）设备性能要求的③；

④ 用玻璃试样和塞尺测量传动胶辊上母线共面，平面度误差应符合（1）设备性能要求的④；

⑤ 用卷尺测量玻璃输送过程中沿垂直输送方向偏移量应符合（1）设备性能要求的⑤；

⑥ 设备运行中水泵、风机应符合（1）设备性能要求的⑥；

⑦ 设备在工作状态下，用声级计测量机器噪声，测量时声级计探头距离

机器外轮廓边缘 1m，距地面高 1.5m，沿四周测量 5 个位置的计值，其中 4 个为前后左右值，1 个为最大噪声处的值，判定值取 5 个测点的算术平均值，测量时其环境噪声应符合噪声测量的相关规定，判定值应符合（1）设备性能要求的⑦。

在测量干燥机噪声声压级前，应先测量背景噪声，其测量位置与本干燥机噪声测量位置相同。各测点的噪声声压级值应比背景噪声声级值至少大 10dB（A）。当相差小于 10dB（A）而大于 3dB（A）时，应按表 2-1 进行修正。若相差小于 3dB（A）时，其测量结果无效。

表 2-1　干燥机噪声修正值

测得的噪声声压级值与背景噪声声压级值之差	3	4~5	6~9
应减去的背景噪声修正值	3	2	1

2.5.5　玻璃清洗机操作规程

（1）清洗机操作的工艺要求

① 开机前，先把洗液水箱加满水，并加入 250mL 清洗液，调定加热温度为 60~65℃。

② 调整清洗机供气压力为 600kPa，合上电源，同时将卸片段的辊道擦拭干净。

③ 把待清洗的玻璃按厚度分组，8mm 以下为一组，8~12mm 为另一组，禁止不同厚度的玻璃同时清洗。

④ 玻璃放片距离要保持在 100mm 左右。

⑤ 离子水箱中的去离子水的导电率应控制在 150Ω/cm 以下。

⑥ 根据玻璃清洗情况调整进片速度。

⑦ 装片时每次拿一片玻璃放在上片辊道上，卸片时必须佩戴干净的线手套，发现玻璃局部有水珠时用纱布擦拭。

⑧ 每班工作结束后把洗液和离子水箱放空，并用毛刷刷干净离子水箱注满去离子水，为下一班做好准备工作。

⑨ 风机过滤器应每周擦洗一次，以保证吹风空气干净。

（2）操作步骤

① 佩戴好手套、耳塞等劳保用品。

② 根据玻璃的厚度调节铜螺丝对弹簧的压力，在适当的位置上。

③ 打开电源开关。

④ 按下水泵按钮，打开吸水辊部分水开关，将吸水海绵充分湿透后把开关关上。

⑤ 按下毛刷按钮，并开启风机。

⑥ 按下传输按钮，然后打开烤箱开关（温度设定在110～120℃）。

⑦ 把待清洗的玻璃放在进口处的传辊上，经过进料段，清洗段，吸水段，干燥段，到达出料段下片（下料时必须检查表面，不能有刮花和潮湿的现象），叠整齐，用干净的纸隔开100片一栋放在卡板上。

（3）操作注意事项

① 不放入超过清洗干燥机限定最大厚度的玻璃。

② 入片时，玻璃之间摆放距离要足够大。

③ 不要清洗小于设备规定最小尺寸的玻璃，而当清洗那些符合规定，但尺寸仍很小的玻璃时，要设专人看守清洗机风刀和辊刷处，发现要卡玻璃或不正常，立即停机排除。

④ 清洗窄长形玻璃或尺寸较小玻璃时，长边要顺着前进方向摆放。

⑤ 风刀角度要调到符合要求，吹风方向与入片方向的角度要合适，不准随意乱动风刀。

⑥ 加热断电后，风机不断电继续送风3～5min，使加热箱内加热丝冷却，才能够对输送胶棒起到保护作用。

⑦ 如遇紧急事态，按下急停开关，以防意外发生。

（4）机器维护与保养

① 每天检查有没有充足的水源，水要根据使用情况更换（一般一个工作日更换一次清水），输送棒要保持清洁。

② 海绵吸水辊在使用过程中若发现有较多划伤孔，此时的吸水能力下降，需要更换吸水辊（正常使用寿命为3～6个月），不用时应养护在水中，不要受压，避免变形。

③ 毛刷部分的蜗轮箱和输送链条每个星期加一次润滑油脂，各轴承位置每个星期加润滑油一次。

④ 无级变速器中润滑油使用出厂时带的无机变速器油（其他润滑油将使该机转动不稳，摩擦面易损，温度增高），首次换油为300h，以后每隔1000h换一次，油注入到油镜中部，切勿过量，开机前须检查油位。特别注意高速手轮只能在开机后转动，严禁停机调速。

（5）清洗干燥时容易产生的缺陷

① 爆边　由于清洗干燥机的传动及夹紧系统问题造成玻璃在清洗机内发生碰撞，造成玻璃边的破损。

② 划伤　清洗机下有碎玻璃，在传动过程中与玻璃面产生相对滑动而造成划伤。也可能是由于操作时叠片码放。

③ 洗不净　玻璃洗不净可能是由于水箱没有及时换水，水质不干净，或者

是毛刷沾玻璃粉太多，也可能是由于风干段没有过滤或滤不净，含尘量大。

④ 吹不干　玻璃吹不干的原因一方面是风量及风压不够，另一方面是由于风刀或吹风角度不合适。

针对这些可能出现的缺陷，玻璃在进行清洗干燥时应该采取相应的措施来减少这些情况的发生，从而提高工作效率，保证后续工艺的顺利进行。

第 **3** 章
玻璃的切割及钻孔技术

    平板玻璃一般需要根据一定的尺寸、形状进行加工，有些时候可能还要在特定位置开孔，这就要求对玻璃进行切割、钻孔等工艺处理。目前，玻璃加工的生产效率已经提高到一定水平，各种加工设备的自动化水平达到了新的阶段，玻璃加工设备趋于流水线作业。本章主要叙述加工玻璃生产线常用的切割及钻孔的工艺方法和设备。

3.1 切割

    切割是玻璃加工过程中最基本、最常用的一种方法。玻璃是一种脆性很高的材料，在加工过程中表面留有较高的残余应力，因此可在玻璃表面的切割点加一刻痕造成应力集中，使之易于折断。对不太厚的板、管，均可用金刚石、合金刀或其他坚韧工具在表面加一刻痕，再进行折断。为了增强切割处应力集中，也可在刻痕后再用火焰加热，更便于切割。如玻璃杯成形后有多余之料帽，可用合金刀沿圆周刻痕，再用扁平火焰沿圆周加热，即可割去。

    对厚玻璃可用电热丝在切割的部位加热，用水或冷空气使受热处急冷产生很大的局部应力，形成裂口，进行切割。同理，对刚拉出的热玻璃，只需用硬质合金刀在管壁处划一刻痕，即可折为两段。

    利用局部产生应力集中形成裂口进行切割时，必须考虑玻璃中本身残余应力大小，如玻璃本身应力过大，刻痕时破坏了应力平衡，以致发生破裂。

    切割玻璃的方法主要有机械切割、火焰切割、水刀切割、激光切割等方式，目前使用最多的是机械切割法。

3.1.1 机械切割

    机械切割是基于平板玻璃冷却状态下的物理性质，选择硬度大于玻璃的物质材料制造成楔形体或刀轮形状的刀具对玻璃进行切割。刀具在玻璃表面划以刀痕，使玻璃表面产生裂纹，再依靠玻璃自重或外力使裂纹扩大，将玻璃切断。

　　机械切割所用的刀具材料主要有钻石、硬质合金、合金钢以及刚玉等。为了使玻璃易于切割和掰断，在切割过程中往往采用汽油或煤油等有机混合物作为润滑液对玻璃刀具和刀痕进行润滑和浸润，以减少刀具的磨损。

　　(1) 玻璃机械切割的原理　玻璃机械切割是利用玻璃的脆性及玻璃原片中的残余应力，用专用切割工具在玻璃表面划过，造成细微的伤口，产生应力集中，然后再进行切断。其原理是刀具在玻璃上划过后留有刻痕，这时玻璃内部产生三条裂痕，其中两条是沿表面左右分开，另一条是垂直向下伸展的竖缝，在竖缝的端部产生拉应力，再加上曲折的弯力，竖缝向下伸展出去便可把玻璃切断。玻璃在裁划切断时，沿玻璃周边隐藏着许多微小的裂口，这些裂口在各种效应与应力影响下，会扩展成裂缝，裂缝进一步发展导致玻璃破裂，所以为了消除玻璃切割加工后，留下的小裂纹而导致玻璃破裂，在玻璃裁切后，要用磨边机进行磨边或者精磨边处理，消除玻璃周边的隐藏的微小的裂纹。

　　(2) 玻璃机械切割前的准备工作　玻璃在进行机械切割前，应做好以下准备工作。

　　① 把切裁使用的工具准备好，如玻璃刀、尺子、标识笔或油脂铅笔以及油罐等，并把切割桌清理干净。

　　② 工作人员的劳动保护用品要穿戴整齐。

　　③ 检查被切割的玻璃是否有裂纹、气泡等缺陷，防止因玻璃破碎而引起受伤。

　　④ 操作者应熟悉相应的技术标准和图纸。

　　(3) 玻璃机械切割的方法　机械切割常用的方法为玻璃刀切割、金刚石锯切割、普通砂轮切割、磨料切割等。

　　① 手工玻璃刀切割　由于玻璃的硬度非常高，早期的手工切割刀是将硬度更高的钻石或人造金刚石镶嵌在黄铜上，再安装一个手柄，就制成一把手工切割刀。切割玻璃时，手持切割刀，将金刚石通过一定的角度施加压力在玻璃表面，并将黄铜的基座靠在直尺或模板上，利用金刚石的锋利，高硬度棱角在玻璃表面形成划痕，破坏玻璃表面垂直方向的压应力和中间张应力的平衡，造成玻璃应力集中，再在玻璃表面划痕的两旁施加压力，就可使玻璃沿着划痕的位置完全分离。玻璃越厚，需要切割的划痕越深，分离玻璃时在划痕两旁施加的压力就越大。

　　由于人造金刚石的价格昂贵，随着金属冶炼技术的提高，已经逐渐被高硬度的合金材料所替代。目前所使用的手工切割刀，都是用高硬度的合金制成中间有轴孔可以滚动的小轮，轮缘的角度一般小于 120°，对小轮施加一定的压力并在玻璃表面滚动形成连续的刻痕，也可以将玻璃分离。

　　手动切割常利用一些简单工具，如：玻璃刀、推刀架、直尺、模板、画笔等，如图 3-1、图 3-2 所示。由于手工切割方式的效率太低，只适用用于小批量的玻璃切割，在大规模的玻璃深加工厂，已经逐渐被自动切割机所取代。

图 3-1　手工切割刀

图 3-2　划圆刀

② 硬质合金刀轮切割　切割平板玻璃，往往使用硬质合金刀轮（图 3-3）。

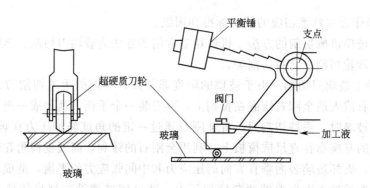

图 3-3　硬质合金刀轮切割玻璃示意

由于玻璃厚度、硬度、玻璃镀膜等情况的不同，对切割精度有影响，因此对切割刀轮、切割油（加工液）的控制十分重要。玻璃越厚，刀轮给玻璃表面施加的压力应该越大，刀轮角度也应该越大，切割油也需要加大，这样折断才比较容易。如果刀轮安装在切割桥上，则要求刀轮与切割桥要保持绝对的垂直，否则会造成切割尺寸的误差和造成分片费力、出现斜边的现象。一般说来切割精度在 0.2mm 左右，如果角度出现偏差会造成 1～2mm 的偏差，玻璃尺寸误差超过

1mm 就要考虑调整刀轮与切割桥的角度。刀轮角度和玻璃厚度的关系见表 3-1。

表 3-1　刀轮角度与玻璃厚度的关系

刀轮角度/(°)	116	120	127	135	140	145	150	155
玻璃厚度/mm	≤1	1～2	1～3	3～8	4～10	5～12	8～19	10～25

③ 金刚石锯切割　金刚石锯片是一种切割工具，除用于玻璃切割外，还广泛用于陶瓷、水晶、石材等硬质材料的切割，与普通砂轮相比切割效率高，切割的质量好。根据切割的形式，可分为外圆切割、内圆切割和带锯式切割。

a. 外圆切割　外圆切割（图 3-4）是最广泛使用的高效率切割方法。圆周速率以 1500～2500m/min 为宜，锯片厚度要适宜，一般为标准直径的 1/150，如太薄则刚性不足，太厚则切割精度低。

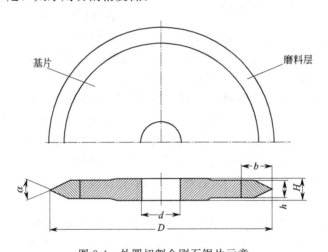

图 3-4　外圆切割金刚石锯片示意

α—切割角；d—锯片内径；D—锯片外径；h—金刚石厚度；H—锯片厚度；b—金刚石宽度

外圆切割金刚石锯主要有三种用途：一是用于切割精度要求高、具有连续刃的均匀圆柱体，这种情况的应用最为普遍；二是用于切割比较大的制品，因为有切沟，研磨液（加工液）能够很好地浸入，有助于切屑的排除，经得起剧烈切割的镶嵌型；三是用于大制品切割，切割精度、锋利度都低的锯片型。

b. 内圆切割　外圆切割（图 3-5）的切片厚度有一定限制，而内圆切割的刀刃由于受到外圆的张力，能抑制刃的变形，切刃的厚度可以非常薄，因此，内圆切割可切割很薄的切片。内圆切割广泛用于切割玻璃棒，切割过程很少发生歪斜，切割面的平行度、平整度很高。

c. 带锯式切割　圆形锯不能切割大型制品，而带锯可以切割。带锯有循环式和往复式两种。现代化大带锯综合应用机械、气压、液压、电气等技术，使工

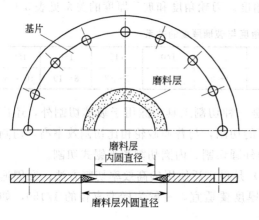

图 3-5 内圆切割金刚石锯片示意

人可以在控制室内集中操作；配置计算机程序控制系统，以及机械化上料、卸料等装置，可以实现高度自动化、机械化的锯切作业。

④ 磨料切割

a. 加散砂的圆板锯 磨料切割的原理是用直径 $\phi300\sim400mm$，厚度 $1\sim2mm$ 的黄铜、铁板等作为圆板锯，使之旋转的同时注入磨料（碳化硅、刚玉、金刚砂等）与水混合的研磨浆，边将玻璃用一定的力推向圆锯而切割。

磨料还可以采用更细的微粉磨料，用微小的喷嘴喷射（喷射气体为二氧化碳、氮气及压缩空气），边打出细孔，边切断玻璃。因为磨料的冲击力很小，所以不会使玻璃破损。这种方法可以用来加工很薄的玻璃。

b. 普通砂轮切割 普通砂轮切割是采用高速旋转的砂轮片切割玻璃。砂轮片是用纤维、树脂或橡胶将磨料黏合制成的。与金刚石砂轮相比，难以切出厚度薄的产品，切割损耗较大，砂轮的磨损也比较严重。但砂轮价格低廉，特别是在用干法切割时，就显示出其优点来。在熟练的手工操作中，砂轮可进行快速、准确地切割，而且切割得整齐、无毛刺。利用砂轮仅能进行直线切割，但这对多数用途的玻璃来说已经足够。

c. 用金属丝多重切割 用无接头的金属丝（钨丝或钢丝 $\phi0.05\sim0.2mm$），可同时切下 100 个左右的薄片，原理如图 3-6 所示。需用泥浆状磨料并向加工物加一定的压力，同时进行研磨切割。因为磨面切割，余量非常少，可以得到高精度切割。

d. 研磨喷射加工法 其原理与喷砂形式相同，但使用远比喷砂细的微粉磨料（平均颗粒直径 $27\mu m$），用微小的喷嘴喷射（喷射气体为二氧化碳、氮气及压缩空气），打出细孔，就能切断玻璃板。这种方法适用于加工很薄的玻璃板。

(4) 玻璃自动切割机 玻璃自动切割机主要由卸片台、切割台和掰片台 3 部分组成，如图 3-7 所示。卸片台利用真空吸盘和翻转架将竖直放置的原片玻璃自动抓取翻转并水平放置在传动平台上，将原片玻璃传送到切割台。高硬度的合金滚轮安装在自动运行的切割头上，通过计算机编程控制，使合金滚轮在玻璃表面形成不同形状和大小的连续均匀的刻痕，然后再将玻璃传送到掰片台进行分离。

玻璃自动切割机采用电脑编程系统控制，从原片玻璃卸片到传送定位、切割和掰片一次完成。目前，玻璃自动切割机的切割速率已经达到 200m/min，大大

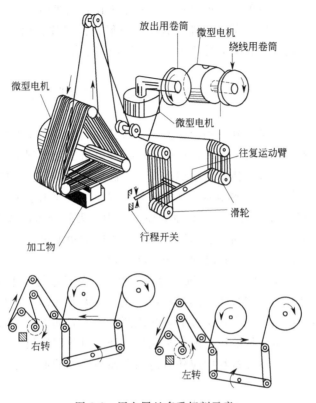

图 3-6　用金属丝多重切割示意

提高了玻璃切割效率，适用于大规模的玻璃加工企业。

图 3-7　自动切割机

① 卸片台　卸片台主要由液压站、玻璃传动辊、中空系统、油缸、摆臂和橡胶吸盘等组成。

卸片台工作原理：当自动卸片台接到控制台信号时，液压站工作，由油缸作用摆臂，摆臂向上旋转。当摆臂与竖直放置的原片玻璃基本平行并靠近玻璃时，摆臂上的吸盘吸附在玻璃上。这时真空泵开始工作，吸盘通过真空吸住玻璃，吸盘达到设定的真空度后，摆臂通过吸盘提取玻璃，使单片玻璃和其他玻璃分离。摆臂翻转下降回到初始位置，吸盘放气吹风释放玻璃，玻璃完全放置再传动棍上，并被输送到切割台。

② 切割台 切割台主要由切割头、切割桥、传送带、定位系统和计算机编程控制系统等组成。

原片玻璃由输送带送到切割台面上，并被精确定位，操作人员将需要切割的尺寸和图案输入到计算机中，由计算机控制伺服电机驱动切割桥、切割头，在切割台上的任意运动组合，使安装在切割头上的高硬度切割刀轮在玻璃表面上滚动形成连续均匀的任意形状的刻痕，刻痕的尺寸误差一般要求小于 0.5mm。

一般根据玻璃厚度的不同，切割刀轮的压力和刀轮的角度选择都有所不同，玻璃越厚，刀轮给玻璃表面施加的压力越大，刀轮的角度也越大。

切割完成后，由传送带将玻璃传送到掰片台。

③ 掰片台 掰片台由吹气风机，台面，毛毡，气动连杆，木质顶板等组成。

吹气风机打开，玻璃被传输到掰片台，气垫将玻璃托起，工作人员将玻璃上的刻痕并行移至顶板的正中，顶板上表面成圆弧状，启动顶板气动机构，顶板升出台面，玻璃靠自重施加的压力即从刻痕处断开。目前国外很多公司生产的掰片台可自动定位掰片。掰片过程中应随时清除台面毛毡上的玻璃碎，要防止玻璃碎屑划伤玻璃下表面。

（5）玻璃自动切割机操作规范

① 操作步骤

a. 佩戴好手套、防护眼镜，穿上铁鞋等劳保用品。

b. 打开电源开关，并检查油箱是否注满清洁煤油或助切剂。重启自动切割机程序，先保证全部回机械原点，然后回固定点。再加载需要使用的程序，确认程序。

c. 由操作人员把待切割的玻璃原材搬到切割台上。

d. 按下吹气按钮让玻璃浮于台面上并可自由移动。

e. 玻璃定位后，按下停止按钮，再踩吸气开关把玻璃牢牢固定在指定位置以达到最佳定位的效果。

f. 当切割完成后，按下停止按钮，再踩下吹气开关。

g. 把切割完成的整块玻璃平移至掰片台上（平移前先开启分件台的吹气开关，确认台面干净）。

h. 先把四周边料分完再按刀痕横竖分成小块，边料料放在指定的位置。

i. 把掰片台小块的玻璃整齐叠放在玻璃架上，要求垂直 90°隔行插架，严禁随意摆放。

j. 必须用气枪把切割台面和分件台面吹干净，然后放下一片原板生产。

② 操作注意事项

a. 切割前要检查待切割的玻璃外观，并保证不能有白点、气泡和刮花等可能影响切割质量的现象。

b. 首件确认合格后，才能批量生产（测量时以横竖的第一排作为测量对象必要时作全检）。

c. 搬玻璃前必须确认要搬的玻璃本身没有裂纹，避免搬抬时发生玻璃自动分开的现象。

d. 切割玻璃完成后，及时清洁桌面，擦拭设备。

e. 桌面上不得堆放重物和滴洒水油等液体防止桌面变形。

③ 切割机的维护与保养

a. 切割前将切割台横梁上油箱注满清洁煤油，再调整油箱上的开关，保证调到最佳效果。

b. 纵横梁下面的滑动轴在使用前后加以适量机油进行清洁防护保养。

3.1.2　火焰切割

（1）火焰切割的方法　火焰切割是一种热切割方式，常用来切割较厚的钢板。在玻璃加工过程中，火焰切割相比于机械切割来说，特别适用于切割厚玻璃，通常有以下几种方法。

① 熔断切割　熔断切割是利用燃气或其他热源加热玻璃上需要切割的部位，在进行局部熔融的同时切断玻璃。

熔断切割已广泛应用于玻璃器皿如酒杯的制造及安瓿瓶加工等玻璃生产工艺。火焰通过采取一定的增氧措施，成为更加锋利的火焰，同时为了使玻璃更好地熔融，必须采用高发热量的燃气。

火焰切割气体常用的有乙炔、丙烷、液化气、焦炉煤气、天然气，从污染性、耗能量、成本比等各方面综合考虑，天然气是目前最适合用于切割气体的，但天然气也有其局限性，就是火焰温度不高，切割效率不如乙炔。乙炔又称电石气，无色，有刺激性气味，是最古老的切割用燃气，它在氧气的助燃下，燃烧温度可达 3200℃，但要时刻注意它的安全。乙炔的特点如下。

a. 密度比空气小，适合通风不良场所的作业。

b. 火焰温度高，加热速率快，作业效率高。

c. 火焰的集中性好。

d. 火焰燃烧速率快，易回火。当混合气体的喷射速率低于气体燃烧速率时，火焰就会倒流入割炬及胶管内，造成回火。

e. 易爆炸，压力为 1.5atm（1atm＝$1.01×10^5$Pa），温度达 200～580℃时，

就会爆炸。

f. 易燃，使用时应严防泄漏。

② 急冷切割　急冷切割是将圆筒状的玻璃一边旋转一边在沿圆周的狭小范围内急速加热，用温度较低的冷却体接触加热部位，借助快速冷却产生的热应力将玻璃切断。急冷切割用的火焰是氢气或城市燃气加氧气的狭缝喷灯，冷却体用容易引起裂纹起点的物体，如磨石、金属圆板等。切割过程中保证必需的加热时间，就能实现高速切割。

（2）数控火焰切割机　数控火焰切割机主要有便携式（图 3-8）、悬臂式（图 3-9）、数控台式（图 3-10）、龙门式（图 3-11）等几种类型。

图 3-8　便携式火焰切割机

图 3-9　悬臂式火焰切割机

（3）数控火焰切割机的操作

① 操作前的工作

a. 检查各气路、阀门，是否有无泄漏，气体安全装置是否有效。

b. 检查所提供气体入口压力是否符合规定要求。

图 3-10　数控台式火焰切割

图 3-11　龙门式火焰切割机

c. 检查所提供电源电压是否符合规定要求。

② 操作中的工作

a. 调整被切割的钢板、尽量与轨道保持平行。根据板厚和材质，选择适当割嘴。使割嘴与钢板垂直。根据不同板厚和材质、重新设定机器中的切割速度和预热时间，设定预热氧、切割氧合理的压力。

b. 在点火后，不得接触火焰区域。操作人员应尽量采取飞溅小的切割方法，保护割嘴。切割过程中发生回火现象，应及时切断电源，停机并关掉气体阀门，回火阀片若被烧化，应停止使用，等厂家或专业人员进行更换。

c. 检查加热火焰，以及切割氧射流，如发现割嘴有损坏，应及时更换、清理。清理割嘴应用专用工具清理。

d. 数控火焰操作工操作切割机时，要时刻注意设备运行状况，如发现有异常情况，应按下紧停开关，及时退出工作位，严禁开机脱离现场。

e. 操作人员应注意，切割完一个工件后，应将割炬提升回原位，运行到下一个工位时，再进行切割。操作人员应按给定切割要素的规定选择切割速度，不允许单纯为了提高工效而增大设备负荷，处理好设备寿命与效率和环保之间的关系。

③ 操作后的工作

a. 操作完成后，设备应退回保障位，关闭气阀。管内残留气应放尽、关闭电源。

b. 如果实行交接班制度，应将当班设备运行状况作好交接班记录。

c. 应认真清理场地，保持工作区内的整洁、有序。

（4）数控火焰切割机的保养与维护

① 轨道不允许人员站立、踏踩、靠压重物，更不允许撞击，导轨面每个班用压缩空气除尘后用纱布沾机油擦拭轨面。随时保持导轨面润滑、清洁。

② 传动齿条上每天用应机油清洗，不允许齿条上有颗粒飞溅物。

③ 该设备若出现故障，应及时请维修人员处理，故障较大时，应先报设备处组织有关人员会审，确定维修方案。严禁私自拆机检查。

④ 操作人员只允许拆卸割嘴，其余零件不能随意拆卸，电气接线盒只允许有关人员检修时，方能打开，否则会造成严重的后果。

（5）安全操作注意事项

① 不要触摸工作时的电器部件。

② 使用火焰切割时，如气源或气路系统漏气会产生失火，严重危害人员及设备的安全。

③ 等离子切割时有火花及热熔渣飞溅，需保证割嘴远离操作者和其他人，保证工作区域内无易燃品，否则可能造成失火或烧伤。

④ 切割弧会造成烧伤，当按下按钮时，必须保证割嘴远离操作者和其他人员。

⑤ 强光能损坏眼睛，灼伤皮肤，请戴上防护镜，穿戴防护衣。

⑥ 穿戴绝缘手套、衣服和鞋，使人体和工件及大地绝缘。

⑦ 保证工作区内人员的手套、鞋和衣服的干燥，以及工作区域、割炬和机器的干燥。

⑧ 提供排气抽气装置以保证在操作人员吸收区域无烟尘。

⑨ 切割时，不要在靠近易燃品处切割。不要切割装有易燃品的容器。操作者身上不要带有易燃器如丁烷打火机或火柴。

3.1.3　水刀切割

水刀切割是利用超高压技术，把普通的自来水加压到 $200\sim400MPa$ 压力，然后再通过细小的喷嘴，喷射形成速度约为 3 倍声速的高速射流，又称其为水箭。该水箭具有很高的能量，可用来切割软基性材料，如纸类、纤维、海绵等。

如果再在水箭中加入适量的磨料则可以用来切割金属、玻璃、石材、陶瓷等较硬的材料。

高压水切割的方式起源于苏格兰，经过 100 年的试验研究，才出现了工业高压水切割系统。1936 年美国和前苏联的采矿工程师成功地利用高压水射流方式进行采煤和采矿，到 1956 年，前苏联利用 200MPa 压力的水切割岩石。1968 年美国哥伦比亚大学的教授在高压水中加入金刚砂磨料，通过水的高压喷射和磨料的磨削作用，加速了切割过程的完成。

（1）水刀切割的特点　水刀切割不受材料品种的限制，可以对任何材料进行任意曲线的一次性切割加工。水刀切割属于冷切割，切割时不产生热量和有害物质，材料无热效应。切割后不需要或易于进行二次加工，切割过程安全、环保，成本低、速度快、效率高。可实现任意曲线的切割加工，方便灵活、用途广泛。水切割是目前适用性最强的一种切割工艺方法。

水切割与金属加工中常用的冲剪切割方法相比柔性好，可随意进行任意形状工件的切割加工，尤其在材料厚、硬度高等情况下，冲剪工艺将很难或无法实现，而用水切割方法则较为理想；与火焰切割相比，水切割相比其热效应明显降低，切割表面质量好和精度较高，另外水切割能很好地解决一些熔点高的材料、合金或复合材料等特殊材料的切割加工。与传统的金刚石刀具切割相比，切割的厚度范围非常大、且速率较快，对常规厚度的板材，水切割可进行高精度的任意曲线的切割加工，成品率高，降低生产成本，且大大提高加工产品的附加值。

水刀切割所能达到的精度介于 0.051～0.254mm 之间。切割的精度取决于机器的精度、切割工件的大小及厚度。一般情况下，材料厚度越大，切割速率越小。若要获得较好的切割品质，则切割速率应放慢。表 3-2 所列为当水刀压力满足 380MPa，使用 80 目的砂料且砂量为 740g/min 时，水刀切割的材料厚度及切割速率。

表 3-2　水刀切割的材料厚度及切割速率

切割材料	切割速率/(mm/min)			
	5mm 厚	10mm 厚	20mm 厚	50mm 厚
玻璃	6120	2760	1240	430
不锈钢	760	345	156	50
铝	2380	1070	480	170
花岗岩	3660	1650	740	260
大理石	5770	2600	1170	260

（2）水刀切割的分类

① 根据切割过程加砂情况，分为无砂切割和加砂切割两种方式。

② 根据设备种类，分为大型水切割和小型水切割。

③ 根据水的压力大小来分，分为高压型和低压型。一般以100MPa为界限，100MPa以上为高压型，100MPa以下为低压型。而200MPa以上称为超高压型。

④ 根据技术原理，分为前混式和后混式。

⑤ 根据安全切割原则，分为安全切割类和非安全切割类。经过大量实验人们发现，当水压超过一定值时，即使纯水也会把某些敏感性化学品引爆，而含沙水切割由于水中含有磨料砂，砂的势能和冲击力和物体碰撞，产生的能量也会引起特殊化学品的不稳定性，经过大量实验和论证，最后得出其阈值在237.6MPa左右。故在水切割行业，对200MPa以上的水切割主要应用在机械加工行业。100MPa以下低压型水切割可应用于特种行业如：危险化学品、石油、煤矿、危险物处理等方面。

（3）数控高压水刀切割机　数控高压水刀切割机由三大部分构成：超高压水射流发生器（高压泵）、数控加工平台、喷射切割头（图3-12）。

图 3-12　数控高压水刀切割机

① 超高压水射流发生器　超高压水射流发生器（高压泵）是水刀的动力源，目前常见的是通过液压电动机驱动增压器来产生超高压水射流。通过这个装置，可将普通自来水的压力提升到几十到几百兆帕，通过束流喷嘴射出，具有极高的动能。

② 数控加工平台　目前，数控水刀主要用来切割平板玻璃。切割平台选用滚动直线导轨和滚珠丝杠作为传动，在数控程序和控制电机的精密控制下精确进行 X 轴和 Y 轴单独运动或两轴联动，带动切割头实现直线和任意曲线切割。

③ 喷射切割头　高压泵只有通过束流喷嘴才能实现切割功能。喷嘴孔径大小，决定了压力高低和流量大小。同时，喷嘴还具有聚能作用。喷射切割头有

两种基本形式：一种是完成纯水切割的，另一种是完成含磨料切割的。含磨料切割的切割头，是在纯水切割头的基础上，加上磨料混合腔和硬质喷管构成的，见图 3-13。

（4）数控高压水刀切割机安全操作规程

① 工作时，操作人员必须穿戴好劳动用品，如工作服、工作鞋和防护眼镜。

② 操作人员必须熟悉设备性能，工作时头脑清醒，严禁非工作人员操作设备。

③ 在机器处于工作状态时，严禁人体接触水柱，并远离切割头装置，以保证安全。

④ 设备出现故障应立即停机进行检修，发现漏水严禁用手或其他物体去堵。

⑤ 严禁带压进行液压、高压系统检修。

⑥ 系统检查修理完毕后，工作人员应离开危险区，将设备调到正常工作压力，运行 3～5min，确认无误后方可进行正常使用。

⑦ 严禁碰撞高压水管。

⑧ 安放需切割的原件时，切割机必须远离切割平台，以免吊运原件时碰撞切割机。

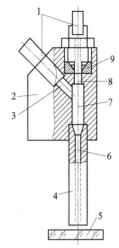

图 3-13　含磨料的喷射切割头结构示意

1—管道；2—喷嘴（切割刀）；3—磨料输送管道；4—混料桶；5—玻璃；6—输出管道；7—流体和磨料混合室；8—喷出管；9—金刚砂喷嘴

⑨ 操作人员必须认真学习该机安全防护系统有关知识，对超高压发生器和电器安全防护系统两大部分的相关知识必须熟知。

⑩ 发生下列情况之一，应立即停机检修。

a. 高压正常运行，切割刀头无高压水喷出。

b. 切割头高压出水出现间歇，压力表指示在 0～15MPa 间摆动。

c. 高压零件、高压管线出现裂纹、扭曲变形及介质泄漏。

（5）水刀切割机的常见故障及维护

① 油泵噪声

a. 可能的原因　吸入式滤油器堵塞；油的黏度过高；油箱不透气；油箱液面过低。

b. 消除办法　清洗或更换新滤油器芯；按季节使用规定标号的润滑油；清洗油箱空气滤芯；加油到液位计上限。

② 油里有泡沫

a. 可能的原因　吸油管漏气；油泵轴密封漏气。

b. 消除办法　排除漏气或更换新管；更换密封圈。

③ 油泵过度发热

a. 可能的原因　油泵磨损或损坏；油的黏度过低、过高或变质。

b. 消除办法　修理或更新；换新油。

④ 溢流阀啸叫

a. 可能的原因　弹簧或阀芯损坏或阻尼孔堵塞。

b. 消除办法　更换损坏件或清洗。

⑤ 油温过高

a. 可能的原因　溢流阀溢流量过大。

b. 消除办法　减少溢流量到与高压匹配。

⑥ 液压系统无压力

a. 可能的原因　油泵泵头内有空气，油未出来；电磁溢流阀阀芯卡住或无信号。

b. 消除办法　卸开回油管检查，泵头灌油；清洗溢流阀或恢复电信号。

⑦ 刀头无高压水喷出

a. 可能的原因　液压系统无压力输出；切割水没供上；高压滤网堵塞；刀头宝石堵塞或水开关未打开。

b. 消除办法　参考液压系统无压力处理；检查供水泵、加压泵；清洗滤网。

⑧ 增压器不换向

a. 可能的原因　刀头宝石堵塞或水开关未打开；电液换向阀阀芯被卡住；电液换向阀未收到信号。

b. 消除办法　清洗阀芯；排除故障，使电液换向阀收到信号。

⑨ 换向时压力表针摆动大

a. 可能的原因　单向阀泄漏（发烫）；低压阀芯松脱；高压密封胶圈损坏；液压缸活塞密封圈损坏；未装能量转化器；高压管路泄漏；液压压力不足或泄漏。

b. 消除办法　更换高压阀芯和弹簧；更换高压密封圈；检查排除泄漏故障。

⑩ 换向速度左、右不同，增压器有撞击声

a. 可能的原因　双单向节流阀没调好。

b. 消除办法　调整双单向节流阀。

⑪ 压力表指示压力卸不掉

a. 可能的原因　能量转换器堵塞；高压水开关未打开；溢流阀电磁铁无信号或被卡住。

b. 消除办法　更换能量转换器；打开高压水开关；检查信号电路和溢流阀。

⑫ 高压缸端盖与高压缸接口处漏水

a. 可能的原因　高压缸端盖或高压缸损坏。

b. 消除办法　将两端高压缸调换。

⑬ 油缸端盖观察漏水

a. 可能的原因　高压环损坏。

b. 消除办法　更换高压环。

⑭ 油缸端盖小孔漏水和油

a. 可能的原因　活塞杆损坏。

b. 消除办法　更换活塞杆及 Y 型密封圈。

⑮ 水开关阀体观察孔漏水

a. 可能的原因　密封圈或压环损坏。

b. 消除办法　更换密封圈或压环。

3.1.4　激光切割

激光切割技术是采用激光束照射到材料表面时，释放的能量来使材料熔化，同时用与激光束同轴的压缩气体吹走被熔化的材料，并使激光束与材料沿一定轨迹作相对运动，从而形成一定形状的切缝。从 20 世纪 70 年代以来，随着 CO_2 激光器及数控技术的不断完善和发展，目前已成为工业上板材切割的一种先进的加工方法。

激光切割技术广泛应用于金属和非金属材料的加工中，可大大减少加工时间，降低加工成本，提高工件质量。脉冲激光适用于金属材料，连续激光适用于非金属材料，后者是激光切割技术的重要应用领域。现代的激光成了人们所追求的"削铁如泥"的宝剑。激光精密切割加工一般以薄板 0.1~1.0mm 为主要对象，其加工精度一般在 $10\mu m$ 级。激光切割具有以下优点。

① 切割质量好　激光切割是一种高能量、密度可控性好的无接触加工，激光束聚焦后形成具有极强能量的很小作用点，使得切口宽度窄，一般为 0.1~0.5mm；切割的精度高，最小的邻近切边的热影响区，极小的局部变形；激光切割的切缝窄，玻璃变形小，切边受热影响很小；切割边缘光滑而平整。此外，激光束对玻璃不施加任何力，它是无接触切割工具，无刀具磨损，玻璃无机械变形。

激光切割玻璃技术可避免侧面裂缝，不仅边缘的冲击强度加强，整体组件强度通常也能提高，从而显著改善了玻璃避免加工损坏的能力。

② 切割速率快　激光束可控性强，并有高的适应性和柔性，因而容易实现切割过程的自动化，切割速率快。由于不存在对切割工件的限制，激光束可实现各种形状的切割。

③ 清洁、安全、无污染，经济效益好　激光切割的自动化程度高、操作简单、劳动强度低；激光切割是一种非常干净的无污染的加工方法，大大改善了操

作人员的工作环境；激光切割的生产成本低，经济效益好；该技术的有效生命周期长。

（1）激光切割的工作原理　激光切割的激光源一般用二氧化碳激光束，工作功率的水平比许多家用电暖气所需要的功率还低。但是，通过透镜和反射镜，激光束聚集在很小的区域，能量的高度集中能够进行迅速局部加热，使材料熔化。激光所引起的变形应力使材料"分离"，激光束聚焦成很小的光点，使焦点处达到很高的功率密度。这时光束输入的热量远远超过被材料反射、传导或扩散的部分。材料很快被加热至汽化程度，蒸发形成孔洞。随着光束与材料相对线性移动，使孔洞连续形成宽度很窄的切缝。激光切割原理及切割情景如图 3-14、图 3-15 所示。

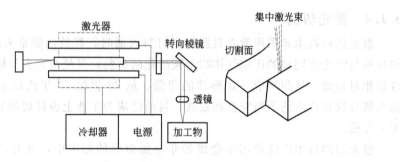

图 3-14　激光切割的工作原理示意

图 3-15　激光切割时的情景

由于光谱的可见光部分可穿透大多数玻璃，这是由玻璃本身物理特性所引起的。而且光谱中大部分不可见光也可穿透多种玻璃，从而限制了可用激光的波长及选择范围。所以，用激光切割玻璃时，必须解决激光的波长选择问题。多数情况下，激光波长的选择在红外（IR）与紫外（UV）之间。目前所采用过的激光切割，基本上都是采用 CO_2 激光，因为 CO_2 激光具备较高的光吸收性。例如，硼硅玻璃从 5000nm 开始就全面吸收 CO_2 激光。

通过可控的激光加热与冷却处理，会在玻璃表面产生一个应力场，从而形成一条光滑笔直的裂缝。只要控制好切割过程中玻璃表面的温度分布，采用激光切割工艺便可以实现光滑而平整的切割边缘。

激光切割系统包括 100W 的光束与 $2mm \times 20mm$ 的椭圆激光加热源，椭圆的主轴与切割方向一致，细水雾中心间距为 18mm。这样，表面加热能以 0.5m/s 的速率在 2mm 厚的玻璃上稳定地实现直线切割，椭圆的聚焦点保证了激光能量在切割线两侧均匀的和最优化的分布。玻璃强烈地吸收 $10.6 \mu m$ 的激光，所以几乎所有的激光能量都被玻璃表面 $15 \mu m$ 吸收层所吸收，相对玻璃表面移动的激光光点形成所需的切割线。选择合适的移动速率，保证既有足够的激光热量在玻璃上形成局部的应力纹样分布，同时又不会将玻璃融化。

激光切割中另一个关键部件是淬火气（水）嘴，随着激光光点的移动，淬火气（水）嘴将冷空气（水）吹到玻璃表面，对受热区域进行快速淬火，玻璃将沿着应力最大的方向产生断裂，从而将玻璃沿着设定的方向分离。

选择不同的激光功率、光点移动速度等参数，应力所致的断裂深度可达 $100 \mu m$ 到数毫米，意味着使用激光法可一步切割深度为 $100 \mu m$ 到数毫米的玻璃。这个过程依赖于热致机械应力，断裂深度和切割速率与材料本身的线膨胀系数有很有关系。

（2）浮法玻璃生产线使用的激光切割设备　激光也可与金刚砂刀轮组合使用，在浮法玻璃生产线中用于切边，切边装置如图 3-16 所示。

该装置由金刚砂刀轮和激光光源组成。金刚砂刀轮安装在臂 1 上，而臂 1 则安装在拉出的玻璃板上方。通过金刚砂刀轮在拉制的玻璃板两边划出刻痕，然后再用激光照射。激光光源以水平方向发射，经反射器反射 90°，恰好射在刻痕上，使玻璃板主体断裂。切割下的玻璃边 9 用转辊 7、8 支持，由于转辊的转动，使切下的玻璃边离开玻璃板的主体。采用此法的优点是激光束的功率较一般单用激光切割所

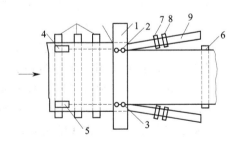

图 3-16　浮法玻璃生产线上的
激光切边装置示意

1—安装臂；2, 3—金刚砂刀轮；4, 5—激光光源；
6～8—转辊；9—切割下的玻璃边

需功率至少减少 50%，能切割普通玻璃和微晶玻璃，厚度可达 10mm 以上，板材的机械应力对切割没有影响。CO_2 激光的波长应为 $10.6 \mu m$，以使玻璃能够吸

收。金刚砂刀轮刻具的负荷最好在 10N 以下，切割速度为 95mm/s。

（3）激光切割机保养与维护

① 水的更换与水箱的清洁　每星期清洗水箱与更换循环水一次。注意机器工作前一定保证激光管内充满循环水。循环水的水质及水温直接影响激光管的使用寿命，建议使用纯净水，并将水温控制在 35℃ 以下。如超过 35℃ 需更换循环水，或向水中添加冰块降低水温，（建议用户选择冷却机，或使用两个水箱）。

清洗水箱时首先关闭电源，拔掉进水口水管，让激光管内的水自动流入水箱内，打开水箱，取出水泵，清除水泵上的污垢。将水箱清洗干净，更换好循环水，把水泵还原回水箱，将连接水泵的水管插入进水口，整理好各接头。把水泵单独通电，并运行 2～3min（使激光管充满循环水）。

② 风机清洁　风机长时间的使用，会使风机里面积累很多的固体灰尘，让风机产生很大噪声也不利于排气和除味。当出现风机吸力不足排烟不畅时，首先关闭电源，将风机上的入风管与出风管卸下，除去里面的灰尘，然后将风机倒立，并拔动里面的风叶，直至清洁干净，然后将风机安装好。

③ 镜片的清洁　每天工作前清洁，设备必须处于关机状态。切割机上有 3 块反射镜与 1 块聚焦镜（1 号反射镜位于激光管的发射出口处，也就是机器的左上角，2 号反射镜位于横梁的左端，3 号反射镜位于激光头固定部分的顶部，聚焦镜位于激光头下部可调节的镜筒中），激光是通过这些镜片反射、聚焦后从激光头发射出来。镜片很容易沾上灰尘或其他的污染物，造成激光的损耗或镜片损坏，反射镜的 1 号与 2 号镜片清洗时不必取下，只需用蘸有清洗液的擦镜纸小心地沿镜片中央向边缘旋转式擦拭。3 号镜片与聚焦镜需要从镜架中取出，用同样的方法擦拭，擦拭完毕后原样装回即可。

镜片应轻轻擦拭，不可损坏表面镀膜；擦拭过程应轻拿轻放，防止跌落；聚焦镜安装时请务必保持凹面向下。

④ 导轨的清洁　每半个月清洁一次，关机操作。导轨、直线轴作为设备的核心部件之一，它的功用是起导向和支承作用。为了保证机器有较高的加工精度，要求其导轨、直线轴具有较高的导向精度和良好的运动平稳性。设备在运行过程中，由于被加工件在加工中会产生大量的腐蚀性粉尘和烟雾，这些烟雾和粉尘长期大量沉积于导轨、直线轴表面，对设备的加工精度有很大影响，并且会在导轨、直线轴表面形成蚀点，缩短设备使用寿命。为了让机器正常稳定工作，确保产品的加工质量，要认真做好导轨、直线轴的日常维护。

清洁导轨时先准备干棉布、润滑油。切割机的导轨分为直线导轨、滚轮导轨，在 YM 系列当中 X 方向采用了直线导轨、Y 方向采用滚轮导轨。首先把激光头移动到最右侧（或左侧），找到直线导轨，用干棉布擦拭直到光亮无尘，再加上少许润滑油（可采用缝纫机油，切勿使用机油），将激光头左右慢慢推动几次，让润滑油均匀分布即可；滚轮导轨的清洗，应把横梁移动到内侧，打开机器两侧端盖，用干棉布把两侧导轨与滚轮接触的地方擦拭干净，再移动横梁，把剩余地方清洁干净。

⑤ 螺丝、联轴节的紧固　运动系统在工作一段时间后，运动连接处的螺丝、联轴节会产生松动，会影响机械运动的平稳性，所以在机器运行中要观察传动部件有没有异响或异常现象，发现问题要及时坚固和维护。同时机器应该过一段时间用工具逐个坚固螺丝。第一次紧固应在设备使用后一个月左右。

⑥ 光路的检查　激光雕刻机的光路系统是由反射镜的反射与聚焦镜的聚焦共同完成的，在光路中聚焦镜不存在偏移问题，但三个反射镜是由机械部分固定的，偏移的可能性较大，虽然通常情况下不会发生偏移，但建议用户每次工作前务必检查一下光路是否正常。

3.1.5　玻璃切割过程中的质量问题与应对措施

切割玻璃时主要质量问题有划伤、爆边（爆皮）、尺寸超差、多角少角以及切裁的直面不方等。其中引起划伤的原因是切割桌上有碎玻璃屑及放片时的擦伤；多角少角的原因是敲玻璃时偏离刀口或刀口不好；玻璃不方是由于采用借边切割的边不是直角引起的。

（1）划伤　玻璃出现划伤将会直接影响进一步加工，因此切割时应注意以下事项。

① 切割前先清除玻璃切割桌上的碎屑，并在切割过程中随时清理杂物，保持桌面整洁。

② 切割好的玻璃码放时，尽量单片码放。如几片一起码放时，玻璃之间应用橡胶条或白纸等软性材料隔开。

③ 码放玻璃时先对齐玻璃下缘，然后上边靠齐。

（2）爆边　切割玻璃时，经常会出现爆边现象而影响切割质量。玻璃在切割时产生爆边的原因主要有以下三个方面。

① 切割刀子刀口磨损严重，应在专用理刀机上重新磨刀口。

② 切割时，用刀过重，应加强实际操作，控制切割力度。

③ 玻璃本身质量问题，比如应力不匀等。

（3）切割尺寸偏差　切割的目的就是为了得到既定的尺寸，因此，控制尺寸偏差是切割技术的关键，应注意以下几点。

① 要控制好玻璃切割尺寸偏差，首先要做好合格的切裁样板。

② 需要技术熟练的切割人员，走刀稳定。

③ 选用自动或半自动机械合金刀轮切割玻璃，尺寸偏差可控制在±0.5mm。

④ 如出现多角现象可采取研磨技术将其去除，以保证尺寸。

3.1.6 异形玻璃的切割

异形玻璃是用硅酸盐玻璃制成的构件，主要用在房屋和建筑物透光围护结构当中，是近些年发展起来的一种新型建筑玻璃。随着建筑工业的发展，整个社会节能环保意识的逐渐增强。而异形玻璃可以提高建筑物的透光性和对热能的利用率，同时减少金属、木材的使用，因而得到广泛的应用，其产量不断增加，品种不断增多，应用范围也越来越广。异形玻璃在国外发展较早，例如在比利时、法国、日本、俄罗斯以及德国等国家已经得到广泛地生产和应用。

异形玻璃主要品种有槽形（U形）、箱形、肋形、Z形、V形和波形等形式，其中应用最多的是槽形（U形）玻璃。从其他工艺角度来分，异形玻璃有无色的和彩色的、配筋的和不配筋的、表面带花纹的和不带花纹的、夹丝和不夹丝等形式。

（1）异形玻璃的主要性能

① 良好的透光性　异形玻璃具有良好的透光性。根据形式的不同，透光系数在 0.5～0.8 之间。异形玻璃用作墙体或屋面材料时，可在竖向上互相紧贴一起，安装在房屋的采光口上，构成采光口的透光构件。同时它又可以像空心玻璃砖一样，阻隔视线的穿透。经过压延的异形玻璃，表面能形成柔和的散射光。

② 较强的结构刚度　异形玻璃有较强的结构刚度。把槽形玻璃制作成具有固定断面形状的结构，用作屋顶天窗，比平板玻璃有更好的强度；用作围护结构不需要使用框架，满足机械强度的同时还可以减少用来制造窗框的材料消耗，还可降低制造费用。

③ 良好的隔热和隔声作用　异形玻璃靠空气层能达到良好的隔热和隔声效果。用两排箱形或槽形构件建造的墙，隔声效果类似与房间之间用砖和其他材料做的隔墙；围护结构构件之间使用接缝油膏，也可提高隔声效果。

④ 较高的技术经济效益　异形玻璃建造的围护结构技术经济效益较高。与一般的玻璃砖围护结构相比，异形玻璃围护结构的施工安装过程较为迅速，异形玻璃构件之间接缝密封，可普遍采用机械化工具。同时，安装异形玻璃构件对操作技能的要求也较低。异形玻璃的使用可节省大量木材和金属，如用作墙体或屋面材料时，良好的透光性可作为辅助光源，减少照明用电。

（2）异形玻璃切割机　异形玻璃切割机，也叫靠模切割机（图 3-17），一般由气垫切割台、气箱、风机柜、电气柜、进料辊、模板、模板架、切割臂、切割头等组成。

① 气箱、风机柜、电气柜　用型钢及钢板组合成一箱体，箱体型钢架的四角下面各有一调节螺栓。气箱在箱体的上部，下部是电气柜和风机柜，电气柜是本机的供电柜；风机柜内安装有风机，由送风管、吸风管与气箱及与通向车间的

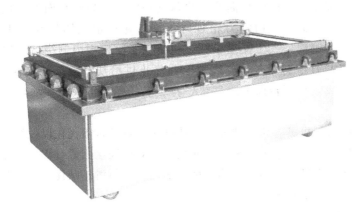

图 3-17 靠模切割机

短管相接，管上装有换向阀。

② 进料辊 是套有橡胶圈的辊子，用轴承座装于风箱三个侧面的上沿，装卸玻璃时，先将玻璃靠在辊上，避免玻璃表面被切割台边缘划伤。

③ 气垫切割台 装在气箱的顶部，由钻有许多小孔的铝板、毛毡、定位块及定位杆组成。小孔与气箱相连，当风机向气箱送风时，台面形成气垫；当拨动换向阀，使风机向气箱抽气时，台面形成负压场，把玻璃吸牢在切割台面上。定位块及定位杆是用来将玻璃原片在台面上的定位。

④ 模板和模板架 由多层胶合板制成，中间按所需切割玻璃的形状和尺寸加上余量后镂空，并用模板架固定在气垫切割台面的上方。

⑤ 切割臂 由两段铝型材工作臂铰接而成。臂的一端通过支座安装于模板上方，可在模板的上方绕支座上的立轴及铰接轴摆动。支座下面有两只调节螺栓，调整此两螺栓，可使切割臂在水平面上摆动。臂的另一端安装切割头。

⑥ 切割头 由手柄、按钮盒、挡轮、挡套、刀轮座、刀轮、切割液管及阀门组成（图 3-18）。挡轮装在挡套上，后者装于切割头垂直轴切割臂的下方。垂直轴内装有一小汽缸及供给切割液（刀轮润滑油、冷却液）的细管，刀轮座装于汽缸活塞杆的端部，刀轮装于刀轮座的下端。切割液细管从刀轮座通至刀轮上方。按钮是操纵刀轮升降、供给切割液及控制换向阀的枢纽。

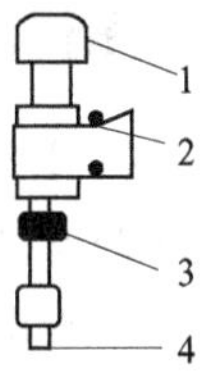

（3）异形玻璃切割机的操作 根据切割玻璃的形状及尺寸制作模板，将模板安装好，并将切割台的定位块、定位杆的位置调整好，将切割台面、模板及切割臂均调整为水平状态。启动风机使切割台面呈气垫状态，人工将玻璃原片靠着进料辊输送到切割台面，并在气垫上扶着玻璃使其靠紧定位块、

图 3-18 切割头
示意
1—手柄；
2—切割液注射孔；
3—刀轮座；
4—刀轮

定位杆，人工按钮，换向阀换向使风机从气箱吸气，切割台面形成负压场，将玻璃原片吸牢在台面上，切割刀轮延时下降，并按预先调整好的压力压向玻璃，同时供给切割液，人工操纵手柄，将靠轮紧贴模板内侧绕行一周，完成切割。再按按钮，刀轮上升离开玻璃表面并停止供给切割液，换向阀再次换向，风机向气箱供风，切割台面形成气垫，将玻璃托起，由人工推动玻璃送至掰边段进行掰边。

自动异形切割机具有切割精度高、速度快、自动排版优化以及维护方便等特点，用于大批量切割异形平板玻璃。使用时将立柱底盘用螺钉固定在桌面上，并装好事先设计的靠模和待切割玻璃，展开活动臂，使滑轮贴住靠模内型腔然后压下手柄，即可开始切割玻璃。

（4）操作注意事项

① 切割操作人员必须佩戴手套护腕，做好安全防范。

② 台面上有玻璃碎屑时，应用扫帚清扫台面，以防止玻璃碎屑造成玻璃表面的划伤。

③ 保持设备周围环境整洁，防止磕绊出现意外。

④ 切好的玻璃放在玻璃架上，要求排放齐整，相同型号的集中放置。

⑤ 首张玻璃原片完成切割后进行尺寸校验，检验合格后方可批量生产。

⑥ 固定模具时要确保模具水平，且固定不移动。

（5）异形玻璃切割机的维护与保养

① 切割前机头内加满煤油，切割时确保刀头上沾有煤油。

② 模具平时妥善保管，防止变形。

③ 设备各转动部位每次使用前做润滑处理。

④ 切割玻璃完成后，及时清洁台面，擦拭设备。

⑤ 每次工作前紧模具架的螺丝。

3.2 钻孔

平板玻璃加工过程中，有时根据需要会在玻璃的某些部位钻孔，来满足后期零部件的安装要求。一般玻璃钻孔时，须将切削液循环于孔的内部深处，但在使冲击法之外的方法时，在孔的周边会生成类似于贝壳状的缺陷，因此为防止这样的缺陷，一般是将孔打到板厚的一半时，翻过来再从反面把孔打通。当然也可在玻璃背面加贴另外一片玻璃来实现玻璃钻孔。

3.2.1 玻璃钻孔的主要方法

（1）硬质合金钻钻孔法 硬质合金钻钻孔法是机械钻孔中最常用的方法，比较适合厚度为 3~15mm 的玻璃的穿孔，钻头可采用硬质合金制作的三角钻、二刃钻、麻花钻等。

一般认为钻孔操作时，钻头前端角呈 90°为宜，切削速度控制在 15～30m/min 为宜，切削液可采用水、轻油、松节油等。采用超硬钻孔法进行玻璃钻孔，其一般过程如下：

① 将玻璃平放到操作平台上。

② 在需要开孔的地方用记号笔作上标记。

③ 安装好玻璃钻头在电钻上。

④ 将钻头对准标记，开始钻孔。钻孔时，要控制好速度和力量，并在钻孔处加樟脑粉和松节油润滑。另外还需注意的是，不要只从一面钻穿，在快要钻穿时将玻璃翻面，从另一面钻，否则玻璃会碎裂。

⑤ 钻完后，将玻璃钻花中的玻璃碎片去掉，再开始下一个钻孔工作。

（2）研磨钻孔法　研磨钻孔法适于加工小孔径，分为两种。一种是用 ϕ1mm以下的细丝或采用 ϕ1mm 以上的管形针做钻头。有时为了得到比较大的孔径，使用称为盘状刀具的铜或黄铜制的圆筒状刀具（图 3-19），将它固定在钻床上。为保证钻孔过程中玻璃与工具及时冷却，要从切口处充分注入研磨液。研磨液多用碳化硅磨料加水而成，磨料粒度一般用80～100 号。

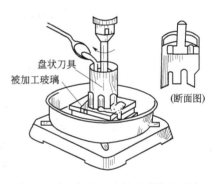

图 3-19　用盘状刀具的玻璃钻孔示意

另一种是使用金属钻头外加冷却剂（水）磨削钻孔。这种钻头为实心棒状或取芯管状，表面镀有金刚砂，钻孔效率较高。

（3）超声波钻孔法　由超声发生器产生的高频电振荡施加于超声换能器上，将高频电振荡转换成超声振动，超声振动通过变幅杆放大振幅，并驱动以一定静压力压在玻璃表面上的工具产生相应频率振动。工具端部通过磨料不断地捶击玻璃，使加工区的玻璃粉碎成很细的微粒并被循环的磨悬浮液带走，工具便逐渐进入到玻璃中，加工出与工具相应的形状，如图 3-20 所示。

超声波钻孔法以振幅为 20～25μm，频率 16～30kHz 来振动工具，边加工，边在工具与玻璃间注入研磨液，由于磨料只起到一次的锤击作用，加工量非常小，所以加工变形也很小，加工的表面光洁度、精度良好。由于单位时间内振动数高，这种方法加工效率每分钟能达到几百立方毫米。孔的形状不限于圆形，如果工作台不旋转，就可钻成各种各样的形状，也可以同时钻几个孔。采用超声波打孔的孔径范围是 0.1～90mm，加工深度可达 100mm 以上，孔的尺寸精度可达0.02～0.05mm。

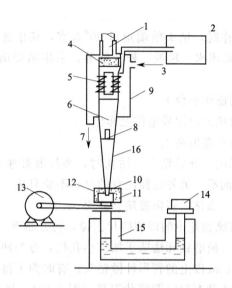

图 3-20 超声波钻孔示意

1—主轴；2—超声波振荡器；3—喷雾冷却水；4—海绵；5—磁致伸缩振子；

6—锥体；7—冷却水出口；8—固定磨头的法兰盘；9—容器；10—工具；

11—混合液容器；12—被加工玻璃；13—带动加工物旋转的电机；

14—砝码；15—油压装置；16—磨头

（4）高压水射流钻孔法　高压水射流钻孔法的主要原理是用水通过高压泵、增压器、水力分配器，达到 $750 \sim 1000MPa$ 压力，经喷嘴射出超声速的水流，速率可达 $500 \sim 1500m/s$（空气中声速为 $330m/s$），从而对玻璃进行钻孔。钻孔时，还可在喷嘴中加入 $150\mu m$ 左右的微粒磨料，如石榴石、石英砂等。

高压水射流钻孔，也被称为水刀钻孔。一般厚 $3.8mm$ 的玻璃，用 $1000MPa$ 压力水射流切割时，切割速率为 $46mm/s$。

（5）激光钻孔法　用激光对玻璃切割预钻孔，常用 CO_2 激光器与 Nd：YAG（掺钕的钇铝石榴石）激光器，两者均能发射波长为 $10.6\mu m$ 的红外线，这个中红外区的射线容易被玻璃吸收，适合于对玻璃的热加工，激光器发射出的射线通过聚集，形成直径很小的激光束照射在玻璃表面，使玻璃表面微小区域产生很大的温度梯度，出现局部热应力超过玻璃的允许热应力而引发产生裂纹，达到切割和钻孔的目的。

目前使用激光器能切割 $2 \sim 12mm$ 厚的玻璃，切割速度达 $60 \sim 120m/min$，特别适合于液晶显示器（LCD）基片、生物和医药用玻璃、汽车玻璃、建筑玻璃、家具玻璃以及 $30\mu m$ 的超薄玻璃的切割。

（6）冲撞钻孔法　冲撞钻孔法是将玻璃局部加热，使之软化，用耐热硬质金属制成的冲击头和冲模进行机械钻孔（图 3-21）。通常很少直接使用这种方法钻成孔，往往是钻孔后再与其他玻璃或金属封接。

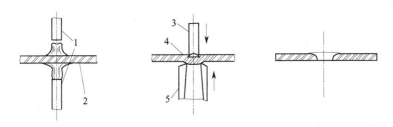

图 3-21　冲撞钻孔法示意

1—喷灯；2—玻璃；3—冲头；4—加热部位；5—冲模

3.2.2　玻璃钻孔机

玻璃钻孔机是专门用来对玻璃钻孔的设备，从玻璃的两面钻孔。钻头用磨料和金属烧结而成，中间是空的，以利于冷却液通过，钻头壁厚 1mm 左右，磨料一般是 80～180 号金刚砂，金属用黄铜。玻璃的钻孔机有立式钻孔机和卧式钻孔机。

（1）卧式钻孔机

① 机器构造　（图 3-22）卧式钻孔机一般由底座、弓形臂、工作台、上下主轴、传动装置、玻璃压紧装置、气动系统、冷却水系统、气缸、控制箱等部分组成（图 3-22）。

图 3-22　卧式钻孔机

玻璃卧式钻孔机采用气动装夹，轻按操作手柄，装在弓形臂前端下部的玻璃压紧装置在气缸作用下压板压紧玻璃，压板下面粘接一层橡胶，避免玻璃产生震动，下钻头冷却水开，快速上升，在接近玻璃时，阻尼气缸作用，钻头缓慢上升钻玻璃，阻尼气缸的作用就是使钻头缓慢上升，使钻玻璃的进给速度合适，一方面不破玻璃，另一方面钻孔四周不爆边，下钻头先自动钻孔约 1/2 厚度后，再将上钻头用手按下，上钻头从玻璃压紧装置的压板中间通过，上钻头冷却水开，手动钻孔（套料），配有气动升、降工作台，用于支承大面积平板玻璃。

卧式钻孔机的优点：一是半自动操作，整机操作方便；二是钻孔（套料）同心度高，且调节方便，不爆边。

② 普通卧式钻孔机的几何精度要求

a. 上下主轴的同轴度公差：$\phi 0.15$mm。

b. 工作台面对主轴旋转中心线的垂直度公差：0.1mm（$\phi 300$mm 范围内）。

c. 主轴锥孔的径向跳动不大于 0.05mm，轴向跳动不大于 0.03mm。

③ 普通卧式钻孔机加工玻璃产品的加工精度要求

a. 钻削玻璃孔径允许偏差≤0.3mm。

b. 孔径同轴度允许偏差≤$\phi 0.3$mm。

c. 当孔径≤$\phi 10$mm 时，允许孔口爆边≤0.5mm；当孔径≥$\phi 10$mm 时，允许孔口爆边≤1.0mm。

④ 普通卧式钻孔机整机性能要求

a. 各部位轴承温升不大于 45℃，最高温度不大于 85℃。

b. 整机空载噪声≤85dB（A）。

c. 电气系统工作安全可靠，动作顺序正确、准确，数据显示清晰、准确，绝缘电阻≥1MΩ。

d. 气路正确动作准确无泄露，工作气压可调范围 0.2～0.5MPa。

e. 冷却水充分无堵塞和阻滞。水路无泄漏。

f. 传动机构动作可靠准确，不得有冲击和爬行现象。

g. 钻头进退顺畅，不得有阻滞。

h. 润滑油路不得有堵塞及渗漏现象。

i. 无玻璃定位机构时，压盘压紧玻璃时不得使玻璃产生位移。

（2）立式钻孔机

① 机器构造 （图 3-23）立式钻孔机用来加工成批量多孔的大板玻璃，定位准确，生产效率高，定位 X，Y 轴精度偏差可达到 0.25mm 左右。立式钻孔机由 Y 轴、玻璃、靠架、前钻头装置、电脑显示器、X 轴、底座、钻头升降电机，升降传动装置、X 轴对位器、后钻头装置、控制箱等部分构成（图 3-23）。

图 3-23　立式钻孔机

　　立式钻孔机采用数控系统，钻孔原点位置一般提前设定，一旦原点位置设定后，不再变更。钻孔时，先按孔的工艺要求更换所需的钻头，再将玻璃放到 X 轴上，背靠玻璃架，X 轴由同步带，减速机，电机同步带传动机构等组成；第三步在电脑显示器里输入要钻孔的形位尺寸，钻孔机按输入数据进行微机优化；按工作按钮，X 轴同步带传动开，按微机优化参数将玻璃输送到钻第一个空位置（第一个空位是按原点的位置相对而定）；钻头升降电机开，前后钻头总成在 Y 轴上同步移动到第一个孔位置；玻璃压板压紧玻璃，后钻头在气缸作用下自动移向玻璃，当接近玻璃时，阻尼缸作用，使钻头按要求速度工作，冷却水在后钻头移动时同时打开，当后钻头钻到玻璃厚度大约一半时，限位开关工作，后钻头退出；前钻头如前钻穿玻璃；前钻头退出到起始位置后，钻头升降电机根据微机参数自动开，将前后钻头总成移动到第二个孔的位置，再重复以上动作，直到自动钻完玻璃上所有的孔。

　　立式钻孔机适用于高度在 150～2500mm、宽度在 4000mm 以下的平板玻璃孔加工，是建筑幕墙玻璃加工的理想设备。

　　② 技术要求

　　a. 基本参数

　　——玻璃传送速度≥5m/min；

　　——钻头移动速度≥3m/min；

　　——加工玻璃厚度：5～25mm；

　　——钻孔直径：ϕ4～100mm。

　　b. 一般规定

　　——温度范围：1～40℃；

　　——湿度要求：≤90%；

　　——海拔高度：≤1000m；

——电源电压：380V±10%；

——电源频率：50Hz；出口机应符合用户所在国的供电电源的电压和频率；

——玻璃原片必须是符合 GB 11614 规定的浮法玻璃；

——钻头应符合设备的设计要求。

c. 外观要求

——表面漆层色泽应均匀一致，无堆积、剥落、起泡、划伤等缺陷；

——电镀零件镀层光亮，无剥落现象、无麻点；

——金属件无表面处理时应涂油防护，无腐蚀；

——非金属件表面应清洁、无油污；

——管线应排列整齐、美观，电线无裸露。

d. 几何精度要求

——玻璃传送导轨的直线度公差：0.05mm/500mm，传送导轨的平面度公差：0.05mm/500mm；

——钻头移动导轨的平面度公差：0.03mm，钻头移动导轨之间的平行度公差：0.06mm/500mm，钻头移动导轨高低差不大于 0.05mm/全长；

——前后钻头移动同步误差≤0.15mm/500mm；

——钻头主轴锥孔径向跳动不大于 0.05mm，轴向跳动不大于 0.03mm；

——前后钻头旋转中心同轴度公差：$\phi 0.15$mm。

e. 加工精度要求

——钻削玻璃孔径允许偏差≤0.3 mm；

——孔径同轴度允许偏差≤$\phi 0.3$mm；

——相对公称尺寸：玻璃边至孔中心距（边心距）允许偏差±1.0mm；孔与孔中心距允许偏差±0.5mm；

——当孔径≤$\phi 10$mm 时，允许孔口爆边≤0.5mm；当孔径≥$\phi 10$mm 时，允许孔口爆边≤1mm；

f. 整机性

——各部位轴承温升不大于 45℃，最高温度不大于 85℃；

——整机空载噪声≤85dB（A）；

——电气系统工作安全可靠，动作顺序正确、准确，数据显示清晰、准确，绝缘电阻≥1MΩ；

——气路正确动作准确无泄漏，工作气压可调范围 0.2～0.5MPa；

——冷却水充分无堵塞和阻滞，水路无泄漏；

——传动机构动作可靠准确，不得有冲击和爬行现象；

——钻头进退顺畅，不得有阻滞；

——油路系统不得有堵塞及渗漏现象；

——压盘压紧玻璃时不得使玻璃产生位移。

③ 立式钻孔机常见加工质量问题

a. 孔边爆边：一是钻头不锋利，用油石修正或更换；二是进刀太快，调整阻尼气缸；

b. 前后空对位偏：一是调整前后磨头电机上下，左右位置，使前后孔对正；二是磨头电机座轴承坏，更换轴承；

c. 上下孔位偏差，调整 X 轴水平位置。

（3）数控钻孔加工设备　随着建筑行业的室内装饰和装潢的快速发展，为追求美感及艺术感，玻璃的形状千奇百怪，因对其加工精度及边部质量要求越来越高，所以由数控技术集成的数控加工中心已广泛应用于玻璃深加工行业。

数控技术是集微电子、计算机、信息处理、自动检测、自动控制等高新技术于一体，具有高精度、高效率、柔性自动化等特点。而用于玻璃深加工的数控加工中心是通过 CAD/CAM 绘图软件和数控加工程序与数控技术结合，使其可自动生出出不同形状和尺寸要求的玻璃制品。

数控加工中心分为数控和机械两部分，数控部分由自动控制系统、微机系统、光感系统、供气系统、水循环系统组成。机械部分由工作平台、吸盘、刀架、刀具、传动装置、防护装置等组成。它是多功能的玻璃加工设备，其功能主要有：可加工出任何形状的异形玻璃、磨直边、磨圆边、磨鸭嘴边、挖槽、刻字、雕花等。

① 加工流程　根据所要加工的玻璃尺寸用 CAD 绘制出来。因加工时玻璃的摆放与绘图时玻璃的位置必须一致，所以绘图时须将玻璃的左下角定为原点。绘好图后由专门的软件（CAM）将由 CAD 绘制出来的 dxf 格式文件转为可加工的程序。

在此软件中首先须选择好所要加工的即图形线段（刀具轨迹），然后根据加工要求配置刀具组合，并设置合适的参数（主轴转速、进给速率、切削深度、步长、加工余量等）。参数值主要与所要加工的玻璃厚度及所配的刀具的种类有直接关系。最后须将玻璃准确定位，玻璃在工作台上的摆放是由定位块定位，移动吸盘将其固定完成的。所以须在软件中设定好定位块和吸盘。在所有的程序设定好后，将其保存成文件，通过网络或软盘输送到数控加工中心 PC 机硬盘上。

加工前必须对设备进行校正回零，检查气压是否满足设备要求。准备就绪后调取程序进行定位，加工。加工过程应注意事项如下。

a. 采用新的刀具时须对刀具代码进行重新设置。

b. 加工成品尺寸如出现误差，可能是由于刀具磨损造成的，需要对其参数进行修正。

c. 选用刀具时，注意进刀方式和方向以免撞烂玻璃。

d. 加工时注意不能太靠近工作区域，以免碰到光感保护造成设备死机。

目前数控加工中心主要应用于家具玻璃和汽车玻璃，而用于建筑玻璃相对较少，但随着对建筑玻璃外观质量要求的提高，数控加工中心的使用也在增多，主要用在外露的切角挖槽处的处理、异型边的加工等。

② 数控加工中心设备简介　计算机数控加工中心由计算机部分，加工站，辅助设施构成。加工站由计算机所控制。每一个需要修改的工作都是由特定的程序所负责。只要改变输入的程序，计算机数控加工中心便能将工件切割出精密的尺寸和形状。

CNC玻璃加工中心能自动对浮法玻璃表面进行不同层次的刻画和雕花，铣削、边沿加工，图案可以做到线条细密、优美、复杂，适用于各种新潮艺术玻璃的加工。它满足了玻璃用户对高档玻璃产品的新需求。机器高级的数控系统，三维CAD/CAM软件编程、六轴控制、四轴联动（三个线性轴及一个旋转轴）充分保证了机器的稳定性和运行精度。对加工参数和刻花图案采用电脑管理和控制。通过参数设定对磨轮磨损进行自动补偿。系统配有功能强大的专用花形设计软件。用户可以自行设计各种花形。大面积工作台，可同时加工1~20块同样花形的玻璃。机器配有不同规格的磨轮，通过磨轮选择，花型图岸的线条宽度、形状可灵活调整，自动换刀并自动循环加工，计算机进行速度控制和刀具补偿，工件真空吸附、润滑、供水自动控制，刀具库容量大、运行速度快、加工精度高、加工尺寸范围大、自动化程度高、是平板玻璃加工各种三维复杂图案的高级数控加工设备。

3.2.3　玻璃钻孔机的操作与维护

（1）操作规程

① 接通电源、气源及水源。检查一下电源电压是否是正常电压380V，工作气压为0.5MPa，上、下钻气压分别调到0.3MPa为宜，水量为适宜水量。

② 启动电源按钮，再启动"上电动机"、"下电动机"按钮，使之运转之后，按"自动"按钮，启动脚踏开关，运行一至两次后，确认正常无误后，送上划好孔位标记的玻璃钻孔。

③ 送上工作台后，此时气动升降台是上升位置，当激光点对准标记线中心时，气升台下降，使玻璃着落在工作台面上，然后，启动脚踏开关进行钻孔。如果孔未钻透，可用扳动手柄，用上钻头继续钻一下即可。然后再调整一下上钻"到位"旋钮，向"进"或"＋"标记的箭头方向旋转一下，确认到位置后，进行钻第二个孔的运作。

④ 当每批玻璃钻完后，关闭电、气、水源，用清水冲干净工作台面上的玻

璃粉末及碎片，清除工作台下面水槽中的玻璃及垃圾。滑动部件注好润滑油，排去气水分离器中的积水，油雾器杯中加满油，等待下次钻孔。

（2）注意事项

① 如果发现故障，立即按急停按钮，必要时关闭电源，查明原因，待调整好后再次钻孔，此时不要忘记复回急停按钮。

② 注意油罐内的油是否在油位处，不足的应补满。

（3）维护与保养

① 及时清除各部位的碎末及垃圾。

② 要经常检查气路是否畅通，有无漏气及管道破损之处。

③ 气升台万向轮要经常清洗，以防玻璃碎粉划伤玻璃。

④ 三角皮带的松紧度要及时调整。

⑤ 各滑动部位都要加机油或黄油。

⑥ 要经常检查有无漏电现象，接地线是否完好。

第4章

玻璃的研磨及抛光技术

将玻璃进行磨光加工一般分为粗磨、细磨和抛光三道工序，前两道工序是以研磨玻璃而消去不平处为目的，后一道工序是消除微小的凹凸层抛光成似平滑的镜面为目的，两者机理也不相同。前者称为研磨，后者称为抛光。经研磨、抛光后的玻璃制品，称磨光玻璃。

4.1 研磨

4.1.1 研磨的分类

玻璃的研磨分为表面研磨和边部研磨两类。玻璃的研磨是指对玻璃制品表面缺陷和成型后残存的凸出部分进行磨削，使制品达到一定光学要求和规则的几何形状。例如制造镜面玻璃时，在研磨盘的压力和回转力作用下，通过磨料使平板玻璃毛坯表面粗糙物不断破坏脱落，最终成为平坦不透明的平面。

经过切割后的玻璃断面凹凸不平、非常锋利，刃口上有许多微裂纹，不但容易割伤人体，而且在今后的使用过程中，在承受机械应力和热应力时，也很容易从边部微裂口处破裂。因此，玻璃在切割后，往往需要对玻璃的断面进行打磨处理，以修正玻璃断面凹凸不平所产生的尺寸误差，消除锋利的刃口和微裂纹，增加玻璃的安全性和使用强度。

另外，按研磨过程划分，分为粗磨和细磨。其中粗磨是使用粗磨料将玻璃表面粗糙不平或余留部分磨去，磨削作用使制品具有需要的形状和尺寸。但粗磨后的玻璃表面会留下凹陷坑和裂纹层，需要用细磨料进行细磨，使凹陷坑和裂纹层变得很细。

4.1.2 玻璃机械研磨机理

英国学者弗兰奇认为作为自由磨料的金刚砂、刚玉等并不能切割玻璃。但是当磨盘与玻璃作相对运动时，在研磨盘压力下，磨料承受一定负荷并将其传递给玻璃。磨料在负荷作用下，在玻璃表面产生剪切应力，从而使玻璃表面部分发生碎裂而掉落下来，如图 4-1(a) 所示。

前苏联学者格列宾希科夫认为研磨时的载荷作用具有振动-冲击性质，玻璃被自由磨料磨削的过程首先是机械作用，如图 4-1(b) 所示。

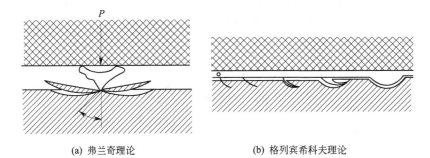

(a) 弗兰奇理论　　　　　　　　(b) 格列宾希科夫理论

图 4-1　磨料对玻璃的作用示意

普莱斯顿曾认为玻璃研磨时，表面上不仅有机械作用所产生的凹陷坑，而且会有裂纹渗入玻璃，这个裂纹是由于磨料颗粒负载及其在摩擦作用下，表面增加应力的综合效应，如图 4-2 所示。

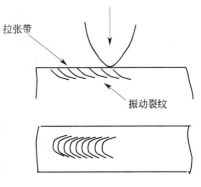

图 4-2　振动裂纹痕迹示意

特威曼和德拉代认为在研磨时，玻璃表面产生一个压应力，工作层的下面则产生张应力。并发现应力大小与磨料颗粒的粒度有关，大致的规律是随着磨料粒度的增大，玻璃表面（毛面）压应力增大，到一定程度趋于平缓，如图 4-3 所示。

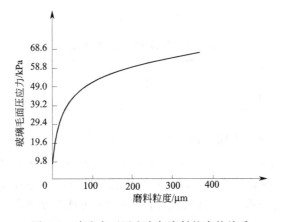

图 4-3　玻璃表面压应力与磨料粒度的关系

综上所述，玻璃的研磨过程，首先是磨盘与玻璃做向对运动，自由磨粒在磨盘负载下对玻璃表面进行划痕与剥离的机械作用，同时在玻璃上产生微裂纹。研磨过程中所用的水既起着冷却的作用，同时又与玻璃的新生表面产生水解作用，生成硅胶，有利于剥离，具有一定的化学作用。如此重复进行，玻璃表面就形成了一层凹陷的毛面，并带有一定深度的裂纹层，见图 4-4。

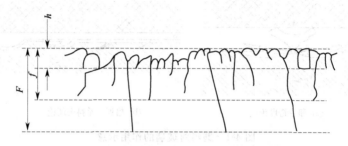

图 4-4　研磨玻璃断面（凹陷层及裂纹层）

h—平均凹陷层深度；f—平均裂纹层深度；F—最大裂纹层深度

根据前苏联学者卡恰洛夫的研究，认为凹陷层的平均深度 h 决定于磨料的性质与磨粒的直径，其关系可用式（4-1）表示：

$$h = K_1 D \tag{4-1}$$

式中　K_1——不同磨料的研磨系数，各种磨料的研磨系数见表 4-1；

　　　D——磨粒的平均直径。

这时产生的裂纹层的平均深度 f 与凹陷层的平均深度 h 的关系为：

$$f = 2.3h \tag{4-2}$$

而最大裂纹层深度：

$$F = (3.7 \sim 4.0)h \tag{4-3}$$

表 4-1　各种磨料的研磨系数

磨料种类	石英砂	石榴石	刚玉	碳化硅	碳化硼
K_1 值	0.17	0.22	0.27	0.28	0.33

玻璃是脆性材料，不同的化学组成具有不同的物理、力学、化学性能，对研磨表面生成的凹陷层深度和裂纹层深度都有很大影响。表 4-2 为各种不同玻璃都用 $105 \sim 150 \mu m$ 的碳化硅磨料，在相同的研磨条件下，所得的凹陷层深度和裂纹层深度的比较。可以看出，不同化学组成玻璃的机械强度越高，凹陷层深度和裂纹层深度越小。

表 4-2　玻璃性质与凹陷层和裂纹层深度的关系

玻璃名称	玻璃的物理力学性质					凹陷层平均深度 /μm	裂纹层最大深度 /μm	10min 磨除量 /cm³
	密度 /(kg/m³)	显微硬度 /Pa	显微抗拉强度 /Pa	弹性模量 /Pa	泊松比			
重铅玻璃	6.00	2840×10^6	844×10^6	4940×10^7	0.255	—	—	—
重燧玻璃	4.60	3924×10^6	1110×10^6	5850×10^7	0.257	60~65	240~255	3.20
燧石玻璃	3.66	4415×10^6	1530×10^6	7500×10^7	0.237	58~60	230~255	2.12
钡冕玻璃	2.88	4905×10^6	1590×10^6	7490×10^7	0.212	50~55	220~223	1.45
冕玻璃	2.53	5540×10^6	2090×10^6	7820×10^7	0.217	44~52	180~191	1.26
石英玻璃	2.20	7848×10^6	3440×10^6	6960×10^7	0.136	42~48	174~191	0.91

将原始毛坯玻璃研磨成精确的形状或表面平整的制品，一般研磨的磨除深度为 0.2~1mm，或者更多些。所以要用较粗的磨料，以提高效率。但由于粗颗粒使玻璃表面留下的凹陷层深度和裂纹层深度很大，不利于抛光。必须使研磨表面的凹陷层和裂纹层的深度尽可能减小，所以要逐级降低磨料粒度，以使玻璃毛面尽量细些。一般情况下，最后一级研磨的玻璃毛面的凹陷层平均深度为 3~4μm，最大裂纹层深度为 10~15μm 为宜。

4.1.3　研磨材料

由于玻璃研磨时，机械作用是主要的，载荷产生的应力通过磨料传递到玻璃产生磨削，所以要求磨料的硬度必须大于玻璃的硬度。光学玻璃和日用玻璃研磨加工余量大，所以一般选用研磨效率较高的刚玉或天然金刚砂。平板玻璃的研磨加工余量小，但面积大、用量多，一般采用价廉的石英砂。常见的玻璃研磨材料及其性能见表 4-3。

表 4-3　玻璃磨料的性能

名称	组成	颜色	密度/(g/cm³)	莫氏硬度	显微硬度/MPa	研磨效率比值
金刚砂	C	无色	3.4~3.6	10	98100	2~3.5
刚玉	Al$_2$O$_3$	褐、白	3.9~4.0	9(8)	19620~25600	
电熔刚玉	Al$_2$O$_3$	白、黑	3.0~4.0	9	19620~25600	
碳化硅	SiC	绿、黑	3.1~3.39	9.3~9.75	28400~32800	
碳化硼	B$_4$C	黑	2.5	>9.5	47200~48100	2.5~4.5
石英砂	SiO$_2$	白	2.6	7	9810~10800	1.0

4.1.4　影响玻璃机械研磨过程的主要工艺因素

玻璃研磨过程中标志研磨速度和研磨质量的是磨除量（单位时间内被磨除的玻璃数量）和研磨玻璃的凹陷层深度。磨除量大即研磨效率高，凹陷层深度小则研磨质量好。工艺因素中某些只对其中一项有影响，也有对两项均有影响，但常常对一项有好的影响，而对另一项起相反的作用。各项工艺因素的影响分述如下。

（1）磨料的性质与粒度　通常情况下磨料的硬度越大，研磨效率越高。从表4-3中可以看出，金刚砂和碳化硅的硬度都比石英砂大，所以研磨效率也比石英砂高得多。但是从另一方面考虑，硬度大的磨料使研磨表面的凹陷深度较大，这从磨料性质与凹陷层深度的关系式［式(4-1)］可以明显看出。

磨料粒度大小与玻璃磨除量的关系如图4-5所示，可见玻璃磨除量随粒度的增大而增加。根据式(4-1)，研磨玻璃凹陷层深度是随粒度的增大而增加，即研磨质量是随粒度增大而变坏。为此，在研磨刚开始时，用较粗的粒度，提高研磨效率，以便在较短时间内使玻璃制品达到合适的外形或表面平整。之后，用细磨料逐级研磨，以使研磨质量逐步提高，最后达到抛光要求的表面质量。

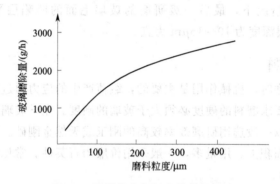

图 4-5　磨料粒度与研磨效率的关系

（2）磨料悬浮液的浓度和给料量　磨料是加水制成悬浮液使用的。水不仅使磨料分散、均匀分布于工作面，并且带走研磨下来的玻璃碎屑和冷却摩擦产生的热量，以及促成玻璃表面水解成硅胶薄膜。所以水的加入量对研磨效率有一定影响。通常以测量悬浮液比重或计算悬浮液的液固比来表示悬浮液的浓度，各种粒度的磨料都有它最适宜的浓度，过大或过小，都影响研磨效率，如图4-6所示。磨料浓度过小，还会使研磨表面造成伤痕。

磨料的给料量对研磨效率的影响如图4-7所示。从图4-7可以看出，研磨效率是随磨料给料量的增加而提高，但到一定程度后，如再增加磨料给料量，研磨效率提高的幅度减小，甚至再增加给料量，研磨效率不再提高。而且，粗磨料和细磨料对研磨效率的影响规律也有不同，每种粒度的磨料都有一定的最适合的给料量。所以，在应用时应注意控制，不能盲目增加给料量。

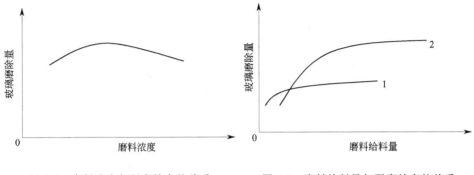

图 4-6　磨料浓度与研磨效率的关系　　　图 4-7　磨料给料量与研磨效率的关系

1—细砂；2—粗砂

（3）研磨盘转速和压力　研磨盘的转速和压力对研磨效率都成正比关系。研磨盘转速快，将磨料往外甩得就多；压力增大，磨料的磨损也显著增加。所以都必须相应提高磨料的给料量，否则提高转速和增加压力不仅研磨效率不会增加，甚至降低，还会出现伤痕等缺陷。研磨盘转速和压力与研磨效率的关系如图4-8、图 4-9 所示。

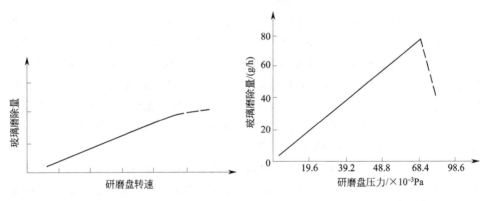

图 4-8　研磨盘转速与研磨效率关系　　　图 4-9　研磨盘压力与研磨效率关系

（4）研磨盘材料　研磨盘材料硬度大，能提高研磨效率。例如，铸铁材料的研磨效率约为 1，有色金属则为 0.6，塑料仅为 0.2。但硬度大的研磨盘使研磨表面的凹陷深度也较深，如图 4-10 所示。而硬度较小的塑料研磨盘，可使玻璃凹陷深度比铸铁研磨盘降低约 30%。因此，如最后一级粒度的研磨用塑料研磨盘，就可以大大缩短抛光时间。

（5）玻璃的硬度　玻璃的硬度是指其抵抗另一种物体压入其内部的能力，可用莫氏硬度、显微硬度、研磨硬度、刻划硬度等来表示。对于玻璃硬度的测定，应用最多的方法是显微硬度法。此法是利用金刚石正方锥压头以一定负荷在玻璃

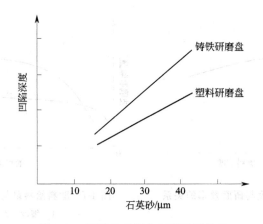

图 4-10　研磨盘材料与研磨质量关系

表面压入印痕，然后测定印痕对角线的长度并按式(4-4)计算：

$$H = 1.854F/L^2 \tag{4-4}$$

式中　H——显微硬度，$10^7 Pa$；

　　　F——负荷，N；

　　　L——印痕对角线长度，mm。

玻璃的硬度主要取决于玻璃的成分与结构。在硅酸盐玻璃种，以石英玻璃为最硬，其硬度在 $67 \times 10^7 \sim 120 \times 10^7 Pa$ 范围，硅硼含量在 $10\% \sim 14\%$ 的玻璃硬度也较大，而含铅和碱较多的玻璃的硬度较低。一般情况下，网络形成离子使玻璃硬度增加，而网络外体离子则使玻璃硬度降低，同时随着网络外体离子半径的减小和原子价的上升硬度增加。硼反常现象、硼铝反常现象及压制效应同样反映在硬度-成分的关系中，使硬度出现极值。此外，阳离子的配位数对硬度也有很大的影响，一般硬度随配位数的上升而增大。

有学者分析，显微硬度与黏度类似，因此引入碱金属氧化物及 PbO 能降低玻璃硬度；而引入 CaO、MgO、ZnO、Al_2O_3、B_2O_3 或 SiO_2 能增加玻璃的硬度。各种氧化物对玻璃硬度提高的作用顺序大致为：

$$SiO_2 > B_2O_3 > (MgO, ZnO, BaO) > Al_2O_3 > Fe_2O_3 > K_2O > Na_2O > PbO$$

玻璃的硬度还与温度、热历史有关。温度升高时分子间结合强度降低，硬度下降，而淬火玻璃，由于结构疏松，硬度也有所下降。

对于研磨过程来说，玻璃的硬度对研磨效率和凹陷深度有很大的影响。一般情况下，硬度越低的玻璃越易研磨，但留下的凹陷深度较大，反之亦然。

4.2　抛光

玻璃经过粗磨和细磨后其表面仍属于细的"毛面"，需要抛光才能使玻璃变成透明、光洁的表面。经过粗磨料研磨的玻璃再用抛光材料进行抛光，可以使得玻璃明亮而具有光泽。

多年来对玻璃抛光的机理有很多研究，一般认为有三种并存的理论。

(1) 微细切削理论　微细切削理论是最早的关于研磨与抛光的理论，也是最简单的概念。1665 年由虎克提出，研磨是用磨料将玻璃磨削到一定的形状，而抛光是研磨的延伸，从而使玻璃表面光滑，整个过程纯粹是机械作用。这样的认识延续了有几百年，直至 19 世纪末才出现新的理论。

(2) 流动层理论　流动层理论认为玻璃抛光时，表面具有一定的流动性，这一部分称为可塑层，把研磨中的玻璃的毛表面被这一流动的可塑层填平。这一理论代表学者包括英国学者雷莱、培比等。

(3) 化学理论　化学理论认为在玻璃的磨光过程中，不单纯是机械作用，而是物理和化学作用同时存在着的。这一理论的代表学者包括英国的普莱斯顿和前苏联的格列宾希科夫。

实际应用过程中，解释研磨和抛光现象时认为其机理不是单一的，而是以上两种或三种理论的综合。

4.2.1　抛光的分类

目前常用的抛光方法有以下几种。

(1) 机械抛光　机械抛光是靠切削作用，使材料表面产生塑性变形，去掉被抛光后的凸部而得到平滑面的抛光方法。

(2) 化学抛光　化学抛光是让材料在化学介质中表面微观凸出的部分较凹部分优先溶解从而得到平滑面。这种方法的主要优点是不需复杂设备就可以抛光形状复杂的工件，可以同时抛光很多工件，效率高。

(3) 电解抛光　电解抛光基本原理与化学抛光相同即靠选择性的溶解材料表面微小凸出部分，使表面光滑。与化学抛光相比，此方法可以消除阴极反应的影响，抛光效果较好。

(4) 超声波抛光　将工件放入磨料悬浮液，并一起置于超声波场中，依靠超声波的振荡作用使磨料在工件表面磨削抛光。超声波加工宏观力小，不会引起工件变形，但加工装置制作和安装较困难。超声波加工可以与化学或电化学方法结合。

(5) 流体抛光　流体抛光是依靠高速流动的液体及其携带的磨粒冲刷工件表面，来达到抛光的目的。常用方法有磨料喷射加工、液体喷射加工、流体动力研磨等。

(6) 磁研磨抛光　磁研磨抛光是利用磁性磨料在磁场作用下形成磨料刷，对工件磨削加工。这种方法加工效率高，质量好，加工条件容易控制，工作条件好。

（7）火焰抛光　火焰抛光是采用最少辐射热的燃烧器发出强烈的火焰，对玻璃制品在制造过程中所形成的尖锐缺陷进行加热，使缺陷熔化修复而制品不变形的一种加工工艺。

4.2.2　玻璃的抛光机理

以前人们认为玻璃的抛光与研磨都是磨料对玻璃的机械作用，只是抛光的磨粒更细。英国学者雷莱用显微镜观察到抛光从一开始，研磨表面凹陷顶部就出现了抛光得极好的区域。这些区域并不大，但会随着抛光而继续扩大。所以他认为不应该将抛光看作只是从表面剥落玻璃碎屑，而是在抛光物质的作用下，发生分子运动的过程。

另一位英国学者培比认为玻璃由于干摩擦产生的热而熔化成一种黏滞液在表面流动，并在表面张力的作用下，使玻璃表面光滑。后来此流动层以这位学者的名字来命名，称为"培比层"，厚度约为 $0.025\sim0.1\mu m$。

玻璃抛光时，除将研磨后表面的凹陷层（$3\sim4\mu m$）全部抛除外，还需要将凹陷层下面的裂纹层（$10\sim15\mu m$）也抛光除去。这个厚度虽比研磨时磨除的厚度小得多（仅为研磨时磨去的厚度的 $1/40\sim1/20$），但是抛光过程所需时间却比研磨过程多得多（为研磨时间的 2 倍或更多），即抛光效率比研磨效率低得多。

4.2.3　机械抛光

（1）抛光材料　常用抛光材料有红粉（氧化铁），氧化铈，氧化铬，氧化锆，氧化钍等，日用玻璃加工也有采用长石粉的。各种抛光材料的性能见表 4-4。

表 4-4　玻璃抛光材料的性能

名　称	化学组成	颜色	密度/(g/cm³)	莫氏硬度	每分钟抛光能力/(mg/min)
红粉	Fe_2O_3	赤褐	$5.1\sim5.2$	$5.5\sim5.6$	0.56
氧化铈	CeO_2	淡黄	7.3	6	$0.88\sim1.04$
氧化铬	Cr_2O_3	绿	5.2	$6.0\sim7.5$	0.28
氧化锆	ZrO_2	白	$5.7\sim6.2$	$5.5\sim6.5$	0.78
氧化钍	ThO_2	白、褐	9.7	$6\sim7$	1.26

红粉是 α-Fe_2O_3 结晶，是玻璃抛光材料中使用得最早最广泛的材料。氧化铈和氧化锆的抛光能力比红粉高，但是由于它们的价格较红粉高，所以应用上还没有红粉广泛。对抛光材料的要求，除了须有较高的抛光能力外，必须不含有硬度高、颗粒大的杂质，以免在玻璃表面造成划伤。

玻璃研磨作业的不同阶段，需要不同颗粒度磨料，通常要进行分级处理。回收的废磨料经分级处理后也可再用。对颗粒较粗的粒级,可用过筛法分级,较细的粒级则需用水力分级法进行分级。

(2) 抛光过程的工艺因素　研磨后的玻璃表面有凹陷层,下面还有裂纹层,因此玻璃表面是散光而不透明的。必须把凹陷层及裂纹层都抛去才能获得光亮的玻璃。因而,总计要抛去玻璃层厚度 $10 \sim 15 \mu m$。对于光学玻璃等要求高的玻璃,必须把个别最大的裂纹也抛去,则总抛去厚度还要多。在一般生产条件下,玻璃的抛光速率仅为 $8 \sim 15 \mu m/h$,因此所需要抛光时间比研磨时间长得多。减少玻璃研磨的凹陷深度就是缩短抛光时间的最有效途径,常常在研磨的最后阶段用细一些的磨料或软质的研磨盘等措施来获得研磨表面浅的凹陷层。另外采用合适的工艺条件,也能提高抛光效率而缩短加工时间,影响抛光的工艺因素分述如下。

① 抛光材料的性质、浓度和给料量　水在抛光过程中比在研磨过程中所起的化学-物理化学作用更为明显,因此抛光悬浮液浓度对抛光效率的影响是很敏感的,若使用红粉,一般以密度 $1.10 \sim 1.14 g/cm^3$ 为宜。刚开始抛光时,采用较高的浓度,以便抛光盘吸收较多的红粉,玻璃表面温度也可提高,抛光效率高。但抛光的后一阶段则逐步降低,否则玻璃表面温度过高易破裂,同时红粉也易于在抛光盘表面形成硬膜,使玻璃表面擦伤。抛光悬浮液的给料量对抛光效率的影响如图 4-11 所示,在适宜范围内增加红粉给料量,抛光效率增高,但过量时,抛光效率反而降低。对于各种不同的条件,都有最适宜的用量。

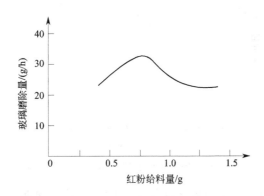

图 4-11　红粉给料量与抛光效率关系

② 抛光盘的转速和压力　抛光盘的转速和压力与抛光效率之间存在着正比关系。转速和压力增大时,抛光材料和玻璃接触作用的机会增多、加剧,玻璃表面温度增高,反应加速;反之就降低。抛光盘转速和压力增大的同时必须相应增加抛光材料悬浮液给料量,否则,玻璃温度过高易破裂,也容易擦伤。

③ 周围空间温度和玻璃温度　玻璃表面温度与抛光效率间的关系如图4-12

所示。抛光效率随表面温度的升高而增加。而周围空间温度对玻璃表面温度有影响，特别温度低的时候，没有保暖措施，玻璃表面温度无法提高，抛光效率也就不高。如图 4-13 所示，周围空间温度从 5℃ 提高到 20℃，抛光效率几乎增加一倍，超过 30℃ 增幅就减缓。因此为了提高抛光效率，抛光操作环境温度宜维持 25℃ 左右。

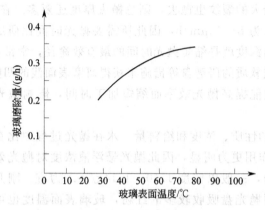

图 4-12　玻璃表面温度对抛光效率的影响

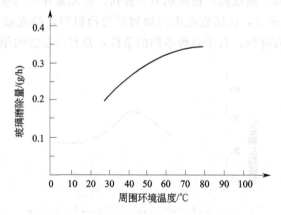

图 4-13　周围环境温度对抛光效率的影响

④ 抛光盘材质　常用的抛光盘材质一般有毛毡、硬沥青、无纺布，还有聚氨酯、聚四氟乙烯等有机材料；光学玻璃抛光球面与非球面透镜时，用尼龙、铝、锌等薄片之外侧覆盖薄沥青层的柔性抛光盘，这种抛光盘沿着被加工工件表面始终与之保持吻合状态；此外采用浸渍氧化铈的发泡氨基甲酸酯抛光盘，可实现高速抛光。

粗毛毡或半羊毛毡的抛光效率高，细毛毡和呢绒的抛光效率低，玻璃制品表面深刻，常用粗磨和细磨再进行抛光。

⑤ 抛光悬浮液的性质　红粉悬浮液氢离子浓度（pH 值）对抛光效率的影响见图 4-14。在 pH＝3～9 范围内是最合适的，过大或过小均不好，抛光效率低。加入各种盐类如硫酸锌、硫酸铁等，可起加速作用。

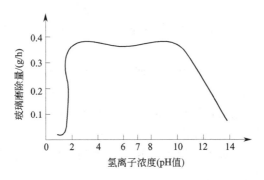

图 4-14　红粉中氢离子浓度对抛光效率的影响

（3）玻璃抛光机　用玻璃抛光机进行抛光的关键是要设法得到最大的抛光速率，以便尽快除去磨光时产生的损伤层。同时也要使抛光损伤层不会影响最终观察到的组织，即不会造成假组织。抛光时，旋转的工件以一定的压力，施加于随工作台一起旋转的抛光垫片上，而由亚微米或纳米磨料和化学溶液组成的抛光液在工件与抛光垫之间流动，并在工件表面产生化学反应，工件表面形成的化学反应物由磨料的机械摩擦作用去除。在化学成膜与机械去膜的交替过程中，通过化学与机械的共同作用，从工件表面去除极薄的一层材料，最终实现超精密表面加工。两个过程的快慢组合和一致性影响着工件的抛光速率和抛光质量。抛光速率主要由这两个过程中速率较慢的过程所控制。因此，要实现高效率、高质量的抛光，必须是化学作用过程与机械作用过程进行良好的匹配。如果化学腐蚀作用大于机械磨削作用则在抛光表面产生腐蚀坑、橘皮状波纹；如果机械磨削作用大于化学腐蚀作用则在抛光表面产生高损伤层和划痕。

平板玻璃精细抛光机如图 4-15 所示，主要用于 STN-LCD 玻璃基片、TFT-LCD 玻璃基片或其他玻璃的单面高精度、高效率抛光。该机的主要特点如下。

① 抛光盘、摇臂、抛光头的驱动

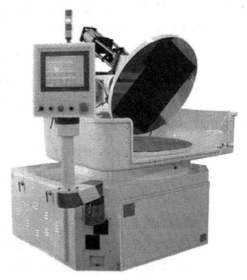

图 4-15　平板玻璃精细抛光机

电机均采用变频器调速，可实现缓启动、定点停车。

② 抛光液由上盘两侧及下盘中心通过电泵循环加注，满足了抛光的工艺要求。

③ 压力采用启动三段加压，即反压、自重加压和正压。

④ 抛光盘由主电动机通过蜗轮蜗杆减速器驱动，主轴采用交叉滚子轴承，支撑刚度稳定、可靠。

⑤ 抛光头由减速电动机驱动，方向与抛光盘相同，抛光头与抛光盘的速比采用电调方式，其运转速度由面板上的一个电位器同步调节。

⑥ 摇臂移动采用龙门式平行移动方式（滚动导轨副），采用滚动丝杠副由电动机驱动，压力均匀，速度稳定。

⑦ 抛光头的翻转方式采用恒力矩翻转，极限位置机械锁定，保证了运转的平稳性和操作的安全性。

⑧ 采用可编程控制器（PLC）控制，可根据用户要求设定运行程序，可实现动态接触启动。

4.2.4 酸抛光

利用氢氟酸对研磨过的硅酸盐玻璃毛面的进行侵蚀，使原有表层硅氧膜破坏，生成新的表面，后生成的盐类用硫酸溶去，再用水冲洗干净，如此反复多次，玻璃表面由于侵蚀作用层层剥离、翻新，从而获得光洁、明亮的新表面，此过程称为酸抛光。

（1）反应机理　一般硅酸盐玻璃的组成有 SiO_2、Na_2O、K_2O、CaO、PbO、B_2O_3 等，与 HF 作用后生成 SiF_4、NaF、KF、CaF_2、PbF_2、BaF_2、HBF_4 等，反应过程如式(4-5)及式(4-6)所示：

$$Na_2O+CaO+SiO_2+HF \longrightarrow NaF+CaF_2+SiF_4+H_2O \qquad (4\text{-}5)$$

$$K_2O+PbO+SiO_2+HF \longrightarrow KF+PbF_2+SiF_4+H_2O \qquad (4\text{-}6)$$

SiF_4 在一般条件下时呈气态，但在氢氟酸溶液中未来得及挥发，即与氢氟酸反应：

$$SiF_4+H_2O+HF \longrightarrow H_2SiF_6+H_2O \qquad (4\text{-}7)$$

$$H_2SiF_6+NaOH \longrightarrow Na_2SiO_6+H_2O \qquad (4\text{-}8)$$

钠、钾、铅、钡的氟硅酸盐都不溶于水，只有钙的氟硅酸盐易溶于水。

（2）影响酸抛光效率的因素

① 玻璃化学组成的影响　许多学者研究玻璃化学组成对酸抛光的影响，认为与玻璃的耐酸性有关，铅玻璃最容易抛光，钠钙硅玻璃次之，硬质玻璃就不易抛光。硅含量愈低，愈易抛光，不仅抛光速率快，而且表面质量好。硅含量高的

玻璃，生成的不溶盐，在凝胶中生成微晶，难以清洗，所以抛光速率慢而且不易
抛光均匀。

② 酸浴配比的影响　酸抛光时在抛光液中添加硫酸，目的是为了溶解由氢
氟酸与玻璃表面作用后生成的不溶于水的各种氟化物和氟硅酸盐，否则这些不溶
物黏附于玻璃表面，阻碍了氢氟酸的进一步作用。而未黏附不溶物的空隙，氢氟
酸继续作用，整个玻璃表面就受到不均匀的侵蚀，玻璃表面不能层层剥离而变光
亮。所以加入硫酸，可使不溶物溶解而不黏附于玻璃表面，并使玻璃表面各处收
到均匀侵蚀。由于硫酸沸点高，不易挥发，优于其他酸。其反应过程为：

$$Na_2SiF_6 + H_2SO_4 \longrightarrow Na_2SO_4 + SiF_6 + HF \tag{4-9}$$

$$PbSiF_6 + H_2SO_4 \longrightarrow PbSO_4 + SiF_6 + HF \tag{4-10}$$

$$BaF_2 + H_2SO_4 \longrightarrow BaSO_4 + HF \tag{4-11}$$

虽然产生的硫酸盐有些溶于水，有些不溶于水，如 $CaSO_4$、$BaSO_4$、$PbSO_4$
等，但这些硫酸盐在玻璃表面的黏附力不如氟硅酸盐，当受到振动或水洗时，易
于从表面脱落。

抛光液中氢离子浓度很高时，会使式(4-7)反应向左进行，意味着影响到式
(4-9) 等反应变成硫酸盐的反应。硫酸与氢氟酸的混合，不是简单的物理混合，
而是发生以下反应：

$$HF + H_2SO_4 \longrightarrow HSO_3F + H_2O \tag{4-12}$$

氟硫酸盐比硫酸盐易溶于水，这说明硫酸在此又起到一个溶解盐类的作用，
因此，实际上硫酸用量可在稍宽的范围内变化。表 4-5 为各国所用的酸浴配比。
酸浴的组成配比，因玻璃组成、设备操作条件、工艺制度不同而有差异。经研
究，氢氟酸中加入硫酸，浓度自 6mol/L 增至 12mol/L，可达到最佳腐蚀能力。

表 4-5　酸浴配比（体积比）

国　别	玻璃种类	HF(70%～75%)	H_2SO_4	H_2O
中国	钠钙硅	1.3～1.5	1	1
	铅晶质	1	3	1
捷克	铅晶质	1	2.75	0.62
斯洛伐克	铅晶质	1	3	1
美国	铅晶质	1	3	1
	钠钙硅	2	3	
前苏联	钠钙硅	1	1	
	铅晶质	1	1.5	
前南斯拉夫	铅晶质	1	3～4	

③ 温度的影响　酸抛光是一系列化学反应的结果，所以提高酸的温度，就能加速化学反应，增进抛光速率。但又要考虑到温度升高会加快氢氟酸和硫酸的挥发，所以温度也不宜过高，一般酸浴在 50～60℃最为合适。

④ 浸泡时间的影响　玻璃经酸浴浸泡后，即发生化学反应，侵蚀玻璃表面。但生成的盐很快附着在表面，它阻碍了玻璃进一步侵蚀。所以短时间浸泡后，需要清洗水温高于酸液 10～20℃的水立即清洗，多次反复，最终抛光。不同化学组成玻璃的浸泡时间不同，铅晶质玻璃宜 2～3s，大于 5s 即有破坏迹象；钠钙硅玻璃要长些，每次 10～20s 就使表面破坏。但若对酸液进行搅拌和对盛装玻璃的筐架进行振动，可减慢盐层黏附表面的形成。这样可使一次抛光时间延长，减少清洗时间，提高抛光效率。酸浴中总的浸泡时间为 4～7min，视玻璃种类、操作条件等而不同。

⑤ 酸液沿玻璃表面运动方式的影响　酸液沿玻璃表面运动，可减慢盐层在玻璃表面的形成，使一次浸泡时间延长，提高抛光效率，减少清洗次数，使酸浴浓度变化小，有利于抛光速率的进一步提高。这种运动方式有玻璃制品在酸浴中运动和酸浴运动两种，而两种方式结合的效果更佳。

第一种使玻璃制品在酸浴中运动，使盛装玻璃制品的筐架在池中上下摆动或转动或振动，实践证明，高频振动效果最好。第二种是酸浴运动，用机械搅拌或超声波发生器使酸浴运动，或用酸液泵将酸浴喷射到玻璃制品表面上，清水冲洗交替进行，酸液循环使用，这种方式可达到作业自动化。

4.2.5　化学抛光

化学抛光利用氢氟酸溶液的化学腐蚀作用，使玻璃表面原有的硅氧膜破坏，生成新的表面硅氧膜，使得玻璃得到很高的透过率且表面很光洁。化学抛光比机械抛光效率高，而且节约了大量劳动力。

化学抛光有两种方法：一种是单纯的用化学侵蚀作用；另一种是用化学侵蚀和机械的研磨结合，称为化学机械抛光。前者大多数应用于玻璃器皿，后者大多数应用于平板玻璃。

(1) 基本原理　化学抛光的原理是利用氢氟酸破坏玻璃表面原有的硅氧膜，生成一层新的硅氧膜，使玻璃达到很高的光洁度与透光度的一种抛光方法。这在实质上有别于酸抛光（过去有的文献也称酸抛光为化学抛光）。在酸液中还添加一些使盐类溶解或使盐类缓慢溶解成细微粒的添加剂，如有的加 NH_4F 和 NH_4HF_2，有的加有机物如异戊基乙酸盐和甘油，也有的添加一些氧化剂。使用研磨盘和抛光剂使玻璃表面凸出的部位机械抛光，同时玻璃又受到抛光剂中酸液的腐蚀，如此反复，直到玻璃变平滑，原理如图 4-16 所示，典型的加工液组成见表 4-6。这是一种高效抛光法，但这仅适用于平板玻璃和形状简单、表面无花纹的制品。另外，由于氢氟酸易挥发，侵蚀性强，需在密闭条件下进行抛光，同时必须对废气、废水进行处理。

表 4-6　典型加工液组成

组　成	加工方法		
	化学抛光	无光泽	霜斑
$HF_4/\%$	约 10	约 15	
$NH_4F/\%$	20~30	2~4	40~10
$H_2O/\%$	50~60	20~30	20~30
弱酸/%	—	—	20~10
添加物(黏度调整抑制反应生成物的溶解度)/%	约 10	50	

注：无光泽加工、霜斑加工与抛光情况相反，可使玻璃的平滑表面变成微细的凹凸状，玻璃表面用氢氟酸水溶液腐蚀。加工成霜斑时，把表面搞成细小凹凸的磨砂状，尽量使光漫反射；而无光泽加工是为了通过玻璃看得见物体、文字、画像等，使从外部来的反射光容易在表面漫反射。

化学机械抛光（CMP）是化学侵蚀和机械研磨相结合的方法，化学侵蚀生成的氟硅酸盐，使玻璃表面薄层软化，随后通过研磨作用而去除，使化学抛光的效率大为提高。

（2）影响化学抛光效率的因素

① 玻璃的成分　一般情况下，铅晶质玻璃最易于抛光，钠钙硅玻璃则抛光速率较慢，效果较差。

② 抛光液的成分　氢氟酸与硫酸的比例要根据玻璃成分来调整。一般实际生产中铅晶质玻璃抛光酸液配方为：7%~10.5%的氢氟酸（氢氟

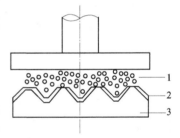

图 4-16　化学抛光原理示意
1—抛光剂+腐蚀剂；2—反应
生成物层；3—玻璃

酸含量 40%或 70%）和 58%~65%的硫酸（硫酸含量 92%~96%）；工厂常用的钠钙玻璃抛光液中，水、氢氟酸和硫酸体积比为 1：(1.62~2)：(2.76~3)，硫酸的浓度为 10.75~11.22mol/L，氢氟酸的浓度为 6.11~7.4mol/L，符合上述条件，抛光后的制品表面质量较好。

③ 抛光温度　温度过低则反应太慢，过高则反应过于剧烈，给制品带来缺陷并增加了酸液的挥发，一般以 40~50℃为宜。

④ 处理时间　时间过短，作用不完全；时间过长则表面有盐类沉淀。具体时间应根据酸液的配比、温度、处理设备确定。一般用短时间(6~15s)多次酸处理方法，但处理次数也不宜过多，过多时(超过 10 次)容易形成波纹等缺陷。每次酸处理后，都应将制品表面用水冲洗以去掉沉淀的盐类，如不洗净就会影响抛光质量。

4.2.6 新型抛光技术

对于光学玻璃加工,传统的研磨及抛光方法从精度和效率方面已不适应。目前发展了许多新的加工技术,如数控研磨和抛光技术、离子束抛光技术、应力盘抛光技术、超光滑表面加工技术、延展性磨削加工、弹性发射抛光法、激光抛光、振动

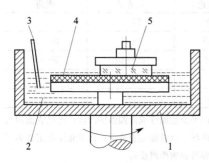

图 4-17　浴法抛光示意
1—塑料浴槽;2—抛光液;3—搅拌器;
4—抛光盘;5—玻璃

抛光等,这些新技术已完全适应了光学领域迅速发展的要求。光学透镜新的加工技术,都是边监测、边修正,不仅加工精度高,而且加工速度快,是原有技术的几倍或几十倍。

(1)浴法抛光　浴法抛光是指工件和抛光盘都浸在抛光液中,所用装置如图 4-17 所示。抛光液的深度以设备静止时淹没工件10～15mm 为宜。搅拌器使抛光液处于悬浮状态,不产生沉淀。抛光玻璃时一般使用氧化铁(红粉)、氧化铝等抛光材料。部分玻璃材料浴法抛光效果见表 4-7。

表 4-7　浴法抛光效果

玻璃材料名称与牌号	磨　料	表面粗糙度/nm
光学玻璃 F4	Al_2O_3(超级)	1
光学玻璃 BK-7	Al_2O_3(超级)	0.6
硼硅酸盐玻璃 Duran50	Al_2O_3(超级)	0.5
石英玻璃 Herasil	Al_2O_3(超级)	0.5
石英玻璃 Homosil	Al_2O_3(超级)	0.3
石英晶体	Al_2O_3(超级)	0.4

(2)离子束抛光　离子束抛光是玻璃工件在传统抛光后,用来进一步提高抛光精度的补充抛光方法。先在真空(1.33Pa)条件下,使用高频或放电等方法使惰性气体(氩、氖、氙等)原子成为离子,再用 20～25kV 的电压加速,然后碰撞到位于 $1.33\times10^{-3}Pa$ 真空度的真空室内的被加工工件表面上,将能量直接传给工件材料原子,使其逸出表面而被去除。这种方法可以使工件去除厚度10～20μm,是典型的采用物理碰撞方法进行的抛光技术,一般情况下抛光后的表面粗糙度可达 0.01μm,精度高可达 0.6nm。

(3)等离子体辅助抛光　等离子体辅助抛光是利用化学反应来去除表面材料而实现抛光的方法,采用特定气体制成活性等离子体,使活性等离子体与工作表面作用,发生化学反应,生成易挥发的混合气体,从而将工件表面材料去

除。如石英玻璃，采用 CF_4 抛光气体，激发为等离子体后于石英玻璃表面的反应为

$$SiO_2 + CF_4 \longrightarrow SiF_4 \uparrow + CO_2 \uparrow \tag{4-13}$$

等离子体辅助抛光通常需在 $1.3 \times 10^2 Pa$ 真空环境下进行，抛光的效率高，表面质量好，表面粗糙度小于 $0.5nm$。

4.3　磨边

玻璃在生产切割后，玻璃的边部比较锋利，也不规则，往往需要磨边，归纳起来，玻璃磨边具有以下几方面的目的。

① 磨掉切割时造成的锋利棱角，防止使用时伤人。

② 玻璃边缘因切割形成的小裂口和微裂纹磨去，消除局部应力集中现象，增加玻璃强度。

③ 经磨边后的玻璃几何外形和尺寸公差符合要求。

④ 对玻璃边缘进行不同档次的质量加工，即磨成粗磨边、细磨边和抛光边。

经过粗加工的玻璃边缘，用手摸有粗糙感，但不会造成割伤，叫粗磨边，也叫倒边。加工粗磨边的设备主要有圆盘磨边机、砂带磨边机和立轴磨边机等。

经过细加工的玻璃边缘，手摸有滑腻感但不透明，叫细磨边。加工细磨边的设备有异形磨边机、圆盘磨边机、90°全自动磨边机和立轴磨边机等，其中立轴磨边机和圆盘磨边机可以自制，但磨边质量相对较低，一般适合小型企业使用。

4.3.1　玻璃磨边的方法

玻璃磨边有很多方法，常用的方法主要有以下几种。

① 磨石磨边：采用天然磨石或油石等磨具，用人工推动磨边。

② 磨盘磨边：砂浆流入旋转的铸铁盘上，人工操作玻璃在磨盘上磨削。

③ 砂带磨边：交叉运行的砂带对玻璃进行倒边加工。

④ 砂轮磨边：用天然刚玉或人造磨边料加工的砂轮，适用于磨厚玻璃。

⑤ 金刚石磨轮磨边：用人造金刚石加工成磨轮，可以磨粗磨边或细磨边。磨边效率高、质量好，可以磨出不同形状的玻璃边。

4.3.2　玻璃磨边设备

4.3.2.1　手持打磨机

手持打磨机（图 4-18）由高硬度的圆形磨片和高速电机组成，通过磨片的高速旋转，磨片上的金刚砂高速磨削玻璃的边部刃口，达到消除锋利刃口和微裂纹的目的。

图 4-18　手持打磨机

手持打磨机的价格低廉，机动灵活，几乎可以打磨任意外形玻璃的边刃口。但是手持打磨机的力度不均匀，打磨后的外观不平整，还会产生新的微裂纹，打磨效率低，不适用于大规模的玻璃磨边加工。

4.3.2.2　砂带打磨机

砂带打磨机（图 4-19）由金刚砂的砂带和高速电机组成，通过砂带的高速运动，达到消除玻璃的锋利刃口和微裂纹的目的。

由于砂带的使用寿命低，无法修正玻璃边部凹凸不平的断面，外观不平整，已逐渐被配有金刚石磨轮的自动磨边机所取代。

图 4-19　砂带打磨机

4.3.2.3　自动磨边机

自动磨边机主要由玻璃传送定位系统、水冷却系统和含有不同粗细粒度金刚砂的金属磨轮和非金属磨轮组成。

同手持打磨机和砂带打磨机相比，自动磨边机可以将玻璃的边部通过不同磨轮的多次磨削，几乎可以完全消除玻璃边部凹凸不平的断面和微裂纹，外观非常平整光滑。根据不同玻璃的厚度，磨边速率最快可超过 10m/min，磨边效率大大提高，广泛应用于大型的玻璃深加工企业。

根据玻璃外形的不同，自动磨边机主要有立式直线单边磨边机、直线多级磨边机、直线双边磨边机和异形磨边机等设备。

（1）立式直线单边磨边机　如图 4-20 所示，立式直线单边磨边机主要加工玻璃的直线边，边部的形状可以加工成平边、斜边、圆边和波浪形边等各种形状。该机器可对任意形状玻璃的直线边进行磨边加工，设备价格低廉，占地面积较小，磨边质量较好，广泛用于建筑玻璃和家具玻璃的磨边加工。

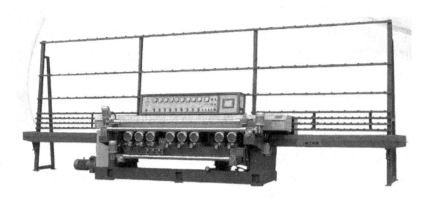

图 4-20　立式直线单边磨边机

① 机器结构　一般由底座、磨头、玻璃传动机构、玻璃夹紧链板（前后夹紧梁）、配电箱、供水冷却系统等部分构成。

磨头部分是机器的核心，它们安装在前后夹紧链板的下面，每个磨头都由一电动机带动。当夹紧链板将玻璃输送到磨轮上方时，用手轮调节，使磨轮上表面接触玻璃，退出玻璃，再重新进玻璃，进玻璃时，观察磨头电动机电流表粗调磨轮磨削量。在开机时，一定要注意先打开磨轮电动机，再开传动，否则就会撞破玻璃。

根据磨头的配置情况，一般配有三道金刚轮和三道抛光轮，其中 1 号金刚轮（粒度 80～120 号）的磨削量最多可达 3mm，2 号金刚轮（粒度 120～170 号）的磨削量为 0.2～0.5mm，3 号金刚轮（粒度 210～270 号）的磨削量为 0.1mm 左右。抛光轮主要是将金刚石轮加工的磨痕消除，并尽量的达到玻璃原色的效果。为了增加玻璃抛光效果，最后一道抛光用羊毛毡轮，羊毛毡轮采用气动控制，保证毡轮总是以一定的压力作用在玻璃上，以保证抛光效果。当玻璃输送到羊毛毡轮上沿时，玻璃碰到一连杆装置，连杆装置摆动，按压到控制气缸电磁阀的行程开关，行程开关闭合，电磁阀动作，气缸顶住抛光电机上升，紧压在玻璃边上，抛光磨轮以 1500r/min 的转速抛光玻璃。用羊毛毡轮抛光时，必须配以抛光液，抛光液用氧化铈和水混合而成。

每个磨轮上都冷却水喷水管，喷水管在墨轮转动时同时供水，以降低玻璃边时所产生的高温。

立式直线单边磨边机前后加紧梁采用箱式梁结构，刚度较大。前后梁导轨系统采用端头圆导轨和两侧高耐磨性的镶钢淬火轨道，前后夹紧链板呈 U 形在前后梁上同步转动，玻璃在前后夹紧链板中随夹紧链板做直线运动，调整前后夹紧链板之间的距离，使之夹紧玻璃，最多可承受 200kg 左右的单片玻璃。

该磨边机输出输入导轨采用同步带传动，玻璃随同步带同步运行。

该磨边机可根据玻璃厚度调节前夹紧梁，前夹紧梁移动由前梁同步机构完成。前梁移动距离可由数显表显示，调整时前梁左右端夹紧玻璃必须一致。

该磨边机前后倒角分别由两道磨轮完成，一道磨削，二道抛光。磨轮和玻璃平面呈 45°夹角。

② 型号和规格　玻璃立式直线单边磨边机的型号由特征代号、主参数、特性代号或更新代号组成。按磨削加工玻璃制品直线边的形状分直线平边机、直线圆边机。以磨头数量为 8 个的玻璃直线平边机为例，其型号应为 ZM8；磨头数量为 7 个的玻璃直线圆边机型号则为 ZYM7。

玻璃直线平边机常用规格有 ZM4、ZM8、ZM9、ZM11；玻璃直线圆边机常用规格有 ZYM4、ZYM7、ZYM8。

③ 基本技术要求

a. 基本参数

——输送速度：0.7～3.5m/min；

——磨削量：≤5mm；

——倒角宽度：≤5mm；

——加工玻璃厚度：3～25mm；

——可加工最小玻璃：120mm×120mm。

b. 一般规定

——温度范围：1～40℃；

——湿度要求：≤90%；

——海拔高度：≤1000m；

——电源电压：380V±10%；

——电源频率：50Hz（出口机应符合用户所在国的供电电源的电压和频率）；

——玻璃原片必须符合 GB 11614 的规定；

——所有零部件应符合设计要求或有关标准的规定，外购件和原材料应有生产厂出具的合格证。

c. 整机性能要求

——设备手动、自动各种操作件应操作便捷，动作准确、可靠；

——各运动机构动作应准确、可靠，运动平稳，不应有明显震动、冲击和爬行等现象；

——冷却泵、润滑泵应工作正常，管路系统不应有堵塞、渗漏现象；

——磨头轴承部位温升不应超过 45℃，最高温度不应超过 85℃；

——整机噪声≤85dB（A）。

d. 电气性能要求

——显示屏或显示器图形和文字显示应清晰、完整、可靠；

——操作面板上各操作键应灵敏可靠；

——各行程限位开关工作可靠；

——所有电气线路都应规范地置入线槽，接线应准确并做好标识；

——设备接地绝缘电阻≥1MΩ；

——电气系统安全应符合 GB 5226.1 的规定。

④ 精度要求

a. 玻璃立式直线单边磨边机的几何精度要求

——输送带直线度公差：0.15mm/500mm；

——后导轨传动直线度公差：0.10mm/500mm；

——前梁移动同步公差：0.20mm；

——磨轮轴轴向跳动、径向跳动不大于 0.05mm；

检验前，将主机、输送链及玻璃支承架调整好水平位置，检验方法见表 4-8。

表 4-8　玻璃立式直线单边磨边机精度检验

检验项目	检验方法	检验简图	检验结果
输送带直线度	将检测块放置于输送带上，百分表固定在输送带外，在 500mm 测量长度上百分表读数的最大差值即为直线度误差		应符合④精度要求中 a. 的要求
后链板传动直线度	将检测平尺固定在后梁上，百分表固定在夹紧前后链板中的铁板上，测头分别触及检验平尺的水平面和铅垂面，使百分表在检验平尺两端的读数相等，启动设备，在 500mm 测量长度上百分表读数的最大差值即为传动直线度误差，水平面和铅垂面分别测量		应符合④精度要求中 a. 的要求

续表

检验项目	检验方法	检验简图	检验结果
前梁移动同步误差	将两百分表架固定在两端立柱上,百分表测头触及前梁,移动前梁,两百分表读数的差值即为前梁移动同步误差	前梁	应符合④精度要求中 a. 的要求
磨轮轴轴向跳动、径向跳动	固定电机和百分表,百分表指针触及磨轮轴端面,对磨轮轴施加 1000N 的推力,百分表读数值即为磨轮轴轴向窜动。将百分表指针触及磨轮轴圆周表面,转动电机主轴,百分表读数值为磨轮轴径向跳动	F=1000N (a) (b)	应符合④精度要求中 a. 的要求

b. 产品加工精度要求

——玻璃制品底边直线度公差：0.3mm/2000mm；

——玻璃制品棱边宽度误差不大于棱边宽度尺寸的1/10；

——具备抛光功能的机型,磨削抛光的玻璃制品表面光滑度手感接近玻璃原片；

——经抛光加工的玻璃制品表面应清晰透明,不应有磨轮磨削网状条纹和宽度在0.1mm以上的刀痕和划伤,宽度在0.1mm以下的轻微刀痕和划伤每米不得超过3条。

⑤ 立式直线单边磨边机常见磨削故障及处理

a. 玻璃烧结,抛光不亮

产生原因：喷水不足,抛光轮调校不当,磨轮压力不够,磨削速率太快。

处理措施：检查喷水系统,选择适当的抛光轮,提高磨轮压力,降低磨削速率。

b. 边角破损

产生原因：金刚轮磨削量太大，磨削速率太快，输入输出带不平。

处理措施：减小金刚轮磨削量，降低磨削速率，重新调整抛光轮，调整，输入输出带水平；

c. 磨痕多

产生原因：磨削速率太快，喷水不足。

处理措施：降低磨削速率，检查喷水系统。

（2）直线多级磨边机　玻璃直线多级磨边机是指用于玻璃直线底边和多个棱边的磨削加工设备（图 4-21）。

① 规格型号　玻璃直线多级磨边机的型号由特征代号、主参数、特性代号或更新代号组成。以磨头数量为 10 个的玻璃直线多级磨边机为例，其型号为 JM10；磨头数量为 10 个第二次更新的玻璃直线多级磨边机型号则为 JM10 Ⅱ 。玻璃直线多级磨边机的常用规格有 JM9、JM10、JM13 、JM14。

② 整机性能要求

a. 传动机构动作应准确、可靠、不应有明显震动、冲击、爬行等现象；

b. 磨轮旋转轴的运动精度：轴向窜动不大于 0.04mm，径向跳动不大于 0.03mm；

c. 磨头轴承部位温升小于 45℃，最高温度小于 85℃；

d. 润滑、冷却系统不应有堵塞和渗漏现象；

e. 前梁相对后梁的平移距离不得小于可磨削玻璃厚度的最大尺寸；

f. 转梁摆动和移动应准确、可靠；

g. 磨边机噪声≤85dB（A）。

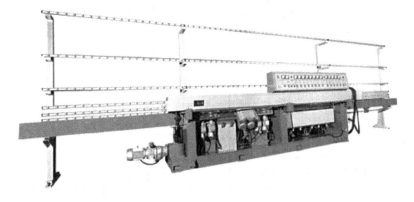

图 4-21　玻璃直线多级磨边机

③ 精度要求

a. 玻璃直线多级磨边机的几何精度要求

——输入及输出输送带直线度公差：0.2mm/500mm；

——后导轨传动直线度公差：0.15mm/500mm；

——前梁移动同步公差：0.15mm；

精度检验前，应将主机、输入输出带、玻璃支架预先调整好，检测方法见表4-9。

表 4-9　玻璃直线多级磨边机的精度检验

检验项目	检 验 方 法	检 验 简 图	公　差
检验输送带直线度	将检测块放在输入输送带上，在机器外固定百分表，在500mm测量长度上百分表读出的最大差值即为输入输送带直线度误差		应符合③精度要求中 a. 的要求
后导轨传动直线度	将检测平尺固定在后梁上，百分表固定在夹紧于两压传板中的铁板上，测头分虽触及检验平尺铅垂面(见图 a)和水平面(见图 b)，使百分表在检验平尺两端的读数相等，启动设备，在水平面500mm测量长度上，百分表读数的最大差值即为水平面内直线度误差。在铅垂面500mm测量长度上，百分表读数的最大差值即为铅垂面内直线度误差		应符合③精度要求中 a. 的要求
前梁移动同步误差	在磨边机两端固定百分表，测头触及前梁，移动前梁，两百分表的读数差即为误差值		应符合③精度要求中 a. 的要求

b. 产品加工精度要求

——精加工的玻璃制品表面光滑度手感与玻璃面相同，清晰透明，不应有明显刀痕和磨削网纹，且刀痕和磨削网纹不得影响使用。刀痕和磨削网纹的规定见表 4-10。

表 4-10　刀痕和磨削网纹的规定

缺 陷 名 称	说　明	允许缺陷数
刀痕	宽度在 0.1mm 以下轻微刀痕划伤，每米允许条数	3
	宽度在 0.1mm 以上的刀痕划伤	不允许
磨削网纹	磨轮磨削网状条纹	不允许

玻璃磨削加工后外观效果的检查，应在良好的自然光或散射光照条件下，距离玻璃磨削边正面约 300mm 处，观察被检玻璃边。缺陷尺寸应采用精度为 0.1mm 读数显微镜测量。

——斜边和前后倒角宽度公差：0.5mm。

——斜面棱线直线度公差：0.2mm/500mm。

（3）直线双边磨边机　玻璃直线双边磨边机是指用于同时磨削玻璃两平行直线边的加工设备。按磨削加工玻璃制品直线边的形状分为玻璃直线双边平边机和玻璃直线双边圆边机，分别用 SM 和 SYM 表示。

图 4-22 是一台水平式直线双边磨边机，它由电器控制台，机器底座，水箱，固定边（固定桥），移动工作边（移动桥），入口支撑架，出口支撑架，玻璃传送装置，磨头装置等组成。

图 4-22　水平式直线双边磨边机

用水平式直线双边磨边机加工大规格玻璃时，常用两台磨边机和一台转向输送架组成一组配套使用，两台磨边机通常布置成 90°，在作业位置限制时，也可以两台磨边机和一台转向输送架成一直线布置，当玻璃在第一台机器加工完两个边后，在转向输送架上转向，直接喂入下一台双边磨加工。

直线双边磨边机只能对矩形玻璃进行磨边，但由于可以同时对玻璃对称的两个直线边进行磨边，生产效率非常高，磨边误差可小于 0.2mm，广泛应用于大型的玻璃深加工企业。

① 规格和型号　玻璃直线双边磨边机型号由特征代号、主参数和特性代号或更新代号组成。以单边磨头为 11 头，最大宽度为 2600mm 带安全角磨削功能的玻璃直线双边磨边机为例，其型号为 SM11-26AQ。

玻璃直线双边磨边机的常用规格有：单边 2 磨头系列 SYM2-××；单边 3 磨头系列 SYM3-××；单边 4 磨头系列 SM4-×× 和 SYM4-××；单边 6 磨头系列 SYM6-××；单边 8 磨头系列 SM8-××；单边 9 磨头系列 SM9-××；单边 10 磨头系列 SM10-××；单边 11 磨头系列 SM11-××；单边 12 磨头系列 SM12-×× 等。

② 整机性能要求

a. 各部位轴承温升不大于 45℃，最高温度不大于 85℃；

b. 整机空载噪声≤85dB（A）；

c. 电气系统工作安全可靠，动作顺序正确、准确，数据显示清晰、准确。绝缘电阻≥1MΩ；

d. 气路正确动作准确无泄漏，工作气压范围 0.2～0.6MPa；

e. 冷却水充分无堵塞和阻滞，水路无泄漏；

f. 传动机构动作可靠准确，不得有冲击和爬行现象；

g. 磨头进退刻度及数显准确，不得有阻滞；

h. 油路系统不得有堵塞及渗漏现象。

③ 直线双边磨边机的操作与调试　按玻璃的厚度和磨轮转速正确地分配各抛光轮压力，才能得到满意的磨削抛光效果。

a. 操作步骤

——根据玻璃宽度和厚度在控制板电脑上输入相关参数，然后按开始键，机器移动边自动调整到相应的宽度，玻璃压紧器按玻璃厚度调整到相应高度；

——将玻璃放到入口支撑架；

——启动磨轮，冷却系统同时打开，检查气压值是否正常；

——打开传动，根据玻璃厚度和磨削量调整磨削速率；

——玻璃在工作区域加工；

——连续放入玻璃，加工完成的玻璃送到下道工序。

b. 设备调试

——移动桥调节：移动桥和固定桥之间的尺寸是玻璃加工的最终尺寸，切削量一般由玻璃厚度，切削精度，玻璃的进给速度（输送带速度）决定，玻璃厚度厚，玻璃的进给速度快，切削精度要求高，则切削量要相对小。

——玻璃压紧器调节：玻璃输送的上部分为可移动类型，必须垂直地进行定位。在玻璃的厚度改变时，调整玻璃压紧器，在玻璃上施加合适的压力。玻璃压紧器的压力不能过大，否则容易则在玻璃上留下压痕；压力不能过小，否则夹不紧玻璃，容易出现对角线误差，倒角宽度大小不一。

——金刚石磨轮调整：因金刚轮磨削量大，在磨削玻璃时轮前端比后端高0.1mm 左右。

各个磨轮的磨削量分配如下：3 号金刚轮磨削量 0.1mm，2 号金刚轮磨削量0.2～0.5mm，1 号金刚轮剩余的磨削量；

——抛光磨轮调整：抛光轮的工作是由计算机进行控制的，各个抛光轮的气压调整应根据机器各种设备的实际要求进行调整。

——检查冷却水系统：双边磨加工机器配有水箱，为了节约用水并磨出质量优良的玻璃，水箱了里的水每工作 24h 更换一次，并清洁水箱里的玻璃粉，更换掉的水经过沉淀和过滤后可重复利用。当冷却水不够时，易使玻璃烧结，玻璃破损，抛光不良等。所以要经常检查喷嘴是否有凝块物堵塞，无法向磨轮喷水。

（4）异形磨边机 玻璃异形磨边机是将玻璃水平放置，真空吸附在工作台上，用于玻璃周边和斜面的磨削加工设备。玻璃异形磨边机最大特点是用途广泛。既可以磨直边，也可磨圆边、鸭嘴边，还可磨斜边；既可以磨圆形工件，也可磨椭圆及异形工件。在独立吸盘上装上靠模，用异形机可以磨一些形状不规则的工件。此外，异形机结构简单，制造成本相对较低，价格也较便宜。

① 规格和型号 异形磨边机型号由特征代号、主参数、特性代号或更新代号组成。以臂数为 1 个，玻璃最大直径为 $\phi2100$mm，只磨平边，经第一次更新的玻璃异形磨边机为例，其型号应为 YXM121PⅠ。异形磨边机常用规格主要有YXM118、YXM121、YXM218、YXM221。

② 基本技术要求

a. 基本参数

——磨削斜边角度：0～ 30°；

——磨削玻璃直径：$\phi100$～2100mm、$\phi300$～2100mm；

b. 一般规定

——温度范围：1～40℃；

——湿度要求：≤90%；

——海拔高度：≤1000m；

——电源电压：380V±10%；

——电源频率：50Hz（出口机应符合用户所在国的供电电源的电压和频

率）。

——用于制造磨边机的原材料、标准件和外购件应有生产厂的出厂合格证、及相应的许可认证，并符合磨边机的具体要求；

——磨边机要保障操作安全，符合环保要求。

③ 整机性能要求

a. 玻璃异形磨边机整机性能必须满足以下要求。

——传动机构动作应准确、可靠、不应有明显震动、冲击、爬行等现象；

——吸盘能正常工作时的真空度范围为$-0.1 \sim -0.05$MPa；

——冷却、气压系统不应有堵塞和渗漏现象；

——磨头轴承部位温升小于45℃，最高温度小于85℃；

——磨轮旋转轴的运动精度：轴向跳动不大于0.03mm，径向跳动不大于0.03mm；

——整机噪声≤85dB（A）。

b. 玻璃异形磨边机的整机性能检测方法。

——低速启动磨动机，运转5mim后，调整速度，从低速到高速逐步增速运转，高速运转30min后，结果应符合整机性能中的有关规定。

——磨边机空载高速运转状态下，在离地面1.5m，距磨边机中心1m的前后左右四个位置处，用声级计分别测量四个位置的噪声，其噪声的算术平均值应符合整机性能的要求。

在测量磨边机噪声前，应先测量背景噪声。其测量位置与本机相同。

——磨边机各测量点的噪声值应比背景噪声值至少大10dB（A）。当相差小于10dB（A）大于3dB（A）时，应按表4-11进行修正。若相差小于3dB（A），其测量结果无效。

表4-11 噪声修正参数

异形磨边机噪声值与背景噪声值之差	3	4~5	6~9
应减去的背景噪声修正值	3	2	1

④ 电气系统要求

a. 有屏幕显示的，显示应清晰、完整、准确；

b. 操作面板上各操作键应灵敏可靠；

c. 各行程限位开关工作可靠；

d. 所有电气线路都应规范地置入线槽，接线应准确并做好标识；

e. 设备接地绝缘电阻≥1MΩ；

f. 电气系统安全应符合GB5226.1的规定。

⑤ 精度要求

a. 玻璃异形磨边机的几何精度应满足以下要求。

——大臂旋转对工作台平面的端面跳动不大于 0.3mm/ϕ600mm;

——小臂旋转对工作台平面的端面跳动不大于 0.5mm/ϕ600mm;

——工作台面旋转端面跳动不大于 0.15mm/ϕ600mm;

——磨头电机轴径向跳动和轴向跳动不大于 0.03mm。

检验前,用水平仪调整好单臂异形磨边机工作台的水平,再进行检验。具体方法见表 4-12。多臂异形磨边机精度检验方法同单臂机相同,每个臂应分别进行检验。

表 4-12 多臂异形磨边机的几何精度检验

检 验 项 目	检 验 方 法	检 验 简 图	公 差
大臂旋转对工作台平面的端面跳动量	把 IT6 级的平板放在工作台的吸盘上,百分表固定在大臂上,测头放在平板 ϕ600mm 上,旋转大臂一周,百分表上的最大差值	专用平板	应符合⑤精度要求中 a. 的要求
摆臂旋转对工作台平面的端面跳动量	把 IT6 级的平板放在工作台的吸盘上,百分表固定在磨轮轴上,测头放在平板上,转动摆臂在 ϕ600mm 圆周内测量,其百分表上的最大差值	专用平板	应符合⑤精度要求中 a. 的要求
大臂固定,工作台旋转时端面跳动量	把 IT6 级的平板放在工作台的吸盘上,百分表固定在大臂上,测头放在平板 ϕ600mm 上,旋转大臂一周,百分表上的最大差值	专用平板	应符合⑤精度要求中 a. 的要求

检验项目	检 验 方 法	检 验 简 图	公　差
磨轮轴轴向跳动、径向跳动	固定电机和百分表,百分表指针触及磨轮轴端面,对磨轮轴施加 1000N 的推力,百分表读数值即为磨轮轴轴向窜动。将百分表指针触及磨轮轴圆周表面,转动电机主轴,百分表读数值为磨轮轴径向跳动	F=1000N (a) (b)	应符合⑤精度要求中 a. 的要求

b. 产品加工精度要求

——精加工的玻璃制品表面光滑度手感与玻璃面相同,清晰透明,不应有明显刀痕和磨削网纹,且刀痕和磨削网纹不得影响使用。刀痕和磨削网纹的规定见表 4-10。

玻璃磨削加工后外观效果的检查,应在良好的自然光或散射光照条件下,距离玻璃磨削边正面约 300mm 处,观察被检玻璃边。缺陷尺寸应采用精度为 0.1mm 读数显微镜测量。

——精加工的玻璃制品斜边宽度大于 30mm 时宽度误差不大于 1.0 mm。

——精加工的直径 1m 的玻璃制品圆度公差:1.0mm。

c. 产品加工精度检测要求

——用游标卡尺测量玻璃制品斜边宽度大于 30mm 时,其误差应符合 b. 产品加工精度要求。

——用游标卡尺或卷尺测量玻璃制品的圆度,其误差应符合 b. 产品加工精度要求。

⑥ 单臂异形磨边机　玻璃异形磨边机按磨头和摆臂数量分为单臂玻璃异形磨边机和多臂玻璃异形磨边机。

单臂异形磨边机（图 4-23）可对任意外形的玻璃边部进行磨边处理。它一般由底座,大小臂,吸盘（五星盘）,立柱,磨头部分,真空部件等部分组成。吸盘固定在五星盘上,五星盘匣由装在底座下的减速机传动,为了保证五星盘的平稳运转,消除间隙,在五星盘主轴传动齿轮部分安装一套刹车装置,在停机时用 50kg 左右力旋转五星盘而保证五星盘没有转动间隙,玻璃放在吸盘上,开动真空使吸盘吸住玻璃,这样在磨削玻璃时不会出现玻璃逆方向抖动。大臂可以绕立柱做 360°旋转,小臂可以绕大臂做 300°左右旋转,磨头部分可以在羊角架上摆 45°,这样可以保证磨削 45°斜边。

图 4-23　单臂异形磨边机

　　加工玻璃时,磨削圆形玻璃,只需转动五星盘,固定大小臂,用调节手轮调整好磨轮位置并在羊角架上摆到所需角度,打开喷水管就可自动磨边;加工异形玻璃时,固定好玻璃,调整好磨轮位置,打开喷水管,五星盘不转,用手推动磨轮头加工。

　　单臂异形磨边机可以磨削平边,半圆边,圆边,波浪斜边,斜边等。

4.3.3　磨边产品的质量问题与解决方法

　　在日常的生产中会出现以下情况:对角线误差偏大、倒角不均匀、磨不平、崩边、崩角、精磨玻璃边部发白、压痕、划伤等缺陷。这些缺陷产生的原因和解决方法如下。

　　(1) 两边发白

　　① 玻璃磨边后出现两边发白的主要原因

　　a. 磨边机夹送带没有夹紧。

　　b. 磨削量过多。

② 解决方法

a. 将磨边机夹送带前、后的松紧度调整一致。

b. 将磨边机的树脂轮太高。

c. 将磨边机的抛光轮调高至适当位置。

（2）崩边或崩角

① 玻璃磨边后出现崩边或崩角的主要原因

a. 玻璃的磨削量过大。

b. 传送速度过快。

c. 冷却水量不够。

d. 玻璃的磨削量分配不均匀。

e. 金刚轮不锋利。

② 解决方法

a. 调整均匀磨削量。

b. 适当降低磨边速率。

c. 检查冷却系统。

d. 清洁或更换金刚轮。

（3）棱边前后大小不一致

① 玻璃磨边后出现棱边前后大小不一致的主要原因

a. 玻璃前后的磨削量不一致。

b. 夹送带、同步带松紧前后不一致。

c. 磨边机大梁磨损变形。

② 解决方法

a. 将前后磨削量调整均匀，松紧度调一致。

b. 检修磨边机。

（4）对角线超差

① 玻璃磨边后出现对角线超差的主要原因

a. 输送带不同步（双边机）。

b. 夹送带前后不水平（单边机）。

c. 定位器走位（双边机）。

d. 玻璃原片存在对角线偏差。

② 解决方法

a. 使同步带同步。

b. 夹送带前后水平调平。

c. 定位器调回原位。

d. 磨边前先检查后玻璃原片对角线偏差，确保合格玻璃进行磨边。

（5）磨边后出现锯齿印

① 玻璃磨边后出现锯齿印的主要原因

a. 玻璃磨削量分布不均匀。

b. 速率过快或水压过小。

c. 抛光轮过低。

d. 速率过快，抛光轮过高。

② 解决方法

a. 降低速率。

b. 磨削量调整均匀。

c. 抛光轮调整到合适位置。

第5章 玻璃雕刻技术

所谓雕刻玻璃就是雕刻上各种图案和文字的加工玻璃，最深可以雕入玻璃深度的一半，立体感较强。可以做成通透的和不透的，适合做隔断和造型，也可以上色之后再夹胶，适合酒店、会所、别墅等做隔断或墙面造型。是家居装修中很有品位的一种装饰玻璃，所绘图案一般都具有个性创意，反映着居室主人的情趣所在和追求。

雕刻玻璃的制造方法有人工雕刻和计算机雕刻两种。其中人工雕刻利用娴熟刀法的深浅和转折配合，更能表现出玻璃的质感，使所绘图案给人以呼之欲出的感受。而计算机雕刻则是采用激光在计算机的控制下进行的，具有技术含量高、生产效率高等特点。

5.1 人工雕刻

5.1.1 人工雕刻工艺流程

雕刻过程实质是研磨和抛光的过程，通过磨盘和磨料在玻璃表面磨出多棱的花样，此时玻璃上的磨刻之处是半透明的，然后经过抛光，使玻璃上的磨刻之处透明。其工艺流程如图5-1所示。

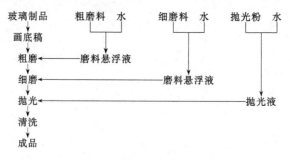

图 5-1　玻璃人工雕刻工艺流程

① 画底稿时，可将玻璃制品放在回转盘上，人工慢速回转，以便将圆形

玻璃制品表面用涂料或其他易被溶剂洗去的涂料，画成对称、连续的花纹，以便雕刻时按此底稿进行加工。通常采用红丹、松香和松节油配制而成的抗水性涂料，即使经过几道磨刻工序，也会保持设计图轮廓，富余打样线可用溶剂洗去。

② 粗磨是在回转的磨盘上进行，磨盘用熟铁制成，工人手持玻璃制品，按打样线压在磨盘边缘刻磨，磨盘的转速根据金属盘的直径和磨料的粒度来确定，圆周速率为 4.5～7m/s，通常 6m/s，转速一般为 600～800r/min。磨料采用金刚砂、刚玉、颗粒度为 50～150 目，细磨则用较细的磨料。粗磨的质量好坏对细磨有重要的影响，决定细磨的效果。个别的深槽和伤痕是粗磨采用颗粒过大的磨料造成的，给细磨在成困难，磨去这些缺陷需要花费大量时间。

③ 细磨是在粗磨之后，用细颗粒磨轮在刻面上进一步加工，使不透明的粗毛面成为均匀、半透明的细毛面，细磨大多采用刚玉或金刚砂轮。颗粒度为 220～280 号刚玉轮，铅晶质玻璃采用颗粒为 180～200 号，加水即可操作。加水的目的为：一是带走摩擦中产生的热量，避免玻璃制品破裂；二是加速磨刻效率，磨刻时发生化学反应，需要加水。

5.1.2　人工雕刻主要工具

(1) 砂轮　砂轮雕刻是采用砂轮进行雕刻。砂轮是玻璃磨削加工中的一种重要磨具，它是在磨料中加入结合剂，经压坯、干燥和焙烧而制成的多孔体，如图 5-2 所示。磨料、结合剂及制造工艺的不同，会对砂轮的性能有较大影响。

操作人员在玻璃工件上画出所雕刻图文后，通过雕刻机进行雕刻，批量生产时为保证图案一致，可通过网版印刷的方式先把图案一一印出后再进行雕刻。玻璃是透明度非常好的材料，视觉效果良好，大多在背面雕刻在前面观看。无论是动物、花鸟，还是山水、人物，都要遵循先刻最前面的景物、依照前后位置逐一

图 5-2　砂轮

雕刻的原则。雕刻时，为防止玻璃经砂轮高速研磨而发热破碎，要安装注水器，不间断地向所雕图文注水，以冷却受摩擦发热的玻璃，雕刻完毕后抛光完成。利用此工艺对玻璃制品进行装饰，图文立体效果强，又具有水晶般的晶莹剔透的视觉效果，可使玻璃制品获得高雅的装饰效果和艺术效果。

用砂轮雕刻完成的制品需要进行打磨，来回的修磨那些机器造成的失败点，将雕刻工具造成的痕迹一点一点磨掉，修饰的圆滑，将毛刺和崩口进行修改、修复，尽可能地将线条修改完美。

① 砂轮的类型

a. 按所用磨料，可分为普通磨料砂轮和超硬磨料砂轮。普通磨料砂轮的磨料可以采用刚玉和碳化硅等，超硬磨料砂轮的磨料如金刚石和立方氮化硼等。

b. 按砂轮的形状，可分为平形砂轮、斜边砂轮、筒形砂轮、杯形砂轮、碟形砂轮等。

c. 按所用的结合剂，可分为陶瓷砂轮、树脂砂轮、橡胶砂轮、金属砂轮等。

d. 根据雕刻玻璃时工艺的不同，可分为台式砂轮雕刻机或手提式砂轮雕刻机进行。这两种方法都是利用目数较高的金刚砂砂轮或石英砂轮，砂轮有多种形状以供不同用途使用，要根据所雕图文需要来选择。一般用台式砂轮雕刻机雕刻小件物品，如酒杯、茶杯、灯饰、工艺品等。手提式雕刻机一般用于雕刻较大的物件，常用于室内装潢，如茶几、屏风、隔断、玻璃门、隔栏等，其雕刻工艺与台式雕刻机大同小异。

② 砂轮的特性参数　砂轮的特性参数主要有磨料、粒度、硬度、结合剂、组成结构等。

a. 磨料　磨料是制造砂轮的主要原料，它担负着切削工作。因此，磨料必须锋利，并具备高的硬度、良好的耐热性和一定的韧性。常用磨料的主要特性见表 5-1。

表 5-1　砂轮常用磨料主要特性

系列	名称	主要成分	显微硬度（HV）	颜色	特　性
氧化物系	棕刚玉	Al_2O_3	2200～2288	棕褐色	硬度高,韧性好,价格便宜
	白刚玉		2200～2300	白色	
碳化物系	黑碳化硅	SiC	2840～3320	黑色带光泽	硬度高于刚玉,性脆而锋利,有良好的导热性和导电性
	绿碳化硅		3280～3400	绿色	
高硬磨料	立方氮化硼	立方氮化硼	8000～9000	黑色	硬度仅次于金刚石,耐磨性和导电性好,发热量小
	人造金刚石	碳结晶体	10000	乳白色	硬度极高,韧性很差,价格昂贵

b. 粒度　粒度是指磨料颗粒尺寸的大小，分为磨粒和微粉两类。对于颗粒尺寸大于 $40\mu m$ 的磨料，称为磨粒。用筛选法分级，粒度号以磨粒通过的筛网上每英寸长度内的孔眼数来表示。如 60 号的磨粒表示其大小刚好能通过 60 目的筛网。对于颗粒尺寸小于 $40\mu m$ 的磨料，称为微粉。用显微测量法分级，用 W 和后面的数字表示粒度号，其 W 后的数值代表微粉的实际尺寸。如 W20 表示微粉

的实际尺寸为 $20\mu m$。

c. 结合剂及其选择　砂轮中用以黏结磨料的物质称结合剂。砂轮的强度、抗冲击性、耐热性及抗腐蚀能力主要决定于结合剂的性能。常用结合剂主要性能及用途见表 5-2。

表 5-2　常用结合剂主要性能及用途

种类	代号	性　能	用　途
陶瓷	V	耐热性、耐腐蚀性好、气孔率大、易保持轮廓、弹性差	适用于砂轮线速度 $v<35m/s$ 的各种成形磨削、磨齿轮、磨螺纹等
树脂	B	强度高、弹性大、耐冲击、坚固性和耐热性差、气孔率小	适用于 $v>50m/s$ 的高速磨削,可制成薄片砂轮,用于磨槽、切割等
橡胶	R	强度和弹性更高、气孔率小、耐热性差、磨粒易脱落	适用于无心磨的砂轮和导轮、开槽和切割的薄片砂轮、抛光砂轮等
金属	M	韧性和成形性好、强度大、但自锐性差	可制造各种金刚石磨具

d. 硬度　砂轮的硬度是指砂轮表面上的磨粒在磨削力作用下脱落的难易程度。砂轮的硬度软,表示砂轮的磨粒容易脱落,砂轮的硬度硬,表示磨粒较难脱落。砂轮的硬度和磨料的硬度是两个不同的概念。同一种磨料可以做成不同硬度的砂轮,它主要决定于结合剂的性能、数量以及砂轮制造的工艺。磨削与切削的显著差别是砂轮具有"自锐性",选择砂轮的硬度,实际上就是选择砂轮的自锐性,希望还锋利的磨粒不要太早脱落,也不要磨钝了还不脱落。

e. 组成结构　砂轮的组成结构是指组成砂轮的磨粒、结合剂、气孔三部分体积的比例关系。通常以磨粒所占砂轮体积的百分比来分级。砂轮有三种组织状态:紧密、中等、疏松。组织号越小,磨粒所占比例越大,砂轮越紧密;反之,组织号越大,磨粒比例越小,砂轮越疏松。

③ 砂轮的使用注意事项

a. 安装过程中的注意事项　对于台式砂轮来说,安装时首先要对砂轮的安全质量进行检测,可用尼绒锤(也可以用笔)轻敲砂轮侧面,声响清脆则没问题。

——定位问题。砂轮机安装在什么位置,是安装过程中首先要考虑的问题,只有选定了合理又合适的位置,才能进行其他的工作。砂轮机禁止安装在正对着附近设备及操作人员或经常有人过往的地方,一般较大的车间应设置专用的砂轮机房。如果确因厂房地形的限制不能设置专用的砂轮机房,应在砂轮机正面装设不低于 1.8m 高度的防护挡板,并且挡板要求牢固有效。

——平衡问题。砂轮的不平衡主要是由砂轮的制造和安装不准确,使砂轮重心与回转轴不重合而引起的。不平衡造成的危害主要表现在两个方面,一方面在砂轮高速旋转时,引起振动,易造成工件表面产生多角形振痕;另一方面,不平衡加速了主轴的振动和轴承的磨损,严重时会造成砂轮的破裂,甚至造成事故。因此,砂轮在安装后应先进行静平衡,砂轮在经过整形修整后或在工作中发现不平衡时,应重复进行静平衡。

——匹配问题。匹配问题主要是指卡盘与砂轮的安装配套问题。按标准要求,砂轮卡盘直径不得小于被安装砂盘直径的1/3,且相应规定砂轮磨损到直径比卡盘直径大10mm时应更换新砂轮。这样就存在一个卡盘和砂轮的匹配问题,否则会出现这样的情况,"大马拉小车"造成设备和材料的浪费;"小马拉大车"又不符合安全要求,易造成人身事故。因此,卡盘与砂轮的合理匹配,一方面可以节约设备,节约材料;另一方面又符合安全操作要求。此外,在砂轮与卡盘之间还应加装直径大于卡盘直径2mm,厚度为1~2mm的软垫。

——防护问题。防护罩是砂轮机最主要的防护装置,当砂轮在工作中因故破坏时,能够有效地罩住砂轮碎片,保证人员的安全。砂轮防护罩的形状有圆形和方形两种,其最大开口角度不允许超过90°;防护罩的材料为抗拉强度不低于415N/mm²的钢。更换新砂轮时,防护罩的安装要牢固可靠,并且防护罩不得随意拆卸或丢弃不用。

——托架问题。托架是砂轮机常用的附件之一,按规定砂轮直径在150mm以上的砂轮机必须设置可调托架。砂轮与托架之间的距离应小于被磨工件最小外形尺寸的1/2,但最大不应超过3mm。

——接地问题。砂轮机使用动力线,因此设备的外壳必须有良好的接地保护装置。这也是易造成事故的重要因素之一。

b. 使用过程中的注意事项

——侧面磨削问题。在砂轮机的日常使用中,有的操作者不分砂轮机的种类、不分砂轮的种类,随意地就使用砂轮的侧面进行磨削,这是严重违反安全操作规程的违章操作行为。按规程用圆周表面做工作面的砂轮不宜使用侧面进行磨削,这种砂轮的径向强度较大,轴向强度很小,操作者用力过大时会造成砂轮破碎,甚至伤人,在实际的使用过程中应禁止这种行为。

——正面操作问题。在日常的使用中,许多操作者总习惯正对着砂轮进行操作,原因是这个方向上能用上劲,其实这种行为是砂轮机操作中应特别禁止的行为。按操作规程,使用砂轮机磨削工件时,操作者应站在砂轮的侧面,不得在砂轮的正面进行操作,以免砂轮出故障时,砂轮飞出或砂轮破碎飞出伤人。

——用力操作问题。在砂轮机的使用时,有些操作者,尤其是年轻操作者,为求磨削的速率快,用力过大过猛,这是一种极不安全的操作行为。任何砂轮的本身都有一定的强度,这样做很可能会造成砂轮的破碎,甚至是飞出伤人,也是一种应禁止的行为。

——共同操作问题。在实际的日常操作中,也有这样的情况发生,有人为赶生产任务、抢工作时间，两人共用一台砂轮机同时操作，这是一种严重的违章操作行为，应严格禁止。一台砂轮机不够用的时候，可以采用添加砂轮机的办法解决，绝对不允许同时共用一台砂轮机。

c. 更换过程中的注意事项

——磨损问题。任何砂轮都有它的一定的使用磨损要求，磨损情况达到一定的程度就必须重新更换新的砂轮。不能为了节约材料，就超磨损要求使用，这是一种极不安全的违章行为。一般规定，当砂轮磨损到直径比卡盘直径大 10mm 时就应更换新砂轮。

——有效期问题。从库房领出的新砂轮不一定是合格的砂轮，甚至从厂家买进的新砂轮也不一定是合格的砂轮。任何砂轮都有它一定的有效期限，在有效期限内使用，它是合格砂轮；超过有效期使用，就不一定是合格的砂轮。规程规定"砂轮应在有效期内使用，树脂和橡胶结合剂砂轮存贮一年后必须经回转试验，合格者方可使用"。

——质地问题。在使用过程中，如果发现砂轮局部出现裂纹，应立即停止使用，重新更换新的砂轮，以免造成砂轮破碎伤人事故。

d. 其他应注意事项

——环境问题。砂轮机一般应设置专用砂轮机房，且严禁在砂轮机房或砂轮机附近堆放易燃易爆的物品，以免发生火灾或爆炸事故，也不应在砂轮机附近乱放其他零件或物品。

——管理问题。砂轮机应有专人负责，凡非本单位人员欲在砂轮机上磨削物件时，需经专职负责人许可，并且严格遵守安全操作规程，严禁未经负责人员同意，外人私自乱用砂轮机。此外，砂轮的更换亦应由专人负责，禁止他人私自更换、安装砂轮。

——关车问题。操作人员停止工作后，应立即关车。禁止砂轮机在无人使用、无人管理的情况下空转。此外，使用后应保持中短波轮机的清洁。

（2）砂条　打磨时用砂条（图 5-3）将雕刻工具造成的痕迹一点一点磨掉，使毛刺和崩口修复的圆滑。细砂条一轮一轮换细，一般可以从 200～400 目开始换三到四次直到后来的 1500 目以上，甚至更高的目数。砂条受用的材料一般有绿碳化硅、白刚玉、棕刚玉、碳化硼、红宝石（又名烧结刚玉）和天然玉等。

砂条打磨的工艺步骤如下。

① 先用较粗糙的砂条，把雕刻留下的刀痕初步打磨平整。

② 用粗砂条做第二遍认真处理，处理完成后，雕刻的刀痕已荡然无存，只留下了砂条的打磨痕。前两步可以稍微用力一些，是为了去除刀痕。

③ 用细砂条，进一步打磨，注意不要用力，进行轻轻地揉搓，用力大的话，

图 5-3 砂条

容易给玻璃留下砂条的痕迹。这一步类似于抛光，需要的时间较长，细节处需要注意。

5.2 自动雕刻

5.2.1 自动雕刻分类

目前根据工作原理，自动雕刻机分为程序控制自动雕刻和光学控制自动雕刻两种。

（1）程序控制自动雕刻机 以德国的 BM3BS 型自动雕刻机为例，其工作原理是先把要加工的花纹图案在坐标图上画出曲线，再把曲线整理成数字程序，根据数字程序来铣制凸轮。雕刻机对玻璃制品进行雕刻，就是用凸轮来控制玻璃制品的旋转与走刀，使磨轮在玻璃制品表面刻出花纹，如图 5-4 所示，玻璃制品的旋转与走刀由凸轮在 0°～300°范围内的运动来实现，并保留 60°作为回程。凸轮

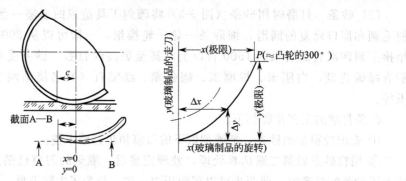

图 5-4 玻璃制品雕刻曲线与玻璃制品旋转及沿轴向走刀值合成示意

的最大行程为 80mm，因而玻璃制品的走刀值也就是 80mm，雕刻深度由磨轮施加给玻璃制品的压力来调整。

　　磨轮采用金刚砂轮，最大直径为150mm，最大宽度为 18mm。由于雕刻图案由圆弧组成，很容易用数学公式表达，使各点次序紧密地相互连续排列，可以非常准确。对于不同图案，采用不同的凸轮即可，而更换凸轮只需 30min。德国 SM8 型 8 工位的自动雕刻机，可以刻横、纵、圆、点等，生产速度为每班（8h）600 件，显然比人工雕刻的效率高得多。

　　（2）光学控制自动雕刻机　光学控制自动雕刻机是利用光电头在特殊制备的图样的纸带上进行扫描，通过扫描给相应的电机以三种不同的信息：玻璃制品走刀值、玻璃制品旋转值、磨刻头位置，从而控制磨轮按要求的图案刻在玻

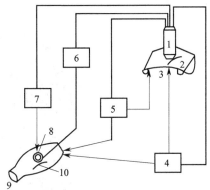

图 5-5　光学控制自动雕刻机原理示意
1—光电头；2—花纹；3—纸带；4—玻璃制品
旋转电机与纸带传动电机；5—玻璃制品走刀
（y 方向）进给和纸带传动电机；6—磨刻压力
转换器；7—研磨头传动电机；8—研磨轮；
9—玻璃制品；10—花纹

璃制品上。光学控制自动雕刻机原理如图 5-5 所示。雕刻的深度可以用控制磨盘的压力、连续改变走刀的速度或两者结合起来。采用此类型雕刻机最大的优点是在最短的时间内按图样进行磨刻，磨刻图案内的刻线可以紧密排列，不需要特殊装置即可进行曲线磨刻，变更图案的设备调整时间很短。雕刻机有 8 个工位，磨刻时间根据图案而定，一般在 5～15min 之间，这种设备的生产效率是很高的。

5.2.2　精细自动雕刻

　　使用金刚砂轮雕刻一般只能雕刻多棱图案和几何花纹，对于人物、风景和文字等细腻图案则显得费力，应使用铜制的研磨轮进行精细雕刻。

　　玻璃表面的精细雕刻包括凹雕、浮雕、半圆雕、透雕等形式，以凹雕和浮雕为主。凹雕是在玻璃表面上雕刻出凹凸形而不同层次的人物、山水、动物和文字等花纹；浮雕是在玻璃表面以绘画的图样进行雕刻，刻有一些背景，再雕出有一定凸度的人物像、图案等。精细雕刻立体感和真实感强，刻法复杂，艺术性较高。要达到雕刻的作品精制、高雅，玻璃要选用透明度高、硬度低的材质，如铅晶质玻璃。

　　精细雕刻使用的铜制研磨轮，直径为 5～10mm，厚为 1～3mm，由 60 种左右的研磨轮配成一组，铜盘的转速为 300～500r/min，具体根据铜轮直径和雕刻

花纹而定，在雕刻机上装有变速器或塔轮，可根据需要随时调整转速。精细雕刻机的结构如图 5-6 所示。

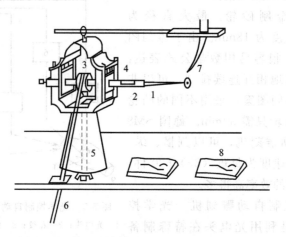

图 5-6　精细雕刻机的结构示意
1—铜轮；2—支撑轴；3—传动轮；4—旋转轴承；5—支撑座；
6—皮带；7—小皮片；8—肘支撑垫片

铜轮的边缘，根据所雕刻的花纹的情况呈锐角或扁平状。在雕刻过程中，铜轮的边缘会产生磨损，可用钢制切割刀进行切削修整，以保持要求的形状。雕刻用磨料有矾土（Al_2O_3）、金刚砂等，根据雕刻情况可分别选用 M-28、M-20、M-14、M-10 和 M-5 标号的金刚砂。在雕刻时将金刚砂加入亚麻仁油中混合膏状使用。

雕刻前，先在玻璃制品上画成花纹的草稿，然后手持玻璃制品放在铜轮的下方，进行雕刻。与普通雕刻相反，普通雕刻是手持玻璃制品放在研磨轮的上方。

加入磨料时用铜轮雕刻的花纹是半透明的，由于雕刻的深浅不同而呈现立体感，为了增加装饰效果，在图案的个别部分可用木轮以浮石或氧化锡粉为抛光剂进行抛光而使此部分呈现透明。

5.2.3　车刻

车刻玻璃是通过车刻工具对玻璃进行雕刻、抛光，从而使玻璃表面产生出晶莹剔透的立体线条，构成简洁明快的现代画面，广泛用于门窗、书柜、酒柜等的玻璃，起到点缀装饰作用。

玻璃车刻机（图 5-7），是一种能在平面玻璃（钢化玻璃，水晶玻璃等）上面进行磨削、抛光的数控机器设备，又名玻璃刻花机、玻璃雕刻机、玻璃磨花机、玻璃雕花机。全自动数控玻璃车刻机适用于各种形状平板玻璃上加工各种图案。玻璃车刻机一次可同时加工多块玻璃，加工速率快，生产效率高，性能优良。且玻璃车刻机的抛光效果和原玻璃几乎没有差别。

图 5-7 玻璃车刻机

数控玻璃车刻机采用计算机辅助设计系统,可根据要求配置刀库及换刀系统,广泛用于玻璃及镜子刻槽、抛光,从图案设计到产品加工全程。全自动数控玻璃车刻机适用于各种形状平板玻璃上加工各种图案。图案输入有两种方法:在计算机上自己设计图形输入和其他图形扫描输入。内部设有图库,内部有多种图形供用户选择,采用自动换刀与自动润滑装置功能。图形输入好后按启动按钮,磨削与抛光完成后自动停机。一次可同时加工多块玻璃,加工速率快,生产效率高,性能优良。

玻璃车刻机工作步骤如下。

① 输入图案 图案输入有两种方法:在计算机上自己设计图形输入和其他图形扫描输入。玻璃车刻机内部设有图库,内部有多种图形供用户选择。

② 开始加工 操作员调整定位坐标,待调整完毕,按启动按钮,机器使用磨砂轮进行磨削。

③ 进行抛光 磨削完毕后,机器自动换刀(换成抛光轮)进行抛光。

④ 加工完毕,机器自动停机。

5.3 喷砂雕刻

喷砂玻璃是用水混合金刚砂等磨料高压喷射在玻璃表面,从而形成半透明的雾面效果,具有一种朦胧的美感。性能上基本上与磨砂玻璃相似,不同的是改磨砂为喷砂。在居室的装修中,主要用在表现界定区域却互不封闭的地方,如在餐厅与客厅之间,可用喷砂玻璃制成一道精美的屏风。

喷砂技术经过不断发展、提高和完善,以其独特的加工机理和广泛的加工、应用范围,使其在当今的表面处理行业中越来越受到青睐,已广泛地应用于机械制造、仪器仪表、医疗器械、电子电器、纺织机械、印染机械、化工机械、食品机械、工具、刃具、量具、模具、玻璃、陶瓷、工艺品、机械修理等等众多领域。

喷砂与传统的人工处理、机械式处理、化学处理相比，不但成本低、质量高、不会造成环境污染、不会对操作人员的健康造成损害，而且还能实现许多上述工艺方法无法达到的效果。

5.3.1 喷砂的基本原理

喷砂是利用高速喷向玻璃表面的砂流产生冲击力，使玻璃表面形成纵横交错的微裂纹，进一步的冲击使微裂纹扩展及新微裂纹产生，达到一定程度时玻璃表面质点就呈贝壳状剥落，从而形成粗糙的表面，光线照射后产生散射效应，呈现不透明或半透明的状态。

磨料在某种外动力的作用下作高速运动，形成磨料射流。对于干式喷砂而言，外动力是压缩空气；对于液体喷砂而言，外动力为压缩空气和磨液泵的混合作用。喷砂所用磨料有石英砂、碳化硅、碳化硼、刚玉、玻璃细珠等。颗粒度一般为 0.06～0.12mm，0.12～0.25mm，0.25～0.5mm 三种级别。可根据玻璃制品大小，喷砂精细度要求等选用。若花纹线条细密或雕刻图案精致时，易采用光滑的细磨料；而若图案粗犷或大面积喷砂时宜采用粗磨料。已使用过的磨料应回收，经颗粒分级后再反复使用。喷砂玻璃的表面容易脏，并且缺少光泽。要求高的产品要用氢氟酸和硫酸的混合液进行适当处理。

喷砂面的组织结构决定于气流速率，沙砾硬度，尤其是沙粒的形状和大小，细砂粒使表面形成微细组织，而粗沙砾能增加喷砂面被侵蚀的速率。

5.3.2 喷砂雕刻的方法

喷砂雕刻工艺流程为：设计制作镂空图案底版→底版贴在玻璃制品表面或加保护层→喷砂→除去保护层→清洗干燥→喷砂雕刻制品。

喷砂雕刻的主要方法有普通喷砂雕刻和感光喷砂雕刻。其中普通喷砂雕刻又分为干喷砂和液体喷砂。

(1) 普通喷砂雕刻　普通喷砂雕刻的方法是：在清洁处理好的玻璃上贴上白色或其他浅色的即时贴，然后在其上绘制图案，绘画基础好的美工师可直接把所刻的图案绘上，或者先在纸上绘出所需图案，定稿后再拷贝在即时贴上。需要注意的是，带有文字的图案一定要镜像拷贝，这样成品后从玻璃的另一面观看才能是正图。另外，像隔栏四方联或两方联这样的图案可根据美工师的习惯而采用适当的方法。用美工刀按照美工师绘出的线条刻出即时贴上的图案，但注意不能把雕刻的即时贴揭掉。

进喷砂房雕刻时先从最前景开始用美工刀将已雕刻好的即时贴剥掉，在剥去即时贴裸露出玻璃表面的地方，用喷砂枪随裸露出的玻璃图案喷砂雕刻，边沿与内部雕刻出的深度尽量一致。然后，用同样的方法依次雕刻中间景或物，远景可放到最后逐一雕刻。需要注意的是在操作过程中不能一次把即时贴剥完，要揭一块刻一块，这样雕刻出的图文才能有前后层次和空间感。同时还要根据玻璃自身的厚度来决定图案深度，避免刻穿。雕刻完成后，经清洁处理后用喷画法上色。用此种方法雕刻出来的景和物层次分明，具有较强的浮雕效果，特别是在灯光照射下更显华贵。

① 干喷砂　即干燥的磨料在压缩空气的作用下从喷枪高速喷出，实现清理、加工的目的。干喷砂按照工作原理分类，又可分为吸入式（也称普压式和吸送式）和压入式（也称高压式和压送式）两类。

a. 吸入式　吸入式干喷砂是以压缩空气为动力，通过气流的高速运动在喷枪内形成负压，将磨料通过输砂管吸入喷枪并从喷嘴射出，喷射到被加工表面，从而达到预期的加工目的。

b. 压入式　压入式干喷砂是以压缩空气为动力，通过压缩空气在压力罐（也称砂罐）内建立的工作压力，将磨料经调砂阀压入喷砂胶管、从喷嘴高速射出，喷射到被加工表面，从而达到预期的加工目的。

在干式喷砂中，压缩空气既是供料动力又是射流的加速动力。由于在压入式干喷砂中，磨料经压缩空气加速的时间和行程远大于吸入式干喷砂（只在喷嘴处对磨料进行加速），因此压入式比吸入式有着更高的效率。

② 液体喷砂　液体喷砂也称湿喷砂和水喷砂，是以磨液泵作为磨液［磨料和水的混合液，质量比一般为(1∶5)～(1∶7)］的供料动力，通过磨液泵将搅拌均匀的磨液输送到喷枪内。压缩空气作为磨液的加速动力，通过输气管进入喷枪，对喷枪内的磨液加速，并经喷嘴射出，喷射到被加工表面，从而达到预期的加工目的。在液体喷砂中，磨液泵为供料动力，压缩空气为加速动力。

液体喷砂相对于干喷砂来说，不但很好地控制了喷砂加工过程中的粉尘，改善了喷砂操作的工作环境而且在有色金属铸件和不锈钢表面光饰加工、模具清理、改善零件的使用性能、提高精密零件表面质量、降低齿轮曲轴等机械运转噪音等诸多方面，液体喷砂的优越性是干喷砂所无法比拟的。

（2）感光喷砂雕刻　感光喷砂雕刻方法要先将一种感光水转印纸感光产生抗砂层后，再将其转印在平板或异形玻璃以及其他硬质材质上，如工艺陶瓷、石材、钛金板、不锈钢板等金属装饰材料，而后进行喷砂雕刻装饰。雕刻出的图案花纹精细、线条流畅、立体感强，可得到独特的个性化作品。

在水转印纸上涂布 UV 感光层经紫外线感光，光源可选 3kW 镝灯、碘镓灯、卤素灯、高压汞灯等。用清水显影，感光乳化层本身遇水后有一定的黏度，所获图案可直接牢牢地转贴在承印物上，干燥后进喷砂房进行砂刻，砂料可选60目以上石英砂、金刚砂，砂目数越高雕刻出的作品越细腻精美。感光喷砂雕刻的工艺包括以下几个步骤。

① 手绘或计算机设计图案；

② 通过照相制版或计算机镜像输出软片；

③ 在安全光（红光）下裁切水转印纸；

④ 把软片与水转印纸感光面紧贴抽真空晒制；

⑤ 清水显影；

⑥ 转印承印物热固；

⑦ 进喷砂房进行砂刻；

⑧ 水洗去膜；

⑨ 经过整修处理得到成品。

5.3.3　喷砂雕刻底版的制作

镂空图案底版可用纸、橡胶、金属薄板等雕刻而成。纸制底版常用一种特殊纸，一面涂有压敏胶。将纸平覆在玻璃上，轻微加压即可紧贴在玻璃表面。然后用小刀在纸上雕刻图案花纹，进行镂空。此法特别适用于平板玻璃喷砂雕刻，但缺点是不能深刻，且用纸是一次性的。

镂空底版也常用橡胶带和PVC胶带。橡胶带背面涂有胶，可直接粘贴在玻璃表面，易于雕刻镂空。其中薄胶带适用于浅雕，但也是一次性的，而厚橡胶带可做深雕，并适用于各种形状的玻璃制品，且能反复使用。PVC（聚氯乙烯）胶带为合成制品，用其所制作底版不易开裂，弹性好，且能反复使用，适合深雕，但刻制图案稍困难些。

金属底版常用的是0.5～2mm的铅片或锌片，柔性及弹性均较好，易镂空雕刻图案，也能紧贴于玻璃表面，使用寿命长，可反复使用数十次，但不适用于制作精细图案。

涂保护层法主要适用于不规则形状的玻璃制品和形状特别复杂的玻璃工艺品。所涂保护层由无机材料加黏结剂配制而成。无机物主要有滑石粉、白垩粉等；黏结剂主要有松香、甘油、沥青、黄蜡、松节油、动物胶等按一定比例配制。保护胶要现用现配，按比例调配，充分搅拌并加热。施加保护胶层可采用浸入法、浇浆法、涂抹法和丝网印刷法。保护胶要趁热涂在玻璃表面，待适当固化后，即可用小刀雕刻或按丝网印刷程序（适合于精细图文、商标）制作镂空花纹图案，然后进行喷砂。喷砂雕刻用保护层配方见表5-3。

表 5-3　喷砂雕刻保护层配方　　　　　　　　　单位：g

原　　料	配　方　序　号			
	1	2	3	4
滑石粉	—	1050	300	60
氧化锌	300	—	—	—
甘油	—	1350	—	—
松香	—	—	—	25
清漆	—	—	—	40
沥青	—	—	—	600
黄蜡	—	—	—	30
亚麻仁油	—	—	1000	—
松节油	—	—	100	100
动物胶	100	1250	—	—
水	600	1500	—	—

在涂保护层前，玻璃表面必须进行清洁处理，以洗去灰尘、油污等，然后干燥，以增加涂层的附着力，防止涂层开裂，对于特殊形状和复杂形状的小型玻璃制品可将其浸入在保护胶中，片刻取出，使保护层均匀地黏附在玻璃表面。对于大型、复杂形状的玻璃制品，操作方法与陶瓷浇釉法相似。涂抹法系用毛刷将保护胶涂在玻璃表面，适用于平板玻璃。对于大面积平板玻璃，也可用胶辊涂抹，一般需多次涂刷，涂层厚度与喷砂雕刻深度有关。

5.3.4　玻璃喷砂机

（1）玻璃喷砂机的结构　生产喷砂玻璃主要设备包括喷砂机、压缩空气系统和磨料处理装置等。喷砂机根据高速喷射的能源不同有四种形式：气压喷砂机，真空喷砂机，蒸汽喷砂机和特种高压喷砂机。一般工厂均采用气压喷砂，即利用压缩空气或高压风机产生的高速气流喷砂。

气压玻璃喷砂机（图 5-8）主要包括空气压缩机、工作室、料斗、喷枪及吸砂管、压缩空气管及除尘装置等几个部分。

① 空气压缩机　空气压缩机为喷砂射流时提供足够的压缩空气，一般空气压力指标为 0.4～1.0MPa 为宜，气压过大产生的压力可能会打碎加工玻璃，气压不足而无法雕刻部件。空气机最适宜的

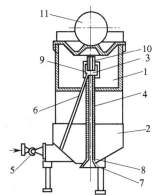

图 5-8　气压玻璃喷砂机结构示意

1—工作室；2—料斗；3—喷口；4—喷管；5—压缩空气阀；6—压缩空气管道；7—喷砂口；8—锥形钟罩；9—喷嘴；10—喷砂嘴（喷笔）；11—玻璃制品

贮气量是$1.0m^3/min$。足够的贮气量可以保证喷砂时有充足的时间来随意尽兴表达雕刻对象，贮气量太小则不能维持加工雕刻部件的连续性。

② 喷枪 喷砂雕刻玻璃时一般采用缸吸式喷枪，它可以自由扣动扳机开关，随时可以发射和停止，并可以满足点、线、面的喷射要求。当满足砂雕技艺需要较高时，最好选用可以调整出砂量的喷砂枪。

喷枪的喷嘴在使用过程中容易磨损，为保证其工作性能和使用寿命，必须选择合适的材料，通常采用硬质合金、精细陶瓷和碳化硼制造。硬质合金易于加工，抗冲击强度高，但硬度和使用寿命低；碳化硼硬度高，使用寿命是硬质合金的4倍，但脆性大。一般喷嘴的直径分为6mm、8mm和10mm，空气喷嘴的直径分为1.5mm、2mm、2.5mm、3mm和4mm，精细喷砂设备的圆形喷嘴直径分为0.4mm、0.6mm、0.8mm、1.2mm、1.5mm和1.8mm，矩形喷嘴尺寸分为0.2mm×2mm。喷嘴距离玻璃表面为50mm左右。压缩空气用量与喷嘴直径、空气压力的关系见表5-4。

表 5-4 压缩空气用量与喷嘴直径、空气压力的关系

喷嘴直径/mm		不同压力下压缩空气用量/(L/min)	
空气喷嘴	喷射喷嘴	0.59MPa	0.78MPa
1.5	4	150	190
2	5	250	325
2.5	6	400	520
3	8	560	730
4	10	1000	1300

③ 工作室 工作室是防止砂雕时溢出飞砂对操作人员产生伤害的保护装置，根据工作箱的大小可分为微型工作箱、中型工作箱和大型工作箱。工作箱的大小视企业规模而定，一般使用中型工作箱，大小工件可以兼顾。

④ 喷砂嘴 喷砂嘴是砂雕玻璃上色所用的工具。

(2) 玻璃喷砂机的使用及注意事项

① 玻璃喷砂机的使用 玻璃喷砂机采用压送式喷砂机构，即利用压缩空气在高压罐内高速流动行成高压作用，将高压罐内的砂料通过输砂管喷出，然后随压缩气流由喷枪嘴高速喷射到工件表面，达到喷砂加工的目的。本机的设计新颖，操作简单方便，加工效能好，能源消耗低。喷砂雕刻的工艺过程如下。

a. 用保护膜贴于同面积待雕刻的玻璃上；

b. 设计好的图案印于保护膜上；

c. 用美工刀或保护膜雕刻刀刻出图案，注意要刻透保护膜；

d. 将需要喷砂雕刻的部分揭除掉；

e. 用喷砂枪对揭掉保护膜的部分进行分层次雕刻。

② 玻璃喷砂机使用中的注意事项　在应用玻璃喷砂机生产喷砂玻璃过程中，应注意如下事项。

a. 喷枪离玻璃的距离要得当，距离太小使得压力过大容易打伤玻璃，反之则气量不足。

b. 喷枪移动的速度要稳定，以保持雕刻工艺的连续性。

c. 打出的砂要及时看是否均匀，如有不出砂或出砂不均匀的时候，要检查喷枪嘴是否堵塞或者检查通金刚砂的管道是否堵塞并清理。

d. 透过背光灯观察雕刻出来的肌理是否均匀，不均匀的地方要及时进行修整。

e. 完成雕刻后，先用清水冲洗干净余砂，把刻绘纸揭下来，再用清水把余砂清除干净，此处需注意，一定不要将余砂留在玻璃表面，以免放置玻璃时金刚砂将玻璃表面划伤。

（3）玻璃喷砂安全操作规程

① 工作时，必须戴好防尘口罩和防护眼镜。

② 喷砂前，应先起动通风除尘设备，并检查设备各部分是否正常。

③ 没有通风除尘设备或通风除尘设备发生故障时，不准进行喷砂工作。

④ 必须把喷砂室门及观察玻璃窗关上后，方准进行喷砂工作。

⑤ 开动喷砂机时，应先开压缩空气开关，后开砂子控制器；停机时，应先停砂子控制器，后停压缩空气。

⑥ 观察玻璃必须保持透明。喷砂的喷嘴应保持畅通，如有堵塞应进行修理，不得敲打喷砂机。

5.4　激光雕刻

激光雕刻是 20 世纪末兴起的一项高新技术，用激光雕刻加工玻璃是利用计算机控制技术为基础，激光为加工媒介，使玻璃在激光照射下瞬间的熔化和汽化的物理变性，达到加工的目的。激光可以在玻璃表面雕刻，也可以在透明的玻璃内部雕刻出由精细明亮的点组成的立体图案。

5.4.1　玻璃表面激光雕刻

5.4.1.1　基本原理

玻璃表面雕刻是将激光器发射的激光通过透镜聚焦到玻璃表面，玻璃吸收光能后，将光能转变为热能，使玻璃表面加热、熔化、汽化，在剧烈的汽化过程中，产生加大的蒸汽压力，此压力排挤和压缩熔融玻璃，造成了溅射现象。此时溅射速率很快，达到 340m/s，形成很大的反冲，在玻璃表面造成定向冲击波，在冲击波的作用下，是表面层产生微裂纹并剥落。另外，由于激光的是局部加热，微区温度很高，而附近区域仍处于低温，这种温度不均所引起的表面热膨胀不一致，产生很大的应力，也引起玻璃表面裂纹和剥落，达到玻璃表面雕刻的目的。

由于玻璃对可见光的透过性，仅吸收中、近红外线，所以输出可见光的激光器就不适用于玻璃加工，只有输出中、近红外线的激光器才适用，如 CO_2 激光器、YAG 激光器可用于玻璃雕刻。

CO_2 气体分子激光器是以掺有 N_2、He 和 CO_2 气体为工作物质，采用气体放电进行激发，在一定能级间产生受激辐射，再通过光学共振腔，提供光学反馈能力，使受激辐射光子在腔内多次往返以形成相干的持续振荡，并限制振荡光的方向和频率，保证激光具有一定的定向性和单向性。CO_2 激光器输出波长主要在 $10.6\mu m$ 附近的中红外区，有利于玻璃吸收，同时器件能量转换率比较高，可到 20%，在脉冲运转下，达到较高能量（数千焦耳以上）的脉冲输出，目前横流 CO_2 激光器每米放电长度输出功率可达 3000W。

YAG 固体激光器是以掺 Nd^{3+} 的钇-铝石榴石为工作物质，具有四能级系统，量子效率高，受激辐射截面大，阈值极低，热稳定性好，热导率高，热膨胀系数小，适合于脉冲连续、高重复频率等多种器件，输出波长为 $10.6\mu m$，平均功率 1000W，如采用多级串联、功率达 2000W 以上。

由激光器输出的激光需要用透镜聚焦，以提高功率密度。利用脉冲激光可以达到 $10^{10}℃/s$ 的加热速率，由于加热区域受到严格限制，产生的温度梯度大于 $10^6℃/cm$，足以使玻璃产生微裂纹而从表面剥落。

5.4.1.2 工艺流程

玻璃表面在激光雕刻前，需进行清洁处理，再在玻璃制品外覆盖雕刻花纹的镂空金属模板。为了减少激光透过模板给非雕刻部位的热量，可对模板进行涂黑等表面处理，以增加模板对激光的吸收。雕刻时将 CO_2 激光器发出的激光经光学聚焦形成所需形状的光斑后，对准模板的镂空部位。激光雕刻装置的工作原理如图 5-9 所示。

电源为激光器提供高压电源，在气体激光器中，电源直接激励气体放电

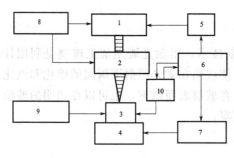

图 5-9 激光雕刻装置的工作原理

1—激光器；2—光学系统；3—待雕刻玻璃；4—工作台；5—电源；6—控制系统；7—机械系统；8—冷却系统；9—辅助能源；10—测试系统

管。光学系统的作用是把激光束从激光器输出窗口聚焦，获得雕刻所需的光斑形状、尺寸、大小及功率密度，进而引导到玻璃表面。机械系统包括对玻璃制品的上料、下料、夹紧、定位装置的运转、协调。控制系统是为了可调的工艺参数而设置的。在激光器的光电转换过程中，大部分能量转化为热能，工作温度的升高将导致输出功率和光束下降，冷却系统即起到稳定激光器件、光学器件热状态的作用，以提高激光器的输出功率和延长各部件的使用寿命。

　　激光雕刻设备的结构如图 5-10 所示。激光器 1 输出的激光束由控制系统 9 对活门片 2 进行控制操作，经聚焦透镜 3 聚焦后的激光束，通过喷嘴 4 作用于镂空模板 6 的玻璃制品 5 上，喷嘴可做水平运动，玻璃制品安放在由多工位托盘 7 的大旋转盘 8 上，通过机械传动系统 10，玻璃制品可以自转，大旋转盘旋转，以便将待雕刻玻璃制品送至激光雕刻位置，而多工位托盘 7 又能自转与垂直运动，以使整个玻璃制品外表都能与激光束接触，一个玻璃制品雕刻结束，大旋转盘就将该制品送走，转动后送上另一个玻璃制品至激光雕刻工位。聚焦透镜用水进行冷却，雕刻时高温蒸发出玻璃废气由废气排放系统 11 排除。采用 60W 的 CO_2 激光器在玻璃杯上刻葡萄叶的图案只需 35～55s。

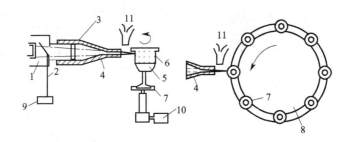

图 5-10　激光雕刻设备的结构示意

1—激光器；2—活门片；3—聚焦透镜；4—喷嘴；5—玻璃制品；6—镂空模板；
7—多工位托盘；8—大旋转盘；9—控制系统；10—机械传动系统；11—废气排放系统

5.4.1.3　工艺特点

　　利用激光进行雕刻玻璃，激光的能量密度必须大于使玻璃破坏的某一临界值，而激光在某处的能量密度与它在该点光斑的大小有关，同一束激光，光斑越小的地方产生的能量密度越大。这样，通过适当聚焦，可以使激光的能量密度在进入玻璃及到达加工区之前低于玻璃的破坏阈值，而在希望加工的区域则超过这一临界值，激光在极短的时间内产生脉冲，其能量能够在瞬间使玻璃受热破裂，从而产生极小的白点，在玻璃内部雕出预定的形状，而玻璃的其余部分则保持原样完好无损。

　　激光雕刻的工艺特点主要如下。

　　① 激光雕刻是以非机械式的刀具对玻璃进行装饰，对材料不产生机械积压

或机械应力，无刀具磨损；

② 精度高，激光雕刻永久牢固、清晰美观；

③ 无毒、无污染，能在大气中或保护气氛中进行加工；

④ 使用计算机编辑，灵活性强，速度快；

⑤ 不产生 X 射线，不会受到电场和磁场的干扰；

⑥ 可穿过透光物质对其内部零件进行加工；

⑦ 材料的消耗小，无热变形；

⑧ 可通过棱镜或反射镜对表面或倾斜面进行加工。

5.4.1.4 激光雕刻机

（1）简述 玻璃激光雕刻机（图 5-11）集激光、计算机、电子、精密机械技术于一体，是对传统雕刻工艺的重大突破。通常以 CO_2 作为激光工作物质，采用气体激光器系统产生的激光光束通过 X-Y 方向桁架式的精密驱动行走系统，利用专用激光雕刻软件来实现平面的雕刻或切割功能。

图 5-11 玻璃激光雕刻机

把所需雕刻图形或文字通过计算机编辑制作出雕刻文件，再通过计算机专用激光雕刻软件和专用接口将计算机发出的数字信号，如有效矢量步长（可控制笔画精细、深度、稀疏、速度）、空矢量步长（激光在间歇把空笔画划分许多等份，每一份的长度）、空矢量步长时（处理激光在间歇的每一份的步长的时间）、激光开延时（一个笔画结束后到另一个笔画的开始，由于存在着脉冲问题，开始点会形成重点，要让振镜往前走一段距离再打开激光）、激光关延时（笔画最后一个指令给出后，由于振镜的滞后性，要过一段时间才能达到指定位置）、激光能量释放时间（调整激光的发射能量）等，转换为模拟信号"驱动 X轴、Y 轴两个振镜"使激光束在空间运动，产生同步和发出脉冲激光信号，激光振镜的运动将要雕刻的图形或文字内容精确地、完整地雕刻在玻璃的表面上。

激光雕刻可分为掩模式雕刻、点阵式雕刻、振镜线性扫描雕刻三类。

① 掩模式雕刻 不需整个完整系统，自己制作一台标记装置就可进行加工，可减少费用；雕刻效率高，一次脉冲可雕刻出一组字符、条码或备案。

② 点阵式雕刻 一般是竖笔画 7 个点，横笔画 5 个点的 7×5 阵。

③ 振镜线性扫描雕刻 面积可大可小，范围一般是（50mm×50mm）～

（300mm×300mm）的面积，可以雕刻出各种文字和图形，变更灵活方便，可雕刻复杂图形和图像。

（2）激光雕刻机常见故障及处理　激光雕刻机常见的故障有激光头不发光、雕刻深浅不一或刻不深、复位不正常、漏刻等，具体如下。

① 激光头不发光

a. 按操作面板测试键观察电流表状态：如果没电流，则应检查激光电源是否接通、高压线是否松动或脱落，信号线是否松动；如果有电流，则应检查镜片是否破碎、光路是否严重偏移。

b. 检查水循环系统是否正常：如果不通水，则应检查水泵是否损坏或是否通电；如果通水，则应检查水压开关是否工作正常。

② 雕刻深浅不一或刻不深

a. 检查水循环系统水流是否流畅，如有水管弯折或水管破裂，则应及时维修或更换。

b. 检查焦距是否正常，如有异常，应重新校正。

c. 检查光路是否正常，如有异常，应重新校正。

d. 检查版材上铺纸是否过厚、水量是否过多，如有异常，应重新校正。

e. 检查横梁是否平行，如果不平行，可调节两边皮带至平行。

f. 检查镜片是否破碎，如有破碎，应及时更换。

g. 检查镜片或激光管发射端是否受污染，如果污染，应重新清洗。

h. 检查水温是否过高，如果温度过高，则应更换循环水。

i. 检查激光头或聚焦镜是否松动，如有松动，则应加紧。

j. 激光电流光强需达到 8mA，若激光管老化，则应及时更换。

③ 复位不正常

a. 检查传感器是否沾灰、接触不良或受损，如果有这些情况，则应擦净传感器上的灰尘或更换。

b. 检查柔性导带数据线是否接触不良或损坏，如果有这些情况，则应修剪数据线、重新拔插或更换数据线。

c. 检查地线接触是否可靠或高压线是否受损，如果有这些情况，则应重新接地或更换高压线。

d. 电动机线接触不良，重新接线。

④ 漏刻

a. 初始化不正确，已发送数据。应及时更正。

b. 操作顺序颠倒。应重新输出。

c. 静电干扰。检查地线是否脱落。

⑤ 清扫勾边错位、不闭合

　　a. 编辑好的文件是否正确。如不正确应重新进行编辑。

　　b. 所选目标是否超出版面。如果超出应重新选取。

　　c. 检查软件参数设置是否正确。如不正确应重新设置。

　　d. 计算机系统有误。可重新安装操作系统及软件。

　　e. 检查左右皮带松紧是否一致或后端皮带是否太松。如果有这些情况，则应将皮带加紧。

　　f. 检查皮带或同步轮是否打滑、跳齿。如果有这些情况，则应加紧同步轮或皮带。

　　g. 检查横梁是否平行。如不平行可重新调节左右皮带。

　　⑥ 计算机不能输出

　　a. 检查软件参数设置是否正常。如不正常则重新设置。

　　b. 雕刻机是否先按定位起动再输出。如非这样则应重新输出。

　　c. 检查机器是否事先没复位。如未复位则应重新更正。

　　d. 检查输出串口是否与软件设置串口一致，如不一致则应重新设置。

　　e. 检查地线是否可靠，静电是否干扰数据线，有这些情况可重新接地。

　　f. 更换计算机串口输出测试。

　　g. 重新安装软件并重新设置测试。

　　h. 格式化计算机系统盘重新安装软件测试。

　　i. 主板串口损坏需维修或更换。

　　⑦ 不能计算路径

　　a. 检查设置路径的计算方法是否正确，如不正确则应重新设置。

　　b. 检查图形文件格式是否正确，如不正确则应重新更正。

　　c. 卸除软件重新安装并设置。

　　⑧ 计算机常见问题

　　a. 字体逐渐减少，可重新安装操作系统。

　　b. 数据量太大不能计算激光路径，可等待一段时间或加大计算机内存。

　　c. 计算路径长时间没响应，可重新启动计算机测试。

5.4.2　激光玻璃内雕技术

5.4.2.1　基本原理

　　激光玻璃内雕技术是目前国际上最先进、最流行的玻璃内雕刻加工技术，它是将脉冲强激光在玻璃内部聚焦，产生微米级大小的汽化爆裂点，通过计算机控制爆裂点在玻璃体内的空间位置，构成绚丽多姿的立体图像，将玻璃等工件加工成惹人喜爱的工艺品。采用激光内雕机进行玻璃雕刻具有以下特点。

　　① 工作幅面大、激光频率高，雕刻速率快；

② 自动化程度高，可靠性好，连续工作时间长；

③ 使用的软件丰富，可制作各种平面、立体文字、图像等；

④ 非接触式加工，保证材料表面原有的光洁度；

⑤ 使用材料广泛，不仅水晶可进行雕刻，一般装饰用普通玻璃、有机玻璃等同名材料都可雕刻；

⑥ 雕刻的图像、文字灰度控制良好。使图像、文字高档、精致美观。

激光水晶内雕技术主要用于在玻璃体内部雕刻立体图像，如花、鸟、鱼、人、大自然美丽的风景及其他各种动植物。水晶良好的光学性能使雕刻的画意玲珑，如在天空，又如在水中。可广泛用于生产玻璃工艺品、纪念品，以及装饰玻璃的内部和表面图案的精细雕刻。

5.4.2.2　激光内雕工序

高能激光束作用于水晶等玻璃制品内，由于非线性光学效应，在玻璃制品内形成微点。激光在极短的时间内产生脉冲，其能量能够在瞬间使玻璃受热破裂，从而产生极小的白点，完成内雕工艺。伺服电机在计算机控制下，带动 X 轴、Y 轴、Z 轴三维工作台在空间内作轨迹运动，将出光头固定在三维工作台某一点上，通过计算机控制三轴联动的工作台和激光器形成有序的微点，将玻璃制品固定在工作台打标范围内，从而在工件上雕刻出有意义的文字或图标，系统组成框图如图 5-12 所示。

图 5-12　激光内雕系统框图

激光内雕机首先通过专用点云转换软件，将二维或三维图像转换成点云图像，然后根据电的排列，通过激光控制软件控制玻璃的位置和激光的输出，在玻璃处于某一特定位置时，聚焦的激光将在玻璃内部打出一个个的小爆破点，大量的小爆破点就形成了要内雕的图像。LGYAG-800 系列内雕机使用三维工作台（X、Y、Z）控制玻璃的位置（激光不移动），可以在玻璃内部雕出大幅面的图像。LJYAG-900 系列内雕机是使用振镜方式控制激光的聚焦坐标，使用 Z 轴控制玻璃上下移动的方式来达到在玻璃内部雕刻图像的目的。点云图像是通过专门的点云转换软件将普通的二维或三维图像转换后创建的由大量的微小点所组成的图像。这些点将由激光内雕机按照它们自己的排列方式一个一个地聚焦爆破在玻璃内部。所有微小的爆破点就形成了玻璃内雕图像。

目前有两种技术的激光内雕机：一种是采用半导体泵固体激光技术的内雕

机；另一种是灯泵 Nd-YAG 激光内雕机。半导体泵激光内雕机采用半导体泵固体产生激光，其具有高的雕刻速率，没有耗材，但其价格极高。灯泵激光内雕机采用氙灯泵产生激光，其雕刻速率较慢，有耗材，需要 2～3 个月更换一只氙灯，但其价格相对便宜很多。

5.4.2.3 激光内雕机操作规程

（1）开机顺序

① 合上设备操作面板上的总电源开关；

② 检查设备操作面板上的电压表指针所指示的数字，正常状态应为 AC220V±10％；

③ 检查设备操作面板上的急停开关是否处在弹出状态（弹出为正常工作状态，按下为紧急停止状态。正常工作时应为弹出状态）；

④ 打开设备操作面板上的钥匙开关；

⑤ 当设备操作面板上的钥匙开关打开后，请检查恒温冷水机的水泵是否运转，且冷水机面板上的水压指示表的指针所指示的数值，正常状态就为 2.4kgf/cm² 左右；

⑥ 打开激光电源面板上的钥匙开关；

⑦ 检查激光电源面板上的电压调节旋钮，此时调节旋钮应处于零位置（轻轻的逆时针方向旋不动即为零位置）。检查激光电源面板上的 Q-SW-ON 按钮（红色），以及出光外控按钮（EXT，红色），此两按钮正常雕刻时都应处于按下状态；

⑧ 按下激光电源面板上的预燃按钮（SIMMER，灰色），然后按下激光电源面板上的工作按钮（WORK，红色）；

⑨ 顺时针慢慢调节激光电源面板上的电压调节旋钮，直到激光电源面板上电压表显示的电压到工作电压（注：工作电压指的是雕刻水晶时的电压，随着氙灯的慢慢老化，工作电压也会慢慢的升高，需注意工作电压严禁超过 800V）

⑩ 启动计算机，然后打开设备操作面板上的驱动开关（绿色）。至此，开机过程结束。

（2）雕刻图形

① 双击打开内雕软件；

② 调入想要雕刻的图形；

③ 检查软件菜单"参数设置"中的玻璃尺寸是否和将要雕刻的玻璃尺寸一致；

④ 点击软件菜单"对中校准"或"自动系统原点校对"，进行系统原点自动校对；

⑤ 完成系统原点自动校对后，将玻璃固定在设备工作台上；

⑥点击软件界面右下角的"雕刻"，系统将自动完成图形的雕刻工作。

（3）关机顺序

① 关闭计算机；

② 关闭设备操作面板上的驱动开关（绿色）；

③ 将激光电源面板上的电压调节旋钮逆时针调节到零位置；

④ 当激光电源面板上电压表显示为 100V 以下时，将激光电源上的工作按钮 WORK（红色）按出到弹起状态。

5.5　玻璃等离子弧雕刻

5.5.1　工作原理

等离子体是由电离气体、电子和未电离的中性粒子（中性原子和分子）组成的集合体，这种气体整体显中性，但存在相当数量的电子和离子，其正负电荷几乎相等。等离子体由弧光放电、高频放电、微波放电等多种方法形成。高温等离子是继气体、液体、固体三态物质之后的第四态物质。

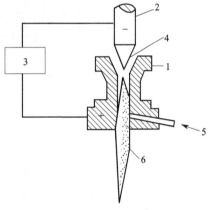

图 5-13　产生等离子弧的原理
1—喷嘴；2—后电极；3—电源；4—工作气体；
5—冷却水；6—等离子弧

用于玻璃表面雕刻的等离子体是由气体分子在强电作用下，发生电离，变成带负电的自由电子和带正电的离子，从而形成弧光放电。产生等离子弧的原理如图 5-13 所示。电弧经机械压缩（设有喷嘴）、热压缩作用（喷嘴周围冷却）以及磁收缩效应等，将电弧压缩成能量极高的等离子弧，形成高达 10000℃ 以上的高温。

玻璃雕刻时，将金属丝送入喷嘴，即形成金属离子焰流，此焰流较等离子焰流具有更高的能量，使接触的玻璃表面出现高度的软化和熔融，然后在进行冷却，当带有金属涂层的玻璃与未涂金属的玻璃同时冷却，由于玻璃与金属的热膨胀系数不同及表面冷却不均匀，玻璃基体产生内应力，形成玻璃表面的微裂纹，当微裂纹达到一定数量后，金属涂层即在玻璃表面上剥落。在等离子弧喷涂前，将玻璃制品表面套镂空花纹模板，喷涂后在镂空花纹处有金属涂层，经冷却，金属涂层和接触的玻璃表面出现剥落，也就在玻璃上刻出了花纹。

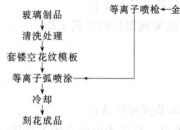

图 5-14 等离子弧雕刻工艺流程

5.5.2 工艺流程

等离子弧雕刻的工艺流程如图 5-14 所示。

雕刻的玻璃基体可用普通的钠-钙硅酸盐玻璃，玻璃表面在等离子弧喷涂前，先用丙酮或乙醇等溶去油污，再用洗涤液、自来水、去离子水清洗，之后干燥，套上按要求图案设计的镂空花纹模板，然后进行等离子弧喷涂。等离子弧喷涂可用手持式的等离子喷枪进行，等离子喷枪结构如图 5-15 所示。

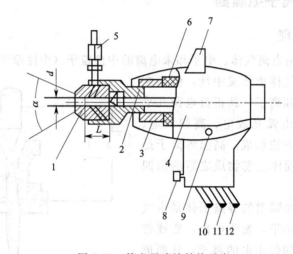

图 5-15 等离子喷枪结构示意

1—喷嘴；2—电极；3—电极座；4—枪体；5—送金属丝管；6—密封圈；7—挂钩；
8—送金属丝开关；9—应急开关；10—进水管；11—送气管；12—电缆和出水管；
α—喷嘴喷出角度；d—喷嘴直径；L—喷嘴孔道长度

喷枪和电极必须同心，并保持一定距离，电极一般用钍钨或钼钨合金制造，工作时用水冷却。喷嘴的尺寸对等离子弧影响很大，喷嘴直径可用下式确定：

$$d=\frac{I}{h} \tag{5-1}$$

$$\frac{L}{d}\geqslant 2 \tag{5-2}$$

式中 d——喷嘴直径，mm；

I——工作电流，A；

h——系数，在 80～100A/mm 范围内；

L——喷嘴孔道长度，mm。

喷嘴喷出角 α 一般为 $30°\sim60°$，喷嘴到玻璃表面的喷射距离为 $200\sim350mm$。喷枪要求结构紧凑，体积小，质量轻，密封严，冷却和绝缘性能好。用于雕刻的等离子喷枪的工作参数为：电压 $30\sim32V$，电流 $350A$，工作气体为氩气。压力为 $0.25MPa$ 时，氩气用量为 $20L/min$，冷却水用量为 $10L/min$。选用的金属丝为铝、铜、45 号钢，丝的直径为 $1\sim1.6mm$，送丝速度为 $0.05\sim0.1m/s$。

熔融的金属粒子所需的热量和玻璃软化所需的热量见表 5-5。

表 5-5　熔融金属粒子所需热量和玻璃软化所需热量

材　料	熔点/℃	转变温度/℃	熔融金属粒子所需的热量/J	玻璃软化所需的热量/J
锡	231	—	108.13	—
铝	666	—	591.88	—
铜	1063	—	1463.01	—
45 号钢	1550	—	2123.20	—
钠钙玻璃	—	562	—	563 ± 25

由表 5-5 可知，锡的熔点及熔融粒子所需的热量都很低，不能用于等离子弧雕刻，铝、铜、45 号钢均可使用，45 号钢熔融粒子所需的热量最高，所以使用效果最好。喷射到玻璃表面的金属的热量必须大于玻璃软化时所需的热量，才能起到雕刻作用，这可通过计算得出能否雕刻。

由于熔融不同金属粒子所需的热量不等，这些金属粒子与玻璃基体的热膨胀系数又有所不同，所以等离子弧雕刻使用不同的金属雕刻的效果就有差异。在等离子弧雕刻的实践中，使用铜为涂层材料时，玻璃表面的涂层厚度需 $400\mu m$ 才能使玻璃表面层剥落；使用铝为涂层材料时，涂层厚度为 $600\mu m$。

等离子弧雕刻工艺简单，生产效率高，刻一个制品只需 $5\sim10s$，便于生产自动化。采用等离子弧雕刻，制品表面的显微硬度测定结果为 $605\sim620MPa$，此时玻璃表面应力为 $2\sim5MPa$，该值与物理钢化相近，等离子弧将金属粒子喷射到玻璃表面，既雕刻同时也起到了对玻璃制品的钢化作用，使玻璃增强，所以对于机械化洗涤的玻璃餐具，等离子弧雕刻的装饰是更合适的。但等离子弧雕刻后玻璃表面存在少量直径为 $5\sim20\mu m$ 的气泡，还有细微的贝壳状裂纹。

对等离子弧雕刻制品，用测光仪测定雕刻面的透过率与化学蚀刻玻璃的透过率结果见表 5-6。

表 5-6　雕刻玻璃的透过率

样品类别	玻璃制品厚度/mm	透过率/%
未处理	5	84
等离子弧雕刻	5	56
氢氟酸蚀刻	5	73

第6章

玻璃贴膜与涂膜技术

玻璃贴膜与涂膜技术就是指在玻璃表面粘贴或涂敷一种多层的薄膜，使玻璃的性能得到改善，具有保温、隔热、节能、防暴、防紫外线、美化外观、遮蔽私密、安全等一些特定功能，其制品主要用于建筑门窗、隔断以及汽车玻璃等。

6.1 玻璃贴膜技术

6.1.1 贴膜玻璃

（1）贴膜玻璃定义　贴膜玻璃是指贴有有机薄膜的玻璃制品。在平板玻璃表面贴上一种多层的聚酯薄膜（称玻璃膜），以改善玻璃的性能和强度。

贴膜玻璃用于提高普通浮法玻璃的安全节能性的应用可追溯到1960年。当时研制膜的初衷，是为了控制太阳能负荷造成的制热、制冷的不均衡，早期的膜仅具有将太阳辐射反射出玻璃窗外，以阻止玻璃内表面的热量增加的性能。

随着制造工艺的不断发展，新一代的本体着色隔热膜诞生了，它丰富的色彩为建筑师提供了广阔的设计空间。主要的颜色有棕色、灰色、金色、琥珀色、蓝色、绿色等。

1970年，美国的能源危机引出了膜的另一方面的性能开发——减少室内热能损失（即保温性）。研究发现，聚酯膜不仅可作透明介质，更具有吸收和逆辐射长波红外线的能力。经过反复试验，膜的材料、结构有了大的改变，更提高了膜的保温性，也就产生了低辐射膜即Low-E膜。

随着玻璃膜研制的不断发展，玻璃膜的产品不断更新换代，近些年来，贴膜玻璃越来越多地用于建筑物门窗、隔墙、顶棚以及汽车等领域，已成为一种新型装饰材料。

（2）贴膜玻璃的外观质量要求

① 贴膜玻璃基板的质量要求

a. 安装贴膜的玻璃，其外观质量和性能应符合现行国家标准的规定。玻璃形状宜采用平面或单曲面。

b. 贴膜不应安装在磨砂玻璃的磨砂面和已有蚀刻图案的蚀刻面上。

c. 有机玻璃或聚碳板上应采用专用玻璃贴膜。

② 贴膜玻璃的外观质量要求　贴膜玻璃的外观质量要求见表 6-1。

表 6-1　贴膜玻璃的外观质量

缺　陷　名　称	说　明	优　等　品	合　格　品
斑点（尘埃、颗粒、胶斑、指印、气泡）	直径<1.2mm	不允许集中	不允许集中
	1.2mm≤直径≤1.6mm，每平方米允许个数	中部不允许；75mm边部:1 个	中部不允许；75mm边部:4 个
	1.2mm≤直径≤2.5mm，每平方米允许个数	不允许	75mm 边部:2 个；中部:1 个
	直径>2.5mm	不允许	不允许
折痕边部翘起戳破	不允许	不允许	不允许
头发与纤维	2.5mm<长度≤10mm，每平方米允许个数	不允许	2 个
划伤	0.1mm<宽度≤0.3mm，每平方米允许个数	长度≤50mm:2 个	长度≤50mm:4 个
	宽度<0.3mm，每平方米允许个数	不允许	宽度<0.8mm 且长度≤100mm:2 个

（3）贴膜玻璃的性能特点　贴膜玻璃的性能主要包括隔热节能、防紫外线、防爆抗震、遮蔽私密以及装饰性。

① 隔热节能性　与窗帘和百叶窗只阻挡光线不隔热不同，玻璃贴膜的金属喷射层可反射和吸收高达 80% 的红外线。此外，热导率越小，隔热性能就越好。由于聚酯基片（PET）的传热系数只有 $0.3\sim0.4W/(m^2 \cdot K)$，而玻璃的传热系数为 $1.5\sim1.6W/(m^2 \cdot K)$，所以可以大大改善玻璃的隔热性能。

玻璃贴膜夏季可以阻挡 45%～85% 的太阳直射热量进入室内，冬季可以减少 30% 以上热量散失。在室外温度 38～39℃时，用贴膜玻璃的房间比普通玻璃房间的室内温度低 3～5℃，检测表明可节约 30% 以上的空调用电。在冬天，则可通过减少玻璃所引起的热损失而发挥保温功能，特别适用于南向、西向、东向，玻璃面积大的房子。

② 防紫外线性　太阳辐射中的紫外线，是造成地板、地毯、家具、艺术画、窗帘以及许多织物褪色老化的主要原因，又会引起皮肤癌。居室窗玻璃贴膜可阻隔 90% 以上（防晒指数 100）的有害紫外线，远远高出其他玻璃制品（防晒指数 0.5～2.7）和防晒霜（防晒指数 20），大大延长家具等的使用寿命。

③ 防爆抗震性　玻璃窗的玻璃遇外力冲击破碎时，其飞溅的碎片极易伤人。

居室窗玻璃贴膜的基片是坚韧的聚酯薄膜，复合有特殊的黏胶，装贴于窗玻璃内表面，在玻璃上构成一道"看不见的坚韧屏障"，防止自然灾害和盗贼等的破坏，减少人身伤害，保护财产。提高玻璃防爆性能的关键是缓解外部冲击力，主要通过以下两个方面来实现。

a. 充分利用黏胶层和金属镀层提高玻璃的刚性，将冲击力在表面分解。金属都具有良好的延展性和强韧度（特别是金、银、锡、铂、钛等贵重金属）在遭受外力时，金属镀层可以有效抵消和分解冲击。即使玻璃破碎时，玻璃膜中的金属材料会产生一种拉伸力，和黏胶层的胶质共同作用牵住玻璃碎片，使它固定不会飞溅，从而有效保护人身及财产安全。

b. 通过膜独有的叠层间相互滑动微位移，减小穿过玻璃作用到安全膜的冲击应力。可以缓解绝大部分冲击，形成独有的抗撞击性，据测算可增强 2~7 倍的玻璃强度，有效阻止因外力撞击所导致的玻璃碎片伤人。

④ 装饰效果　玻璃贴膜可赋予建筑物崭新别致的外观，其费用比其他翻新整修费用小的多，且不会造成室内人员迁移的不便。深层染色膜、半反射或全反射膜，颜色和图案丰富齐全，为建筑师的设计提供了广泛的构思空间。从里向外看，建筑膜舒适宜人、阻隔强光且无景物变形；从外向里看，建筑膜外观协调一致，为建筑物增添美感。

⑤ 增加私密性　很多时候，一家人舒适惬意的生活需要一份私密的保护。将私密膜装贴在窗玻璃内侧，不影响光线射入，使窗外景观更清晰，更能使窗外的眼睛不能窥视到室内，营造家人的私密空间。

（4）建筑贴膜玻璃的应用　玻璃贴膜在国外已经相当普及，而在我国使用率还很低，作为一种新型节能型建材，玻璃贴膜有隔热保温、安全防爆、防紫外线、营造私密空间、增强视觉效果等优势。也正是因为这些优势，玻璃贴膜广泛地应用于人们的日常生活中。归纳起来大致可以分为如下方面。

① 商务楼　玻璃贴膜装贴于曲面的玻璃令空间均匀和谐，防止玻璃意外破碎飞溅的同时更能有效阻隔热辐射，降低空调费用，安全节能两全其美。时尚风格与柔和的晶莹通透感完美一体，可为大厦营造出敞亮而有极富变化的时尚商务空间。

② 酒店　在玻璃幕墙、外窗及内部区隔均采用玻璃贴膜，保证内部充足采光及美观的同时更有效增强内部的私密性和安全性。独特的夜景功能让宾客可尽情欣赏窗外夜景的雍容气度。

③ 餐厅及娱乐场所　美观与雅致相映生辉。玻璃贴膜丰富的色彩选择可完美匹配内部装修的整体风格。倍添空间的视觉愉悦及感官舒适。为客人带来如沐春风的非凡体验。

④ 医院　玻璃贴膜具有良好的私密性和安全性，为医院营造宁静安全的

疗养空间。充分保障了医护人员和病人的身心健康，构造自在舒适的清新天地。

⑤ 政府机构　与政府机构的稳重与庄严和谐一致，良好的安全性与隔热性，强化实用性能的同时，更能降低空调费用，充分节能。另外，玻璃贴膜极好的品质感更显威严风范。

⑥ 银行　玻璃贴膜营造怡人内部空间的同时，更可隔热防爆，杜绝玻璃破碎飞溅，将安全隐患与泄密隐忧阻隔在外，让人置身其中具有卓越的愉悦体验。

⑦ 学校　玻璃贴膜可以做到隔热与安全两者兼顾。杰出的隔热效果有效调节室内温度，将意外事故降低到最低，充分保障孩子安心就学。

⑧ 博物馆　玻璃贴膜可以阻隔 99％的紫外线，有效保护室内文物、史料、工艺、藏书等不褪色，不老化，延长其寿命。

⑨ 家庭　家里的卧室、客厅、卫生间等地方都可以贴玻璃贴膜，可以起到很好的隔热节能、防紫外线、安全防爆、保护隐私的作用，可以让家人更好的生活。

6.1.2　贴膜玻璃用膜

（1）玻璃贴膜的分类

按用途分为建筑玻璃贴膜、汽车玻璃贴膜和安全玻璃贴膜等；按功能分为安全膜、节能膜和装饰膜等；按使用方式分为内用膜和外用膜两类。

① 建筑玻璃贴膜　这种玻璃膜以节能为主要目的，外带防紫外线和安全功能，可分为热反射膜和低辐射膜。

a. 热反射膜　这种膜贴在玻璃表面使房内能透过可见光和近红外光，但不能透过远红外光。因此有足够的光线进入室内，而将大部分的太阳能的热量反射回去，在炎热的夏季保持室内温度不会升高太多，从而降低室内空调负荷，达到节省空调费用和节能的作用。

b. 低辐射膜（Low-E 膜）　这种膜能透过一定量的短波太阳辐射能，使太阳辐射热进入室内，被室内物体所吸收；同时又能将 90％以上的室内物体辐射的长波红外线反射保留于室内。低辐射膜（Low-E 膜）能充分利用太阳光辐射和室内物体的长波辐射能。因此在寒冷地区和采暖建筑中使用可起到保温和节能的效果。

② 汽车玻璃贴膜　汽车玻璃膜除节能、安全外，对透明度要求很高。因为用于汽车风挡玻璃上，贴膜后可见光透过率必须大于 70％才能符合 GB 7258 的要求。按国际玻璃贴膜协会（IWFA）对玻璃贴膜的分类方法，汽车玻璃贴膜可分为三种基本类型。

a. 染色膜（不反射，指对红外线的反射）　该类膜不含金属层，没有反射红外线的功能，具有控制眩光和一定的隔热功能，主要是通过吸收太阳能后再向外释放来达到隔热的作用，隔热效能比反射膜低得多。

b. 染色膜（不反射）/真空镀金属膜（反射）的复合膜　这种高性能膜通常是由一层本体染色膜和一层真空镀铝膜复合而成，与不反射的染色膜相比，这种膜在具有较高的可见光穿透率的同时，又有较高的隔热率，但清晰度比磁控溅射金属膜低得多。

c. 磁控溅射金属膜（又称纯金属膜）　这是玻璃贴膜制造工艺级别最高的一种膜。该膜用磁控溅射的工艺，在膜层基体上镀有一层对红外线反射率极高的不同金属涂层，所用的金属通常是铜、不锈钢、镍铬合金、氧化铟等。膜的颜色完全由所镀的金属成分来决定，具有更高的隔热率，金属成分稳定，永不褪色。

③ 安全玻璃贴膜（又称铁甲薄膜）　安全玻璃贴膜的主要功能是安全防爆，一般用于银行、珠宝商店橱窗、博物馆等。这种膜具有较好的抗冲击性、隔紫外线能力，透明度也较高。

（2）玻璃贴膜的结构

① 建筑玻璃贴膜的结构　建筑玻璃贴膜的最基本构成是聚酯基片（PET），一面镀有防划伤层（HC），另一面是安装胶层及保护膜。PET 是一种耐久性强、坚固耐潮、耐高、低温性均佳的材料。它清澈透明，经金属化镀层、磁控溅射、夹层合成等多种工艺处理，成为具有不同特性的膜。

② 汽车玻璃贴膜的结构　汽车贴膜已成为广大车主的需求，真正的高档汽车隔热防爆膜的生产工艺极为复杂，以 3M 汽车防爆膜为例，其产品工艺结构就由聚酯膜层、金属涂层、胶着层、耐磨层、超薄涂层和两个安全基层共七层组成，每个层面实现的功能都是不同的，其主要性能特点有：

a. 金属涂层主要是反射和阻挡红外及产生热能的波长，实现隔热、隔紫外线功能。

b. 聚酯膜层和超薄涂层能有效降低刺眼眩光，单向透视，自动调适车内光线，适合任何天色阴阳变化，视野清晰，驾车安全、舒适。

c. 安全基层具有非常好的抗冲击性和抗撕裂性，防止玻璃爆裂飞散。

d. 耐磨层超级耐磨，防止膜面被划伤，保持车体美观。

e. 胶着层是非常重要的层面，整个膜与汽车玻璃结合为一个整体就是通过胶着层。3M 膜采用的是独有的专利感压式黏胶层，安全环保，施工结束一周左右达到最佳强度。不但能实现膜的综合性能，还能有效地提高汽车玻璃的强度和刚性。

（3）建筑玻璃贴膜的质量要求　随着人们生活水平的提高，别墅、高档住宅、汽车用户开始流行在玻璃窗贴膜，玻璃膜有透光、隔热、紫外线防护等功效。但万一遇到假冒产品，反而会产生伤害。玻璃贴膜的质量要求如下。

① 建筑玻璃安全膜

a. 建筑玻璃安全膜的外观质量应符合表 6-2 规定。

表 6-2　建筑玻璃安全膜外观质量要求

缺 陷 名 称	技 术 要 求
漏胶	不允许
斑点	直径 500mm 范围内允许 1.0～2.0mm 以下斑点少于 2 个
薄雾	不允许
折痕	不允许
气泡、浑浊	不允许
划痕	宽度在 0.1～0.5mm 之间、长度小于 20mm，每 0.1m² 面积内允许 1 条

b. 建筑玻璃安全膜的光学性能和物理性能应符合表 6-3 的规定。

表 6-3　建筑玻璃安全膜光学性能和物理性能要求

性　能		透明型建筑玻璃安全膜	隔热型建筑玻璃安全膜
光学性能	可见光透射率/%	≥85	—
	紫外线阻隔率/%	≥95	≥99
物理性能	断裂强度/(N/25mm)	≥250	≥250
	断裂延伸率/%	≥100	≥100
	剥离强度/(N/25mm)	≥25	≥25

c. 建筑玻璃安全膜的膜厚不得小于 4mil（0.1016 mm）。

d. 建筑玻璃安全膜的耐划伤程度应符合：采用超精细 000 级不锈钢丝绒擦拭后，表面无划伤现象。

② 建筑玻璃节能膜

a. 建筑玻璃节能膜的外观质量应符合表 6-2 规定。

b. 建筑玻璃节能膜的光学性能应符合表 6-4 的规定。

表 6-4　建筑玻璃节能膜光学性能要求

光　学　性　能	建筑玻璃节能膜
可见光透射率/%	—
紫外线阻隔率/%	≥99

c. 当窗（包括透明幕墙）墙面积比小于 0.40 时，所选玻璃膜必须保证贴膜后玻璃的可见光透射率不小于 40%。

d. 建筑玻璃节能膜的耐划伤程度应符合：采用超精细 000 级不锈钢丝绒擦拭后，表面无划伤现象。

（4）汽车玻璃贴膜的质量要求

① 主要技术性能要求　主要技术性能包括外观和尺寸、可见光透射率和反射率。

a. 外观、尺寸要求　遮阳膜不允许存在裂纹、划痕、损伤，去除防黏纸、胶水后，遮阳膜的厚度应不大于 0.1mm。

b. 可见光透射率　指在入射可见光的光谱组成、偏振状态和几何分布给定条件下，透射的可见光通量与入射可见光通量之比。可见光的光谱范围为 380～780nm。汽车风窗玻璃（前风窗玻璃）粘贴Ⅰ类遮阳膜后，玻璃面和遮阳膜面的可见光透射率应不小于 70%。汽车风窗以外玻璃（前风窗以外玻璃）非驾驶人视区部位粘贴Ⅱ类遮阳膜后，玻璃面和遮阳膜面的玻璃面和遮阳膜面的可见光透射率应不小于 10%。

c. 可见光反射率　指在入射可见光的光谱组成、偏振状态和几何分布给定条件下，反射的可见光通量与入射可见光通量之比。可见光的光谱范围为 380～780nm。汽车风窗玻璃（前风窗玻璃）及汽车风窗以外玻璃（前风窗以外玻璃）粘贴遮阳膜后，玻璃面的可见光反射率应不大于 25%，遮阳膜面的可见光反射率应不大于 20%。

② 前风挡玻璃贴膜质量标准

a. 整张安装，不能拼接。

b. 前风挡玻璃膜折痕不得超过 1 个（包括 1 个），长度不超过 2cm，位置一般在边角部（离边不得超过 10cm）；在雨刮有效范围内不允许有折痕。

c. 经典、火炬系列产品为进口金属膜，含有多层金属层，在烤膜的时候可能会出现金属虚印，但位置一般在边部（离边不得超过 10cm）；在雨刮有效范围内不允许出现。

d. 前风挡玻璃膜离玻璃边陶瓷点的最大距离正负不超过 2mm。带黑边条的玻璃，膜直接压在黑边条上，但不能太多，离黑边 2mm。

e. 在雨刮有效范围内，明显灰点的数量不超过 10 个。坐在驾驶位，透过前风挡玻璃看车外的景物，不存在模糊、色差现象。

③ 后风挡玻璃贴膜质量标准

a. 整张安装，不能拼接。

b. 后风挡玻璃膜折痕不得超过 1 个（包括 1 个），长度不超过 2cm，位置一般在边角部（离边不得超过 10cm）。

c. 经典、火炬系列产品为进口金属膜，含有多层金属层，在烤膜的时候可能会出现金属虚印，但位置一般在边部（离边不得超过 10cm）。

d. 没有严重的水痕影响视线。

④ 侧窗玻璃贴膜质量标准

a. 侧窗上端膜裁切平直，升到顶部不能漏光，侧边玻璃不能漏光（膜在胶条以外，有光线透过为漏光）；副窗玻璃边缘允许漏光，但最大距离不超过 1mm。

b. 每块玻璃与膜片之间，不得有气泡、折痕。无较集中的沙砾夹在玻璃与膜材之间。

c. 没有严重的水痕影响视线。所有装贴的太阳膜，均不能有气泡，玻璃上不能有新的划伤，贴膜是高风险的服务项目，因技术水平和玻璃缺陷，存在玻璃破裂的可能。如果在装贴中或装贴后 24h 内出现玻璃破裂的现象，由施工店负责赔偿事宜。

（5）辨别玻璃贴膜质量好坏的方法

① 手摸　优质膜摸上去有厚实平滑感，劣质膜则很软很薄，缺乏足够的韧性，而且易起皱。

② 鼻闻　劣质膜通常采用压敏胶，这种胶含有大量苯甲醛分子，在阳光照射下会挥发产生异味，而专用的汽车膜安装胶几乎没有味道。

③ 眼看　优质防爆膜的清晰度很高，而且无论颜色深浅，透视性能均良好，而劣质膜颜色不均匀。

④ 质量保证卡　只有有生产厂家质保卡的膜才是可信赖的，厂家的质保卡通常包含质保项目、年限、赔付方式，以及真实可寻的制造商名称、地址和电话。

⑤ 用酒精、汽油、清洁剂等化学试剂擦拭　因为劣质膜仅是由胶层染色，或仅在胶层涂了隔紫外线剂，所以去除膜的保护层后擦拭胶层，即可见褪色现象，或用仪器测试，即可发现紫外线大大减少。

⑥ 技术参数　可见光透过率、隔热率、紫外线阻隔率是生产厂商常用的反映膜性能的专业名词，三者的关系通常是：越透明的膜，隔热性越低；越反光的膜，隔热性越高。消费者可用店面仪器测量，看是否接近标称的技术参数。

⑦ 防划伤　优质膜在正常升降车窗时，膜的表面不会被划伤、发蒙，而劣质汽车膜在这方面则有明显的缺陷。

⑧ 所售产品的外包装及资料是否有原生产厂家详细的产品型号、地址、电话、网址、条形码　另外看是否使用原厂统一的宣传标识，经授权的经销商才可使用原厂的一切宣传标识，否则会被追究侵权责任；还要看是否有有效的授权经销证书。

6.1.3 建筑玻璃膜粘贴工艺

（1）建筑玻璃的贴膜方法　贴建筑玻璃膜一般按如下程序操作。

① 准备好尺子、剪刀或美工刀、湿毛巾、刮板、裁膜垫等必要工具。

② 用尺子和美工刀或剪刀把膜切裁成要求尺寸。

③ 把要贴膜的地方用毛巾清洁干净，然后用水喷湿玻璃表面，其目的是为了贴上去后可以移动膜，不会一下粘死而无法移动。注意喷水的顺序，应先撕保护膜再向玻璃喷水，这样水分保持充分，利于膜体移动定位。

④ 把贴膜从底纸上揭下来，贴在对应的地方，注意要对齐边角、平整。并且要边贴边用湿毛巾平整贴膜，把玻璃和贴下去膜之间（里面）的空气和水分擦出来（如果磨砂膜比较大不要全部把底纸去掉，可以边贴边去底纸）。

⑤ 平整好后，大多数空气和水分挤出后，用刮板在上面刮，把贴膜与玻璃之间的空气、气泡、水分全刮出来，注意力度不要太大，以能刮出完全的水分和空气为适宜，用力过大会移动贴膜的位置。

⑥ 由于天气和金属材质不同，贴膜后干透所需的时间也会不同。因此，至少应保持3天不动状态，在此期间尽量不要清洗玻璃，以免膜因水分未干造成脱落。同时应注意在某种气候下，贴膜玻璃可能会出现雾状或水珠斑点，属正常现象，会慢慢消失掉。

（2）玻璃贴膜机贴膜操作　玻璃贴膜机（图6-1）由橡胶辊、机架、动力传动及控制装置、托膜架等组成，采用全自动计算机程控，自动完成涂胶加热贴面、烘干、冷压、热压等。它主要用于玻璃表面各类材质膜的贴覆，经贴膜机贴覆后膜的表面无气泡、无皱褶、平整光滑。

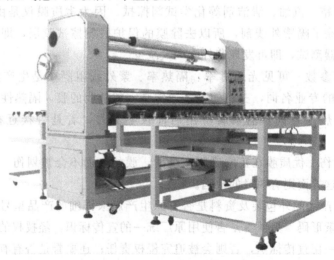

图 6-1　玻璃贴膜机

（3）建筑玻璃膜粘贴的注意事项

① 建筑玻璃膜应贴在玻璃的内侧。

② 贴膜前，玻璃必须做到绝对洁净，要贴膜的部位应反复清洗，如果玻璃上残留有任何细微的粉尘和杂质，均会影响建筑玻璃膜的黏附力和贴膜后的透视率。因为膜与玻璃的贴面保持在真空状态下才能附着牢固，所以清洁是贴膜施工中最重要的一环。

③ 开料裁膜前，选择并记住是横裁还是竖裁，由于横裁的收缩效果没有竖裁好，故通常选择竖裁，开膜尺寸一般在原玻璃尺寸基础上加多 5cm，在平整宽大的裁膜垫上裁膜能有效保护建筑膜不受损坏，标准的裁膜垫尺寸的长 1.7m，宽 1.6m。

④ 贴膜施工中，施工者身上的皮带扣应包住，钥匙扣、手机、手表、戒指等物件应取下，以避免刮花膜面或玻璃面。

⑤ 为了确保施工质量，贴建筑膜的作业场地应作无尘化处理，严禁在路边施工。

（4）建筑贴膜玻璃的热应力　建筑玻璃贴膜对玻璃产生的热应力积分等于贴膜类型和玻璃类型所产生的热应力积分与外界条件产生的热应力积分之和。贴膜玻璃热应力积分允许值见表 6-5。外界条件产生的热应力积分见表 6-6。

表 6-5　贴膜玻璃热应力积分允许值

项　目	玻璃类别		
	浮法玻璃	半钢化玻璃	钢化玻璃
热应力积分	≤10	≤14	≤18

表 6-6　外界条件产生的热应力积分

外界因素和条件		热应力积分
环境峰值温度/℃	≤42	0
	43～48	1
	49～53	2
	54～60	3
玻璃厚度/mm	≤6	0
	9	1
	12	1
	≥15	—

外界因素和条件		热应力积分
阴影形状	线形	1
	L形	2
	T形或V形	3
窗框条件	钢铁与混凝土框	1
	边界胶条	1
	没有橡胶条	2
玻璃状况	1.5～3.0m 距离内可见划伤	1
	3.3～6.1m 距离内可见划伤	2
	6.0m 距离外可见划伤	—
	任何距离都可见裂口	—
海拔高度/m	600～1525	1
	1525～3050	2
	>3050	3
单片玻璃面积/m²	4.6～9.3	1
	>9.3	—
窗户窗帘	窗帘靠近玻璃(≤10cm)	1

6.1.4　汽车玻璃膜粘贴工艺

目前绝大多数的汽车玻璃窗在出厂时都未做隔热处理(极少数高级轿车的前风挡玻璃和侧窗玻璃做了隔热处理除外),有一些车型对第一排座位以后的侧窗玻璃及后风挡玻璃出厂时,就用了较深颜色的吸热玻璃,但隔热效果都未能满足人们的需要。

在酷热的夏天,即使开着空调行车时,来自正前方和侧面射入的阳光烤得人的手和脸都发烫。汽车在露天停放后,人要再次进入车内时,车内热得像烤炉一样;强烈的太阳眩光照射使司乘人员倍感不适,从而影响驾乘;强烈的紫外线照射使车内人员受过量紫外线的伤害,车内装饰过早地老化褪色。这种种问题人们都深有感受。

然而,这些问题又都可以通过给汽车玻璃贴上隔热膜后得到有效的改善。而且这是一种最便捷、最有效的方法。

(1) 汽车膜的隔热工作原理　热传导有三种形式:辐射、传导、对流。隔热膜主要是利用辐射和对流的形式来隔热。

汽车膜中的高性能膜和全金属磁控溅射膜,是利用膜中镀有一层对太阳红外辐射的反射率极高的金属材料来反射太阳的热辐射，再配合膜上的颜色对太阳热辐射的吸收后，再二次向车外释放时，随着车外的空气流动带走一部分热量。尤其是车在跑动时带走的热量比车静止不动时更多。这是因为，当汽车处于运动状态时，汽车玻璃外表面的空气流动比内表面快，贴了膜的汽车玻璃会将吸收的热量再辐射出去，这就是将玻璃内部存有的热量快速"风洗"掉，这些热量包括从阳光中吸收的热量和外部空气中吸收的热量。不过，当汽车不运动时，贴了膜的玻璃吸收的热量将向内辐射，因为汽车内部的温度可能比外面空气的温度低，车身的金属受太阳辐射后也向车内传热，从而渐渐提高了汽车内部的温度。

就隔热膜的性能分类而言，没有反射层的膜，主要是靠吸收热量后再向车外释放，来达到隔热的目的。对于高性能金属膜和磁控溅射膜来说，它既吸收也反射。在不需加深膜的颜色的同时，就能比没有反射层的膜有更高的隔热效能。

（2）汽车玻璃膜粘贴标准和施工流程

① 交车检验　检查车身漆面及玻璃是否有刮花、脱漆、凹陷、锈蚀，内装潢、皮椅有无毁损，清点车内物品并作登记，请客户带走随身重要物品，填写交车表。

② 施工前准备　依照车辆及内装颜色，给予车主选膜建议，将皮椅、地毯、方向盘、中控台盖上不渗水防护套，备妥施工工具准备施工。

③ 初步清洗　将车辆外部清洗一次，用吸尘器将车内吸尘一次，将贴膜环境四周以喷壶雾状喷洒，降低四周飞尘，将要施工的玻璃面初步清洗一次。

④ 障碍排除　排除阻碍施工的后照镜、后刹车灯壳、后遮阳板、窗帘，用胶带粘贴窗口框毛边，拆除玻璃上的通行证及贴纸。

⑤ 裁切与烘烤　初步剪裁薄膜，薄膜剪裁大小需超过玻璃的面积，薄膜贴合玻璃，离心层向外以H字烘烤法用热风枪将薄膜四周烘烤定型，定型后再做精裁修边动作。

⑥ 玻璃清洁　喷水方式由中向外、由上往下，将玻璃完全降下，用布将边框细缝擦拭过，再将玻璃升起一半，利用拨水刮板将玻璃上水刮除，再将玻璃完全升起，用玻璃刮板将水完全刮除，不留水痕。

⑦ 成品贴膜　平均喷洒安装液在玻璃上及薄膜上，拆开一半离心层喷洒安装液，贴合在玻璃上，用玻璃刮板排出一些水分，再将其余离心膜撕开，喷上安装水，用玻璃刮板将水排出，再把撕掉的离心纸覆盖在薄膜外，用三角板将水完整排出，取掉离心层，完成贴膜。

⑧ 环境清洁　把玻璃清洗干净，移除防渗水防护套，将车内原本有的物品归位，擦拭掉车漆在贴膜过程中所留下的指纹，最后把施工环境废材、积水清理

干净。

⑨ 成品验收 验收成品，符合贴膜标准无灰尘、无折痕、无漏光原则，并让车主检验，无问题后，告诉车主使用车膜的注意及清洁事项，填写质保卡，网上登陆输入质保卡号，交付钥匙。

(3) 汽车玻璃膜粘贴的基本要求 根据《机动车运行安全技术条件》(GB 7258—2012) 的有关规定，汽车车窗玻璃（前风窗玻璃）及汽车风窗以外玻璃（前风窗以外玻璃）不允许粘贴镜面反光遮阳膜。汽车的安全窗不允许粘贴遮阳膜。

汽车风窗玻璃（前风窗玻璃）及汽车风窗以外玻璃（前风窗以外玻璃）粘贴遮阳膜后，在有效视觉范围内不应有杂物、气泡、折痕和密集的沙点；遮阳膜边缘应粘贴完好，与玻璃边缘线基本保持平行，刀线应平滑，应无起边现象；玻璃边缘的遮阳膜应无明显凹凸不平；Ⅰ类遮阳膜必须单片安装，不得拼接；透过风窗观察车外的景物，不应有模糊、色差等现象。

(4) 汽车玻璃膜粘贴工具规范

① 美工刀 裁膜须用钢制刀片，非铁制，刀锋使用 3～5 次须折断换新，才能避免刮花玻璃，拿刀手势为拇指食指实压刀柄，中间虎口与手心勿紧贴刀柄，让刀呈现跷跷板状态，柄尾碰触手刀处，让刀与手呈现有弹性状态，切割时刀片伸出 4～6 节，垂直以小于 30° 来切割。刮胶，以同样手势将刀片伸出全拉出，刀片勿少过 6 节，过短刀片须更换，刀片近贴玻璃，由上往下刮除，勿往回拉（勿使用在后风挡玻璃上）。

② 三角板 新的三角刮板需要先行处理，刮板两角落需先用砂纸磨钝磨圆，再将刮板平面处磨细，磨至平滑无缺角为止，在使用上除了清洗玻璃，刮残胶外，通常是拿来推膜及后风挡玻璃除胶的重要工具，所以此项工具需保养周到，避免刮伤薄膜或玻璃。

使用在清洗上，常用在推的动作上，若玻璃上有细砂或结晶，刮下手感马上不同，容易感觉得到。

使用在除胶上，常用在推的动作上，喷上水或除胶剂，再用刮板刮除。

使用在推膜上，常用在推的动作上，为避免刮伤薄膜须隔一块细布，或隔着离心纸外使用，可用单边角落施压推挤来处理细缝内的气泡（使用于推膜上，不能往回拉，容易卡细砂刮花薄膜）。

③ 玻璃刮 用来清洗玻璃的基本工具，也是用来排水清洗的基本工具，其特性是材质较软，使用动作以拉回居多，注意拉回方向要与刮板垂直且施压，遇到弯度或转向必须施压更多，才能干净的将水排除不留水痕。搭配玻璃清洗剂是很好的玻璃清洁组合。

④ 铲刀 刮除玻璃上大面积的残胶，或清洗玻璃时玻璃上的氧化结晶体，

使用时刀面一定要与玻璃面平行，刀片使用 3～5 次须更换，勿拿铲刀使用在后风挡玻璃，因为会将除雾线刮断，除胶后刀片需擦拭干净，以免下次使用时残胶干硬难以去除。

⑤ 牛筋刮　材质比玻璃刮板硬一些，也叫做前挡刮，也比较厚一些，是拿来推膜专用，是个避免刮花薄膜的好工具，使用在上膜后排水的动作上。

⑥ 铁板　选择此项工具时，最好以不锈钢材质优先，使用前先行钝化处理，将铁片研磨至无锐角为止，常用于较难清洗的玻璃上，使用上也需住意，此项工具是最容易刮花玻璃，刮伤薄膜的。配合热风枪将铁片加热，也就成了烙压隔热膜边缘的工具。

⑦ 热风枪　温度及风速都可调节，主要使用于烘烤薄膜，使薄膜定型，使用时需注意温度，温度过高容易使烤膜失败，也容易因为枪口过烫，一不小心就将车上塑料部分烫伤。其也可以用来加温去胶、铁片加温压烙、加速烘干湿布、加速烘干死角水分。

⑧ 安装液　安装液用过滤的自来水加上少量的中性洗碗精调配而成。过滤水能降低水中杂质，贴膜才不会夹带灰尘。洗碗精调配比例浓度过高，会导致薄膜过于滑动无法紧贴玻璃，调配浓度过低，则导致薄膜摩擦力过大无法移动，比较之下浓度低比浓度高的安装液更容易损坏膜。调配比例约在 30∶1，可依照个人习惯、薄膜性质、洗碗精本身浓度，来增加或减少比例。

⑨ 2000♯细砂纸　可用来磨除玻璃结晶体，使结晶体减少，也是三角刮、牛筋刮、铁板临时保养的工具，通常都使用 2000♯细砂纸较为适当。

⑩ 除胶液　用来去除较难处理的残胶，或后风挡玻璃上的残胶，除下的胶痕需注意别沾到内装上，尤其是绒毛内装上，将难以清除。

⑪ 喷壶　选择喷壶时，应当选择金属制喷嘴，在工具耐久度方面会比一般塑料喷嘴耐用，使用的安装水需用过滤器处理，水质才能干净无杂质，在一天施工贴膜工作结束后，必须把里面的水倒出，并把吸管及喷嘴清洗干净，将瓶口倒着放置晾干，这样可避免老旧水沉淀水中矿物质，形成矿物结晶，也可避免水里青苔的滋生。

⑫ 去胶棉　使用水族用品中的多层过滤棉来擦拭与去除（粘掉）残胶，表层残胶太多时，直接撕掉即可。

(5) 汽车玻璃贴膜安装注意事项

① 严格按照专业贴膜的标准化施工流程作业。

② 太阳膜施工对环境要求较高，一定要在安装有无尘净化系统的密闭的车间内施工。时刻保持车间的整洁。施工人员统一穿着专用工作服装。

③ 施工人员工作前，摘下钥匙、手表、戒指、手链等饰品，腰带不能露在工作服之外。

④ 施工用水，全部选用纯净水，前、后风挡玻璃贴膜前注意覆盖吸水毛巾，以免水渗入烧坏电路设备。

⑤ 施工中时刻注意玻璃温度不能太高，烤膜时用手多感觉玻璃的温度，如过热，可换一位置施工，等热的部位降下温来，再重复施工。在向玻璃上喷洒安装液之前，一定去感觉一下玻璃的温度，只有玻璃恒温时，才可以喷水。

⑥ 裁切膜片时必须用配套专用不锈钢刀片，注意用刀的角度（与玻璃倾斜角度不得大于 30°）和力度，以免割伤玻璃。

⑦ 贴膜后挤水时，必需选用专业的工具，必要时，可在刮板上包裹纯棉吸水布，或将塑料保护层覆盖在膜片表面，以避免划伤膜面。

⑧ 热风枪避免在车内烤气泡，以免烤伤车子内饰。

⑨ 贴膜后详细向车主介绍太阳膜施工后的注意事项。

（6）车窗玻璃安装隔热膜后的护理

① 窗膜的固化期　在安装过程中，窗膜与玻璃之间的水分会被挤出，仅存极少量水分残留在内。水汽可能会引起小气泡或轻微波痕，造成视线模糊，这是正常的。在固化期间，不要自行把水泡挤出，超过了固化期还是有明显现象，应当找专业技师处理。水泡与波痕在经过一段时间就会消失。在固化期间也勿将车窗玻璃降下，以避免未固化完成的窗膜折伤。

② 气候条件和固化时间　潮湿、阴天的气候条件下固化时间将延长，干燥、炎热气候将缩短固化时间。窗膜类型的选择与气候条件将决定固化周期，更厚窗膜和较差气候条件会延长固化时间。固化时间的变化很大能够从两天到两个星期，安全防爆膜则需要更长固化时间，这是由于膜的厚度增加，窗膜的呼吸性也较差。

③ 清洗与保养　窗膜安装后的固化期间内不要清洗窗膜，尽量不要让阳光直接照晒玻璃，这将会引起起泡的后果，应该将车内空调打开让空气内外流通，靠着窗膜本身的呼吸性形成自然固化，确保窗膜安装后胶与玻璃完全结合，才能形成安全防爆作用。

④ 清洗液　在清洗玻璃时，禁用酸碱性高的溶剂清洗，也尽量别让皮革油类的油性液体沾到窗膜上，清洗方式可以用清水或非酸碱性高的清洗液，市面上大多数玻璃清洗剂都能很好用来清洗窗膜，更适合窗膜的清洗液是水加家用清洁精以 10∶1 的比例稀释而成。

⑤ 清洗材料　窗膜的表面硬化有限，为避免划刮伤窗膜，请勿使用刷子、带研磨剂的海绵、任何有硬颗粒的清洁用品，要使用柔软布料或海绵清洗窗膜表面才是正确的。清洗车身外的布料，也别拿来擦拭窗膜，使用在车身外的布料容易带有细沙，也是造成窗膜刮伤的因素之一。

6.2 玻璃涂膜技术

6.2.1 涂膜玻璃

（1）涂膜玻璃定义　所谓涂膜玻璃，就是在玻璃表面覆盖一层具有特殊功能涂膜而制成的玻璃制品，一般特指涂膜隔热玻璃。

（2）涂膜玻璃的技术要求　具体技术要求见表 6-7。

表 6-7　涂膜玻璃的技术要求

技术性能		指　　　标
外观质量	涂膜层气泡	不允许存在
	涂膜层杂质	直径 500mm 圆内允许长 2mm 以下的贴膜层杂质 2 个
	裂纹	不允许存在
	爆边	每平方米玻璃允许有 4 个，其长度不超过 20mm，自玻璃边部沿玻璃表面延伸深度不超过 4mm，自玻璃板面向玻璃厚度延伸深度不超过厚度一半
	磨伤、划伤	不得影响使用，可由供需双方商定
	边部脱胶	
附着力		0 级
漆膜硬度		2H（布氏硬度）
抗划伤性		未划透
耐酸性		24h 无异常
耐碱性		24h 无异常
耐磨性		建议不测
涂层耐温变性（5 次循环）		无异常
可见光透射率/%		≥ 70
紫外线透射率/%		
太阳能总透射率/%		≤ 70
耐紫外线老化性（100h）	外观	100h 不起泡、不剥落、无裂纹
	粉化	≤1 级
	附着力	≤2 级
	可见光透射比相对变化率/%	≥10
	太阳能总透射比相对变化率/%	≤10

（3）涂膜玻璃隔热原理

① 有效阻隔红外线　大部分情况下，太阳辐射热是引起室内冷负荷的主要

因素。太阳光谱按波长可分为三大部分：紫外光、可见光和红外光。其中，紫外光的辐射能占太阳辐射能的13%，可见光占43%，红外光占41%，其余占3%。即97%的太阳辐射能，集中在0.3～2.5μm波长范围内，这部分辐射能透过大气层到达地面，形成夏季围护结构的传热和辐射得热量。

纳米透明节能玻璃涂料在有效阻隔红外线的同时，对可见光透射率的降低较少，保证了建筑的室内采光。图6-2所示为3mm厚普通玻璃涂膜前后的光谱透射率曲线，可以看出纳米透明节能玻璃涂料在可见光波段（280～380nm）具有较高的透射率，近红外波段（380～2500nm）其直接透射率迅速降低，在2500nm红外波段透射率接近为零。窗玻璃应用纳米透明节能玻璃涂料后，夏季能通过阻隔太阳光中的大部分红外线进入室内（阻隔率可达90%），减少太阳能透过玻璃的热量，降低室内得热量，起到较好的透明遮阳效果，可有效减少空调能耗。

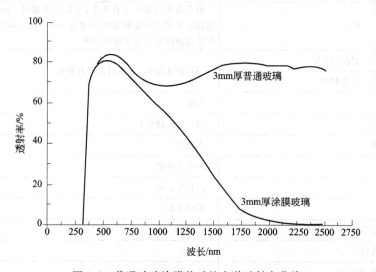

图 6-2　普通玻璃涂膜前后的光谱透射率曲线

由图6-3可以看出，随着涂膜厚度的增加，对近红外光的阻隔性能也相应增强，同时可见光透射率和遮蔽系数呈下降趋势。当涂膜厚度超过100μm以后，可见光透射率和遮蔽系数的下降趋势更为显著，可见光透射率降至70%以下，特别是200μm时，可见光透射率降至48.9%。

② 较高的Tv/Sc比值　Tv/Sc是玻璃的可见光透射率与玻璃的遮蔽系数的比值。涂膜玻璃的Tv/Sc较高，约为1，在实现同等遮阳效果的同时，涂膜玻璃的可见光透射率明显高于其他节能玻璃，是较好的透明遮阳产品，可较大程度地减少遮阳对采光的不利影响，减少因遮阳引起的照明能耗的增高。

③ 无污染　玻璃涂膜前后的光谱反射差异见图6-4。

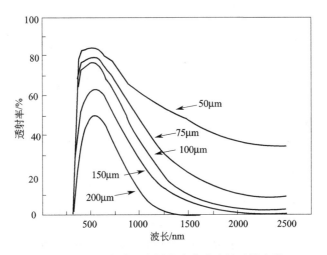

图 6-3　不同涂膜厚度隔热涂膜玻璃的透射光谱

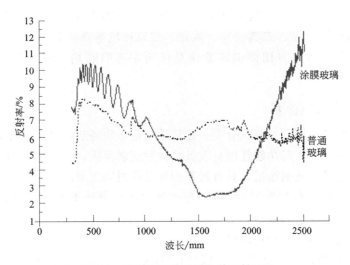

图 6-4　玻璃涂膜前后的光谱反射差异

由图 6-4 可见，普通玻璃涂膜前后其在可见光波段的反射率变化不大，基本在 10％以下，在 1100～1750nm 范围内其反射率较普通玻璃有所降低，而在 1750nm 以后波段其光谱的反射率随波长增大而快速升高。涂膜隔热玻璃应用于建筑后不会产生光污染现象。

④ 隔热效果　图 6-5 所示为涂膜玻璃和普通白玻璃的隔热效果对比曲线，横坐标为照射时间，纵坐标为两隔室的空气温度。从图中可以看到测试刚开始 1h 内，两隔室的空气温度迅速上升，1h 后呈缓慢升高的趋势。并且在整个测试过程中，装有涂膜玻璃的隔室空气温度始终低于普通白玻璃那一侧。当照射

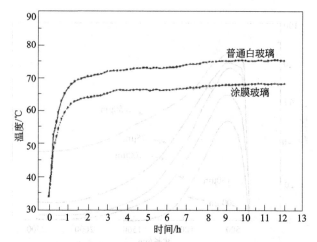

图 6-5　涂膜玻璃和普通白玻璃隔热效果对比模拟

时间达到 0.5h 时，两隔室的空气温差约为 5℃，随着照射时间的增加，空气温差缓慢增大；当照射时间为 12h 时，空气温差为 7.1℃。虽然在实际情况下，太阳光辐射强度、玻璃朝向、风速、建筑环境等条件会影响涂膜的隔热效果，但这组隔热效果对比模拟试验还是证明了透明隔热涂料具有明显的隔热效果。

6.2.2　玻璃隔热涂料

（1）建筑玻璃隔热涂料的分类　建筑玻璃用透明隔热涂料是以合成树脂或合成树脂乳液为基料，与功能性填料及各种助剂配制而成，在建筑玻璃表面施涂后能形成表面平整的透明涂层，具有较高的红外线阻隔效果的涂料。

按产品的组成分为溶剂型（S）和水性（W）两种类型。按遮蔽系数的范围，分为Ⅰ型、Ⅱ型和Ⅲ型。

（2）建筑玻璃隔热涂料的要求

① 产品的物理性能要求　产品的物理性能应符合表 6-8 的要求。

表 6-8　产品物理性能

项　目		指　标	
		S 型	W 型
容器中状态		无分层、无絮凝	
漆膜外观		正常	
低温稳定性		—	不变质
干燥时间/h	表干（自干型）	≤2	≤1
	烘干（烘烤型）	≤0.5 或商定	

续表

项　目		指　标	
		S 型	W 型
附着力(划格法,1mm)		≤1 级	
硬度(擦伤)		≥H	
耐划伤性(100g)		未划伤	
耐水性		96h 无异常	
耐碱性		48h 无异常	
涂层耐温变性(5 次循环)		无异常	
耐紫外线老化性	外观	240h 不起泡、不剥落、无裂纹	
	粉化	0 级	
	附着力	≤1 级	

② 产品的光学性能要求。　产品的光学性能应符合表 6-9 的要求。

表 6-9　产品光学性能

项　目	指　标		
	Ⅰ 型	Ⅱ 型	Ⅲ 型
遮蔽系数 s	≤0.6	$0.60 < s ≤ 0.7$	$0.70 < s ≤ 0.8$
可见光透射率/%	≥50	≥60	≥70
可见光透射率保持率/%	≥95		
紫外线透射率/%	商定(根据用户要求决定是否进行检测)		

③ 产品的有害物质限量要求　产品的有害物质限量应符合表 6-10 的要求。

表 6-10　产品有害物质限量

项　目		指　标	
		溶剂型	水性
挥发性有机化合物(VOC)含量/(g/L)		≤750	≤120
苯、甲苯、乙苯、二甲苯总和/%		≤45	≤0.03
游离甲醛/(mg/kg)		—	≤100
可溶性重金属/(mg/kg)	铅(Pb)	≤90	
	镉(Cd)	≤75	
	铬(Cr)	≤60	
	汞(Hg)	≤60	

（3）水性透明隔热涂料的制备

① 纳米 ATO 分散体的制备　合成 ATO（氧化锡锑）粉体，粒径范围为5～15nm。在高速分散机中加入 ATO 粉体，并加入去离子水、分散剂、润湿剂、增稠剂等，高速分散约20h，调 pH 值到 8.0，制得固含量约为 18% 的纳米 ATO 分散体。

② 透明隔热涂料的制备　按表 6-11 所示比例加入水性聚氨酯树脂，去离子水、分散剂、润湿剂、增稠剂、消泡剂、流平剂等以及上述制备的纳米 ATO 分散体，先在中速条件下分散 2～3h，再接着超声 0.5～1.0h，可得不同隔热参数的透明隔热涂料。

表 6-11　透明隔热涂料的配方　　　　　单位：%

原　　料	配　方					
	A	B	C	D	E	F
水性聚氨酯树脂	58	56	54	52	50	48
纳米 ATO 分散体	15	20	25	30	35	40
去离子水	25	22	19	16	12	9
助剂	2	2	2	2	3	3

6.2.3　玻璃涂膜工艺

6.2.3.1　自流法

自流法施工工序主要包括玻璃清洁、涂料调配、贴胶纸及回收槽、涂玻璃涂料、拆除胶纸及回收槽、清洁现场等。

（1）玻璃清洁流程

① 玻璃清洁工具　钢丝球、海绵清洁球、清洁水、磨擦剂、喷水壶、水桶、玻璃雨刮、玻璃铲刀、裁纸刀、无纺布、毛巾、酒精等。

② 清洁前的准备

——整理、清洁施工现场（一般直径在 1m 范围内），适当时允许地面有微量洒水。

——地面无油脂、异物、灰尘。

——准备好清洁用的所有工具及清洁用品，整齐摆放。

③ 玻璃清洁程序及要求

——用手动喷水壶喷洒清水在玻璃表面，玻璃铲刀在玻璃表面从上到下清理顽固异质。

——用玻璃清洁剂喷洒水在玻璃表面，用普通清洁球在玻璃表面从上到下清洁，然后用玻璃雨刮刮除玻璃上的杂物。

——用手动喷水壶喷洒清水在玻璃表面，用玻璃雨刮刮除玻璃面上的水分。重复 2 次，让玻璃彻底清洁干净。

——让玻璃自然干燥 10min，用白色无纺布加上工业酒精后再擦 1 遍。

④ 注意事项

——玻璃有裂痕不得施工。

——玻璃表面有不规则或异样应向用户明确反映和说明实情况。

——彻底清洁玻璃表面。

——彻底清洁玻璃表面四周。

——彻底铲除和清洁玻璃表面四周不明显的玻璃胶脂。

（2）涂料调配流程

① 调配工具　量杯、磁力搅拌器、涂料（配方 A、配方 B）、400 目过漏纱布、漏斗、针管。

② 调配前的准备　按工程大小准备好足够的涂料和所用工具。

③ 涂料调配程序及要求

——将配方 A 水性涂料倒入量杯并将磁力搅拌器的磁铁放入量杯中，放在磁力搅拌器上均衡搅拌 3～5min。

——按比例 9∶1 加入配方 B 水性涂料继续均衡搅拌 8～10min。

——搅拌完成后，通过 400 目过漏纱布和漏斗将搅拌好涂料装进施工专用的压力喷壶中并盖上封口。

——将装有涂料的喷壶静置 3～5min，进入施工状态。

④ 注意事项

——涂料调配过程中可适当加入 1% 的蒸馏水，但一定是在加入配方 B 水性涂料后 2～5min 内一次性完成并继续均匀搅拌。

——磁力搅拌器不能加热和保温。

——400 目过漏纱布始终保持潮湿，并且当过滤纱布在过滤完涂料后应立即水清洗纱布。

——按配方 A＋配方 B＝5kg 标准调配，循环施工使用。

（3）贴胶纸及回收槽流程

① 工具　小型气泵、下料盛料器、下料塑料管、下料调节开关、扁形出料口、铝箔纸、收料器、美工纸、胶纸、收料槽、平面地胶、锡箔纸、塑料胶管刷子等。

② 贴胶纸及回收槽程序及要求

——玻璃两边框架粘贴专用胶纸。

——玻璃上面框架粘贴专用美工纸。

——玻璃下面框架粘贴专用收料槽。

③ 注意事项

——粘贴部位无气泡。

——粘贴部位间隙大小误差不得大于 1mm。

——粘贴胶纸与玻璃接触面应在 2mm 范围内。

——粘贴胶纸后一定要用塑料刮刀收理粘贴部位。

——玻璃下方框架粘贴专用收料槽，四周应稳固无气泡。

(4) 涂玻璃涂料流程

① 工具　专用喷壶等。

② 淋涂玻璃涂料的程序及要求

——将调配好的涂料过滤到专用喷壶加压。

——向喷壶内加压，并静置 2～3min；

——用干的白色无纺布将玻璃表面再抹擦 1 次。

——左肩背涂料喷壶，右手持枪，大拇指控制枪栓。

——试枪，枪头放置玻璃左边底部（长 1.5m 以下玻璃）或玻璃左边中部（长 1.5m 以上玻璃）大拇指缓慢开动枪栓，枪头均匀缓慢向上部移动至上部美工纸处。

——均匀、缓慢、平滑向玻璃右部移动至玻璃最右部，枪头停留、紧靠玻璃最右部框架 2～3s 后向玻璃右边底部均匀、缓慢、平滑移动，目测涂膜无流到之处应将枪头移至该处补枪（涂料）直到整块玻璃完全均匀涂上涂料为止。

——涂料涂层完成后控制枪栓，将专用喷壶放置地面。

——仔细观察涂膜玻璃上是否有可疑物体及杂质，如有用灰尘夹子清除可疑物体或杂质。

——完成涂膜 20min 后，清除玻璃保护粘贴胶纸和收料槽并清洗干净，有序依次摆放。

——其他玻璃继续按以上施工流程有序涂膜，直到所有玻璃完成涂膜。

③ 注意事项

——玻璃涂膜补枪（涂料）应控制在 1min 内。

——玻璃涂膜清除可疑物体应控制在 1min 内。

——枪头不得面对玻璃上面的美工纸。

——收料槽因特殊条件允许下可在 3～4min 内清除，应适当处理涂料流动。

——施工流程适宜弧形玻璃、异形玻璃。

——协调施工前，应多次演示，达成默契。

——始终保持同时、同方向、同速度涂膜。

——确保施工现场安全。

（5）拆除胶纸及回收槽流程

① 拆除胶纸及回收槽程序及要求

——清除玻璃框架上面粘贴美工纸。

——清除玻璃框架两边粘贴胶纸。

——清除玻璃框架收料槽。

——清除玻璃框架外的保护。

② 注意事项

——裁纸刀沿美工纸、胶纸与玻璃接触面划开。

——清除美工纸、胶纸应控制速度，缓慢清除。

——保持人体头部与玻璃涂膜距离。

（6）清洁现场流程

① 清洁整理玻璃涂膜周围现场。

② 清除施工中的一切无用杂物。

③ 还原移动的物体原样或按用户要求摆放。

6.2.3.2　涂刷法

涂刷法施工工序主要包括玻璃清洁、涂料调配、涂玻璃涂料、清洁现场等。

（1）玻璃清洁流程　玻璃清洁流程参见本书 6.2.3.1（1）。

（2）涂料调配流程　涂料调配流程参见本书 6.2.3.1（2）

（3）涂玻璃涂料流程

① 工具　海绵条、涂料器、涂料槽、涂料架、涂料收料器等。

② 涂刷前的准备

——将调配好的涂料过滤到专用喷壶加压。

——向喷壶内加压，并静置 2～3min。

——用干的白色无纺布将玻璃表面再抹擦 1 次。

——用无水酒精内外抹擦施工工具、涂料槽、涂料架、涂料收料器。

——将海绵条均匀地装入涂料器内。

——将喷壶内的涂料压至涂料槽内，涂料深度以涂料器厚度为宜。

——仔细观察涂膜玻璃上是否有可疑物体及杂质，如有用灰尘夹子清除可疑物体或杂质。

——其他玻璃继续按以上施工流程有序涂膜，直到所有玻璃完成涂膜。

③ 涂刷玻璃涂料的程序及要求

——双手轻握清洁后的涂料器的两端，将涂料器轻轻放入涂料槽中，待涂料器上的海绵浸泡在涂料槽中 5min 左右。

——将浸泡后的涂料器上下积压 3～4 次，让多余的料回收。

——保持身体与被涂玻璃间的适当距离，用涂料器中的海绵斜面接触玻璃表面，自上而下将涂料器缓缓滑动，用力均衡，速度均衡。

——等海绵中的涂料涂完时，重复第一、第二步，直至所有玻璃涂完为止。

④ 注意事项

——装入涂料器的海绵条应保持表面平整，无褶皱现象，装入后涂料器外的海绵条应剪除，保持与涂料器同等长度。

——玻璃涂膜清除可疑物体应控制在1min内。

——涂料槽每次所装涂料不宜过满或过少，以海绵恰可浸入为宜，视所涂玻璃面积，可适当增加涂料槽中的涂料。

——施工完成后湿膜表面呈云雾状态或条纹不均匀状态（正常），3～5min自然成膜后表面涂层晶莹剔透。

——协调施工前，应多次演示，达成默契。

——始终保持同时、同方向、同速度涂膜。

——两次取料的涂膜连接处应保持同等厚度，自然过渡。

——确保施工现场安全。

（4）清洁现场流程

① 清洁整理玻璃涂膜周围现场。

② 清除施工中的一切无用杂物。

③ 还原移动的物体原样或按用户要求摆放。

第7章

玻璃化学蚀刻技术

随着现代玻璃加工技术的发展，人们已不再满足于物理式机械手段加工的艺术玻璃制品，更致力于用多种化学方式对玻璃表面进行求新求异的加工，以求得到更好的视觉享受，从而使玻璃产品的附加值再度得到提高。例如对玻璃表面进行化学粗化（蒙砂）、化学深蚀刻（冰雕）等工艺。

玻璃的化学蚀刻就是利用氢氟酸对玻璃表面的腐蚀，使平滑的表面变成无光泽的毛面，起到使玻璃表面产生光漫射作用。蚀刻既可以使玻璃表面全部变毛，也可以部分、特定部位对各式各样图案进行深浅程度不同的蚀刻。蚀刻只是利用化学法对玻璃表面腐蚀，使其成为不透明毛面，它不像研磨或喷砂而成的毛面玻璃，表面产生许多微裂纹，因此蚀刻玻璃的机械强度要高于机械研磨的磨砂玻璃。

7.1 化学蚀刻的机理及影响因素

7.1.1 化学蚀刻的机理

化学蚀刻与化学抛光的原理相似，都是利用酸对玻璃表面的化学腐蚀作用。区别之处在于化学抛光是不使酸与玻璃化学腐蚀后产生的某些不溶反应物黏附于玻璃表面，设法溶解并冲洗掉，化学抛光过程始终是整个表面均匀侵蚀的过程，从而获得透明光滑的表面；而化学蒙砂未清除化学反应的难溶物，黏附于玻璃表面，随着反应时间的延续，反应物堆积成颗粒状晶体牢固附着于表面，有反应物黏附的表面阻碍了酸蚀的进一步反应，即成为非均匀侵蚀，得到的是半透明的毛面，该毛面对入射光产生散射，呈半透明状态而有朦胧的感觉，故称为蒙砂。人们既可使玻璃制品整体外表蒙砂，也可使玻璃制品局部蒙砂，形成花纹图案，花纹图案的蒙砂过程通常称为毛面蚀刻。

干燥的氟化氢与玻璃不起作用，在有水或水蒸气的情况下，钠-钙硅酸盐与氢氟酸的反应为：

$$Na_2O \cdot CaO \cdot 6SiO_2 + 28HF \longrightarrow 2NaF + CaF_2 + 6SiF_4 + 14H_2O \qquad (7\text{-}1)$$

SiF_4 在一般条件下是气体状态，但在溶液中未及挥发，立即又与水和氢氟酸反应，生成络合氟硅酸：

$$3SiF_4 + 3H_2O \longrightarrow H_2SiO_3 + 2H_2SiF_6 \qquad (7\text{-}2)$$

$$SiF_4 + 2HF \longrightarrow H_2SiF_6 \qquad (7\text{-}3)$$

在钠钙玻璃中，氟硅酸与硅酸盐水解产生的氢氧化物相互作用得到 Na_2SiF_6 和 $CaSiF_6$ 的盐类：

$$Na_2SiO_3 + 2H_2O \longrightarrow 2NaOH + H_2SiO_3 \qquad (7\text{-}4)$$

$$H_2SiF_6 + 2NaOH \longrightarrow Na_2SiF_6 + 2H_2O \qquad (7\text{-}5)$$

$$CaSiO_3 + 2H_2O \longrightarrow Ca(OH)_2 + H_2SiO_3 \qquad (7\text{-}6)$$

$$2H_2SiF_6 + Ca(OH)_2 \longrightarrow CaSiF_6 + H_2SiO_3 + H_2O \qquad (7\text{-}7)$$

钾-铅硅酸盐玻璃与氢氟酸的反应为：

$$aK_2O \cdot bPbO \cdot cSiO_2 + (2a + 2b + 4c)HF \longrightarrow$$
$$2aKF + bPbF_2 + cSiF_4 + (a + b + 2c)H_2O \qquad (7\text{-}8)$$

钠、钾、铅、钙、镁硅酸盐玻璃与氢氟酸的反应为：

$$aNa_2O \cdot bK_2O \cdot cPbO \cdot dCaO \cdot eMgO \cdot fSiO_2 + (2a + 2b + 2c +$$
$$2d + 2e + 4f)HF \longrightarrow aNa_2SiF_6 + bK_2SiF_6 + cPbF_2 + dCaF_2 + eMgF_2 +$$
$$[f - (a + b)]SiF_4 + (a + b + c + d + e + 2f)H_2O \qquad (7\text{-}9)$$

玻璃与氟氢酸作用后生成盐类的溶解度各不相同。氢氟酸盐类中，碱金属（钠和钾）的盐易溶于水，而氟化钙、氟化钡、氟化铅不溶水。在氟硅酸盐中，钠、钾、钡和铅盐在水中溶解很少，而其他盐类则易于溶解。

对于蚀刻后玻璃的表面性质取决于氢氟酸与玻璃作用后所生成的盐类性质、溶解度的大小、结晶的大小以及是否容易从玻璃表面清除。如生成的盐类溶解度小，且以结晶状态保留在玻璃表面不易清除，遮盖玻璃表面，阻碍氢氟酸熔液与玻璃接触反应，则玻璃表面受到的侵蚀不均匀，得到粗糙无光泽的表面。如反应物不断被清除，则腐蚀作用很均匀，得到非常平滑或有光泽的表面，称为细线蚀刻。

玻璃表面蚀刻过程中产生的结晶大小对玻璃的光泽度有一定影响，结晶大的，产生光线漫射，表面无光泽。

7.1.2 影响化学蚀刻的主要因素

影响化学蚀刻的主要因素如下。

(1) 玻璃的化学组成　对于含碱少或含碱土金属氧化物很少的玻璃不适于毛面蚀刻。如玻璃中含氧化铝较多时，则常常会形成细粒的毛面；含氧化钡时，则呈粗粒的毛面；含氧化锌、氧化钙或氧化铝时，则呈中等粒状的毛面。

（2）蚀刻液的组成 蚀刻液中如有能溶解反应生成盐类的成分，如硫酸等，即可得到有光泽的表面。因此可以根据表面光泽度的要求来选择蚀刻液的配方。

蚀刻液和蚀刻膏由氟化铵、盐酸、水并加入淀粉或粉状冰晶石粉配成。任何类型的蚀刻都是选择性的侵蚀，按设计的花纹图案进行侵蚀，可以在制品不需要蚀刻的地方涂上保护漆或石蜡，使部分玻璃表面免于侵蚀，也可以在需要的地方涂敷蚀刻膏，以达到蚀刻的目的。

7.2 蒙砂

蒙砂玻璃也叫乳化玻璃，它是借助丝网版、蒙砂膏等材料，直接在玻璃表面进行印刷的一种装饰玻璃。蒙砂属于化学侵蚀过程，生成的难溶反应物成为小颗粒晶体牢固地附着在玻璃表面上，颗粒下与颗粒间隙的玻璃表面和酸液的接触程度不同，侵蚀程度也就不同，而使表面凹凸不平，属于表面化学处理。化学蒙砂可通过控制附着于玻璃表面的晶体大小及数量，获得粗糙的毛面或细腻的毛面。通过蒙砂可加工出多种装饰图案，用于隔断、屏风、家居等的装饰上，由于它美观大方、经济实惠，深受人们的青睐。

7.2.1 蒙砂玻璃工艺流程

（1）蒙砂玻璃生产工艺流程 蒙砂玻璃生产工艺流程如图 7-1 所示。

（2）玻璃表面的清洁处理 玻璃表面的清洁处理对蒙砂质量起较重要的作用，如表面有油脂等污物，就会造成表面侵蚀不均匀。利用生产线上退火后的玻璃直接进行蒙砂时，玻璃表面比较洁净，只需用水冲洗浮尘即可，清洁过程比较简单。

对外购或来料加工、污物比较多的玻璃制品，先用水冲洗去浮尘，再用加有洗涤剂的热水洗去油脂，然后用清水将玻璃表面残留的洗涤剂冲洗掉。

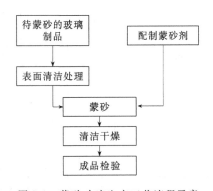

图 7-1 蒙砂玻璃生产工艺流程示意

如储存时间太长或储存时温度、湿度太高，且通风条件不好，玻璃已发霉，表面生成风化膜的情况下，由于此风化膜通常是高硅氧成分，且不均匀分布，用加洗涤剂的热水已不能洗去，只有先进行水洗，然后用稀氢氟酸除去玻璃表面高硅氧膜，必要时在稀氢氟酸中再加入一些硫酸和硝酸，其效果更佳。最后，再用热水冲洗残留酸液。在熔制、成形、退火和加工中如工艺控制不好，引起玻璃表面成分波动，对蒙砂效果也有影响。一方面要严格控制熔制、成形、退火和加工的工艺参数，避免表面成分波动，另一方面，对已发现表面成分波动的玻璃制品，也可采用稀氢氟酸加硫酸或硝酸进行酸洗，清除成分波动的表面层。

对小批量、形状复杂的玻璃制品，可用人工间歇式清洗。对大批量、形状简单的玻璃制品，可采用洗涤机进行清洗。洗涤机有多种类型，常用的为喷射清洗机和毛刷清洗机。喷射清洗是利用运动流体施加于玻璃表面上的污染物以剪切力破坏污染物与玻璃表面的黏附力，污染物脱离表面再被流体带走。一般用扇形喷嘴，喷嘴安装在接近玻璃处，与玻璃表面的距离不超过喷嘴直径的 100 倍。喷射压力越大，清洗效果越好，但压力不宜太高，以免带来其他问题。喷射清洗法适用于形状复杂的玻璃制品，并能方便地清洗玻璃容器内部。刷洗法是用毛刷在玻璃制品外部和内部进行清洗，还需加入热水或洗涤剂，既可采用玻璃制品旋转、毛刷固定的方式，也可采用玻璃制品固定、毛刷运动的方式。刷洗法适用于形状规则的玻璃制品。清洗后的玻璃即用热风干燥，干燥后尽快进行蒙砂，以免造成二次污染。

7.2.2 蒙砂剂的配制

（1）蒙砂液的配制　蒙砂液的主要成分为氢氟酸，另外再加氟化物、硫酸盐等，有时还加入一些其他酸（盐酸、硫酸等）以调节反应生成物的溶解度，其配方见表 7-1。

表 7-1 氢氟酸蒙砂液配方编号的基本配方

原　料	配方编号							
	Y-1	Y-2	Y-3	Y-4	Y-5	Y-6	Y-7	Y-8
氢氟酸	10	20	40	40.2	46.2	22.1	4.6	12
氟化酸		30	100	26.8	26.0	23.0		
氟化氢铵							63.3	40
硫酸钾	2						7.3	
硫酸铵							1.8	
硫酸							4.6	
盐酸						37.2		
水	100	50	100	29.1	27.8	17.7	18.3	12

注：Y-1、Y-3、Y-8 的原料为质量份，Y-4、Y-5、Y-6、Y-7 的原料为质量分数，Y-2 中氢氟酸和水的单位为 mL，氟化铵的单位为 g。氢氟酸的浓度一般为 40%（质量分数）。

（2）蒙砂粉的配制　通常以氟化物（如氟化铵、氟氢化钾、氟化钙）为主要成分，再加入硫酸铵、硫酸钡、硫酸钾以及其他添加剂，配制成蒙砂粉。使用时再加入硫酸或盐酸，配制成蒙砂液，玻璃制品即放在此蒙砂液中，由蒙砂粉与酸反应生成的氢氟酸对玻璃制品进行侵蚀。

由于氢氟酸包装、运输、储存时均有特殊要求，带来诸多不便。将氟化物配制成固体蒙砂粉，运输和储存比氢氟酸方便。国内外均有蒙砂粉的商品供应。

不同组成蒙砂粉配制蒙砂液所用酸的品种和用量是不同的，合适的蒙砂粉与酸的比例对获得好的蒙砂效果是很重要的。基本配方见表 7-2。

表 7-2 蒙砂粉的基本配方

原料		配方编号					
		F-1	F-2	F-3	F-4	F-5	F-6
蒙砂粉	氟化铵	50	40	100			10
	氟化钙					10	
	氟化氢钾				25		
	硫酸铵	5		10			10
	硫酸钾				14		
硫酸		10		20	20		2
盐酸			20			1	
水		50	240	100	100	100	10

注：F-1、F-2、F-3、F-4、F-5 的原料配比为质量份，F-6 中氟化铵、硫酸铵单位为 g，硫酸和水的单位为 mL。硫酸密度为 $1.84g/cm^3$，盐酸密度为 $1.19g/cm^3$。

表 7-2 仅为蒙砂粉的基本组成，氟化物中还可引入氟硅化钠、氟化氢铵及冰晶石等，有时还要加入一些添加物如硫酸钡、碳酸钡等。

蒙砂粉的组成对蒙砂后玻璃表面状态有很重要的影响。图 7-2 所示为不同配方的蒙砂粉在同一蒙砂温度和时间条件下，玻璃表面形貌的扫描电子显微镜照片，图 7-2(a) 所示为配方中氟化物含量较高的蒙砂粉蒙砂后的玻璃表面形貌，可见玻璃表面晶粒比较粗大，分布也不均匀；而含氟化物较低的，则表面粗糙度小，外观细腻，如图 7-2(b) 所示，这是由于用氟化物含量较高的配方蒙砂后，玻璃表面的硅氟化物晶体容易长得比较大。

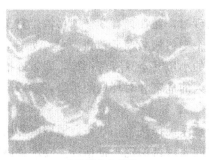 

(a)氟化物含量高　　　　　　　　　　(b)氟化物含量低

图 7-2 不同配方蒙砂粉蒙砂后玻璃表面形貌（扫描电子显微镜照片）

（3）蒙砂膏的配制　蒙砂膏的主要成分是氟化铵，再加入一定量的盐酸或氢氟酸。在配制加氢氟酸的蒙砂膏时还要加入较多的硫酸钡，硫酸钡的加入可起调节黏稠度的作用，使蒙砂膏能涂到玻璃表面上不流散，涂抹的边缘清晰，蒙砂后保持图形棱角分明。除了用硫酸钡调节黏稠度外，还可以加入淀粉、冰晶石粉等。

蒙砂膏主要用于玻璃制品的局部蒙砂或进行毛面蚀刻，可在玻璃制品需要局部蒙砂或蚀刻之处涂上蒙砂膏，玻璃即被侵蚀而形成毛面，与玻璃在不需要蒙砂之处先涂保护层再浸渍或喷涂酸液的工艺过程相比，用涂蒙砂膏的工艺过程则简单得多，节省了涂保护层的工序，同时降低了原材料消耗，加工时间缩短，生产效率提高。基本配方见表7-3。

表7-3　蒙砂膏的基本配方

原　料	配方编号		
	G-1	G-2	G-3
氢氟酸			10
氟化铵	20	60	10
盐酸	20	40	
硫酸钡			70
水	1		

注：G-1、G-2为质量份，G-3中氢氟酸的单位为mL，氟化铵和硫酸钡的单位为g。硫酸钡的加入可起调节黏稠度的作用，使蒙砂膏能涂到玻璃表面上不流散，涂抹的边缘清晰，蒙砂后保持图形棱角分明。除了用硫酸钡调节黏稠度外，还可以加入淀粉、冰晶石粉等。

7.2.3　蒙砂工艺方法

（1）浸入法　浸入法为简单易行的方法，设备简单，操作方便，通常将玻璃制品清洗干净后，用吊篮、吊框或其他盛装工具浸入蒙砂液中即可。蒙砂液可采用氢氟酸配制，也可用蒙砂粉配制。

在一些设备简陋的小厂进行小批量蒙砂时，往往只有3个塑料槽，第1个塑料槽装水进行玻璃制品的清洁处理，第2个塑料槽装蒙砂液进行蒙砂处理，第3个塑料槽再装水以洗去残留的蒙砂液。有的小厂甚至只有两个槽，即蒙砂槽和清洗槽。在上述情况下造成氟化物对操作工人的危害和对环境的污染，蒙砂产品的质量也不能保证，容易造成蒙砂不均匀。

现代化的蒙砂工艺要求：全部酸液处理系统保持密闭状态，蒙砂液各组分要混合均匀，蒙砂液的浓度、温度和蒙砂时间要保持稳定。根据以上要求蒙砂装置可采用以下方式。

① 多槽式蒙砂　由一个装有蒙砂液的酸槽和一个或若干清洗槽组成。玻璃

制品在酸槽内蒙砂后，移动到清洗槽中清洗，形成一条玻璃制品的运输线，在每个槽中停留一定时间，进行操作，生产是连续的。

玻璃制品用塑料夹具或吸盘装在框架上，安装方式要保证玻璃制品都与酸液有最大的接触面，使各个玻璃制品都能均匀地蒙砂。装玻璃制品的框架用吊车或电动葫芦在轨道上移动，由一个工序到另一个工序，并可将玻璃制品表面清洁处理、热风干燥、酸蚀（蒙砂）、清洗全过程连成一条生产线。

此种方式优点是可以连续生产，效率高，酸液损失少，缺点是不易密闭，运输过程中玻璃制品易破损。

② 单槽式蒙砂　在一个槽内完成酸蚀和清洗过程，玻璃制品不必运输。先将玻璃制品安装在圆盘上，圆盘固定在立轴上，而立轴和圆盘均安装在酸槽内，立轴可带动圆盘上的玻璃制品在酸槽内旋转，既可使玻璃制品各部分均匀地受到酸液侵蚀，又可起搅拌作用，使酸液各组分混合均匀。

蒙砂开始时，用泵将酸液送入酸槽，再将槽盖密闭，开启电动机使装玻璃制品的圆盘旋转。酸蚀结束后，将酸液排出，再将清洗液用泵输入槽内，清洗完成后，排出清洗液。

单槽式的优点是省去玻璃制品在各个槽之间的运输过程，减少了产品的破损，酸槽也容易密闭，缺点是间歇式生产，效率低，成本高。

不论采用何种装置来进行蒙砂，都必须保证酸液的均匀和浓度的稳定。各种不同酸液配方均有配方次序，每种原料必须按顺序加入，配制完毕，应该放置2～12h，使化学反应达到平衡，使用时再将酸液加热到蒙砂温度。经过几个周期蒙砂后，酸液的浓度有所降低，由于蒙砂时间与酸液浓度有关，酸液浓度降低，蒙砂时间增加。到了酸液浓度降低到一定程度时，必须补充或更新酸液。

有些蒙砂粉中加入一些添加物的溶解度很小，配制蒙砂液时呈悬浮状态，此时必须进行搅拌，以免产生沉淀，通常用气流搅拌方式。若蒙砂时放置玻璃制品的圆盘旋转起了搅拌蒙砂液的作用，则酸槽内不必另行安装搅拌装置，但在储酸罐内仍需搅拌。

蒙酸液（酸液）的温度要严格控制，防止玻璃制品未浸入蒙砂液以前，氢氟酸蒸汽就与玻璃制品反应，造成蒙砂不均，因此酸液温度不宜过高，以减少氢氟酸的挥发。国外一些专利上在酸槽外设有冷却水套，由盐水和内装氟利昂的蛇形管组成冷却系统，以防止氢氟酸挥发；同时在酸槽上方安装抽风口，将挥发的氟化氢气体抽走。

酸槽使用到一定时间，一方面由于玻璃表面冲洗下来的反应残余物沉淀在槽内，另一方面由于蒙砂液的沉淀，所以有必要将槽底部设计成锥形，以便定时清除沉淀物。

（2）喷吹法　喷吹法是用喷嘴在一定压力下将酸液喷吹到玻璃表面进行蒙砂

的方法。喷吹法可采用单槽式，也可采用多槽式。

① 单槽式喷吹　单槽式喷吹与单槽式浸入法设备很相似，玻璃安装在圆盘上，圆盘旋转，喷嘴将酸液喷吹到玻璃制品表面上进行蒙砂。通常将酸液加热到一定温度，再经喷射加压罐，用压缩空气将酸液经喷头喷射到玻璃制品表面上，喷头的喷射角一般为60°，喷射时间根据蒙砂液的配方而定。喷酸后即用40℃左右的热水洗去表面残余酸液。

② 多槽式喷吹　多槽式喷吹是将玻璃制品固定在夹具上，而此夹具安装在聚丙烯制成的循环链轮的链环中间，链轮带动玻璃制品依次进行预处理、喷酸、清洗、干燥各工序。

预处理可用20~30℃的循环水加少量氢氟酸以除去玻璃制品表面上的油渍、污痕，也可在软水中加入洗涤剂以清洗玻璃表面。

喷酸则在酸槽内用几个喷嘴将40~50℃的酸液喷吹到玻璃表面进行蒙砂，然后用气流吹散附在玻璃表面上的液滴，直到表面上没有液滴为止，以便下一步的清洗。

清洗可在两个清洗槽内进行，第1个清洗槽内用60~70℃循环水清洗，由于水温高，可提高表面反应产物在水中的溶解度，有利于快速清除残余反应物；第2个清洗槽内用40~50℃的循环水清洗，需将所有反应残留物洗去。

喷吹法多槽式蒙砂可以进行连续化生产，且能节省酸液的循环和调节等工序，特别适合于单一品种大批量的蒙砂。

7.2.4　蒙砂工艺制度及影响因素

蒙砂工艺制度主要指蒙砂温度和时间。

（1）蒙砂温度对玻璃表面形貌的影响　蒙砂温度由蒙砂液的配方和蒙砂工艺来决定。每种蒙砂液必须用其相应的蒙砂温度，如表7-2中配方F-5要求在40~60℃进行蒙砂，在此温度下反应进行最完全，蒙砂效率最高。在蒙砂液配方已确定的条件下，根据蒙砂工艺来制定合适的蒙砂温度和时间。浸入法和喷吹法对蒙砂液温度的要求是不相同的，由于浸入法蒙砂时，玻璃制品浸泡在酸液中，要求温度比喷吹法要低一些。一般浸入法最佳温度为25~30℃，此时蒙砂玻璃的透过率比较低，蒙砂效果比较好。在20℃时蒙砂后，玻璃透过率比较高，说明温度低时，蒙砂效率不高。温度过高，氢氟酸挥发增加，造成大量损失，同时减弱了酸的浓度，蒙砂效果反而降低。

如蒙砂液温度低一些，蒙砂时间就要延长。为保证蒙砂液温度稳定，玻璃制品在浸入蒙砂液以前，先进行预热，使玻璃制品和蒙砂液保持相同的温度，避免冷的玻璃制品投入蒙砂液中，引起温度的波动。

喷吹法蒙砂时，由于酸液和玻璃接触时间短，所以蒙砂液温度要高一些，一般将蒙砂液加热到 40～50℃，再喷吹到玻璃表面上。

（2）蒙砂时间对玻璃表面形貌的影响　用同一蒙砂粉在相同的温度（30℃）下，经不同蒙砂时间后，玻璃表面形貌的偏光显微镜照片（放大 80 倍）如图 7-3 所示，两者对比明显看出，蒙砂时间增加，表面的晶粒长大。一般蒙砂时间在 40s 时，侵蚀反应很不完全；在 90s 时蒙砂玻璃的透过率很低，蒙砂效果较好；但蒙砂时间超过 120s 后，玻璃表面覆盖大量溶解度很低的氟硅酸盐晶体，反而阻止酸液进一步侵蚀，透过率未继续降低，蒙砂效果不再增强。

 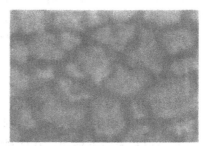

(a)蒙砂90s　　　　　　　　　　　　　　　　(b)蒙砂120s

图 7-3　蒙砂时间对玻璃表面形貌的影响

根据以上分析知道，可通过控制蒙砂温度和时间来达到要求的蒙砂程度。在蒙砂时间固定的条件下，若蒙砂温度提高，玻璃的蒙砂程度增加。在相同的蒙砂温度情况下，蒙砂时间延长，玻璃的蒙砂程度也增强。由于提高蒙砂温度受到氢氟酸挥发因素的限制，因此延长蒙砂时间是行之有效的途径。在浸入法中可以将玻璃制品浸在蒙砂液中的时间延长，以增进玻璃的蒙砂程度；在喷吹法中可进行多次喷吹，即第一次喷吹后，用热水清洗，以除去反应物，再进行第二次喷吹、清洗，根据需要可以重复多次以达到要求的蒙砂程度。

（3）玻璃表面污染对玻璃表面形貌的影响　玻璃在生产、运输、贮藏和出售等过程中表面会不同程度地受到外界的污染，产生一些缺陷，如表面油脂、灰尘或霉迹、水印迹，直接影响玻璃蒙砂效果。因此，要保证良好的蒙砂效果必须对玻璃表面进行洗涤。洗涤方法是用洗涤剂和酸液对玻璃表面进行喷射和刷洗。另外，由于玻璃制造方法不同也会影响蒙砂效果，所以蒙砂平板玻璃时要选用质量较好的浮法玻璃。

（4）蒙砂剂浓度对玻璃表面形貌的影响　蒙砂剂主要成分为氢氟酸，其浓度直接影响玻璃表面的蒙砂。浓度高时腐蚀效果明显，在较短的时间内即可达到一定深度的腐蚀。其他原料如氟化钙、钡盐，氟硅酸钾、钠、钙、钡盐有利于蒙砂。在保证有效浓度最佳的情况下，蒙砂粉浸渍工艺中良好的搅拌装置能使玻璃和蒙砂剂充分接触，所以蒙砂时间只需 30～60s；而在蒙砂膏直接网印工艺中，印于玻璃表面的蒙砂剂稠度较大、流动性差，因此蒙砂所用的时间较长，一般为 3～5min。

7.2.5   蒙砂过程的注意事项

由于蒙砂液、蒙砂粉呈酸性，人体接触时有一定的危害，因此，应避免接触到人的身上，操作人员要佩戴劳保耐酸橡胶手套。此外，浓盐酸系挥发性强酸，酸雾对眼、鼻、口腔黏膜等有强烈的刺激作用，在向 PVC 盆、槽中添加浓盐酸时应佩戴防护口罩、眼镜，操作时动作要做到稳、缓、准。浓硫酸有强烈的脱水作用，对皮肤有严重的腐蚀伤害作用，其密度大于蒙砂液，溶于水时释放大量的热量，故在添加时，只能往蒙砂液中缓缓添加，以防沸腾溅出伤人。如不慎被蒙砂液、蒙砂粉或酸液触及皮肤或溅入口、鼻、眼内时，应马上用大量的清水冲洗。对于洗涤玻璃后的酸性废水，可用熟石灰中和到中性（pH 值为 7 左右），使其达到符合环保要求的排放标准。

在生产蒙砂玻璃中，易出现一些瑕疵，具体原因和解决方法如下。

① 玻璃原片表面不洁净。在蒙砂之前必须将玻璃制品进行彻底脱脂清洗，并视工艺状态，决定是否用水喷枪对已脱脂的玻璃表面再度冲淋，方向可由上至下往复操作。

② 在蒙砂池中发现有大量的白色结晶物，但在蒙砂时间内操作后发现砂面上有针亮点，可对蒙砂液直接适量添加浓度为 36％的 HCl 或浓度为 96％～98％的 H_2SO_4。

③ 在蒙砂池中发现白色的结晶物不多，而且在蒙砂时间操作后发现砂面上有针亮点，甚至有大面积未被蒙砂，应直接在蒙砂池中添加适量蒙砂粉，并少量添加氧化剂，以修正浓度。

④ 在蒙砂操作后若发现砂面上有大面积花斑斓疵点，这是池液中氧化剂过量所至，只需往池液中适量添加自来水并同时加入少量蒙砂干粉即可解决。

⑤ 若发现蒙砂后的玻璃板面上有很多超细小白点，说明池液中已有大量的六氟化硅积淀。对总量而言加入 10％～16％$Al_2(SO_4)_3$，用气泵连续冲扬，使药液反应分解成 H_2SiF_6，H_2SiF_6 继续反应分解成少量的 H_2SO_4，所以应适量添入 NH_4F 及少量的 H_2O，才可使旧液复新。

⑥ 冬天化学蒙砂反应速率太慢，可在池液中适量添加 55％HF 与氧化剂即可大大加快蒙砂速率，平置淋砂法是在平池上端安装数个浴霸红外线灯泡，使被淋砂物质的温度提升，使蒙砂时间提速，提高产量。

⑦ 夏天蒙砂后的玻璃板面易出现泪痕似的花道，可改变蒙砂粉配比，不用

H_2SO_4 而选用 31％ HCl，可大大减缓蒙砂速率，不易产生二次水道性再蚀刻。

7.2.6　玻璃蒙砂设备

（1）全自动平板玻璃蒙砂生产线　全自动平板玻璃蒙砂生产线（图 7-4）将化学蒙砂工艺与机械自动化结合在一起形成一种全封闭、可循环的安全生产体系。

图 7-4　全自动平板玻璃蒙砂生产线

① 设备概况

a. 最大可蒙砂玻璃尺寸：1830×2440×（2～20）mm（可调）；

b. 设备尺寸（长宽高）：30m×2.5m×2.5m；

c. 传动系统：无级变速；

d. 产量：30～60 片/h；

e. 排气系统：两只风扇和一个抽气管；

f. 搅拌系统：两个液下防腐耐酸泵；

g. 材料：支架，链条和轴由不锈钢制作，反应槽和管道由防腐材料制成；

h. 总功率：30kW(可变功率)；

i. 水耗：3～4t/h（部分水可循环利用）。

② 机械特点

a. 自动化程度高，操作简单。

b. 产量大，30～60 片/h。

c. 蒙砂质量稳定，成品率高。

d. 蒙砂单耗低，可有效降低成本。

e. 水可循环利用，废水处理简单。

f. 全封闭体系，对工人身体无害。

g. 全天候操作，不受环境因素影响。

③ 工艺流程　蒙砂的工艺流程为上载→预处理→清洗→蒙砂→清洗→抛光→清洗→下载。

（2）玻璃器皿全自动蒙砂机械　玻璃器皿全自动蒙砂设备由清洗、蒙砂、烘干等工序组成。利用该设备加工的蒙砂玻璃制品（酒瓶、香水瓶、化妆品瓶、玻璃杯等），可以提高产品的成品率、蒙砂质量稳定、操作简单，可节约人工，能够降低厂家药水损耗和玻璃的破损，可以提高蒙砂玻璃瓶的日产量（5万～10万只）；减少药液流失对环境的污染，减少因人对酸性气味不适而产生的安全问题。图7-5为玻璃酒瓶全自动蒙砂机械。

图7-5　玻璃酒瓶全自动蒙砂机械

① 玻璃酒瓶全自动蒙砂机械的基本参数

a. 生产能力：5000～10000个/h。

b. 电源：380V 5011Z。

c. 耗电量：25～35kW。

d. 蒙砂机采用耐酸橡胶、链条为不锈钢。烘干机采用石英玻璃。

e. 加热管加热，采用无级调速电机，输送带运转平稳。

f. 设备大小：根据瓶型大小决定。

g. 如需局部蒙砂，需配丝网印刷机、涂油墨机、烘干机等。

② 玻璃酒瓶全自动蒙砂机械的工艺流程

a. 全蒙砂：稀酸清洗→清水清洗→蒙砂液蒙砂→清水清洗→烘干→成品。

b. 局部蒙砂：稀酸清洗→清水清洗→印刷油墨→烘干→蒙砂液蒙砂→去油墨清洗→清水清洗→烘干→成品。

7.2.7 蒙砂玻璃应用

（1）艺术品领域 随着人们对艺术品审美水平的提高，由玻璃制造的陈设工艺品越来越多地受到人们的关注。一件好的玻璃工艺品，不仅仅是一件摆设，更具欣赏和收藏价值，玻璃艺术设计与加工以前所未有的深度和广度渗透到人们的生活中。艺术玻璃在造型上同时运用不同种类的玻璃及制作工艺的手法大大超过玻璃发展史上的任何时候。

普通玻璃工艺品经过蒙砂后，表面光泽柔和，手感光滑细腻，如玉般洁白无瑕、温润光洁。虽没有烤花的艳丽明亮，也没有瓷器的冷硬深沉，但像一层薄薄的雾笼罩在艺术品的表面，含蓄地释放着特有的美丽。虽不像水晶制品般晶莹剔透，却另有一番高贵典雅、稳重大方的独特魅力。

（2）装饰装修领域 随着装饰行业的发展和壮大，现代人生活越来越追求品味，居家环境的舒适与否越来越受到人们的重视。艺术玻璃凭借其良好的装饰特性、装饰效果，增添了空间装饰的活力，而备受人们推崇。蒙砂玻璃作为朦胧的艺术玻璃，为空间装饰增添了美感，可谓是艺术玻璃的新宠儿，为艺术玻璃锦上添花。

随着人们生活水平的提高，之前只能出现在高档场所的奢侈装饰品也逐渐飞入寻常百姓家中。一块普通的玻璃，经过蒙砂处理，再配合各种工艺在玻璃表面制成各种美轮美奂的图案，用它作家里的隔断、屏风或衣柜、厨房移门、浴室推拉门等。在满足日常生活需要的同时，更带来质朴、纯粹、宁静自然的韵味。蒙砂本身所独有的温润、含蓄加上图案的缤纷亮丽，古典美与现代美的完美结合，让家居环境更富现代气息和艺术感，在采光良好的同时也保护了人们的隐私。

灯饰的美观、大方、新颖、舒适能带给人们更多的精神愉悦，已经成为现代人的生活追求，而蒙砂玻璃灯饰正迎合了现代人们对精神享受的需求。由于蒙砂粉不受灯饰外形的限制，人们可以尽可能地发挥想象制作出各式各样的蒙砂灯饰。可以是传统的圆形、方形，也可以是充满田园气息的草木花虫，还可以是复杂多变的螺旋形等各种形状。蒙砂玻璃灯饰，不仅有良好的透光性，而且不刺眼，大大舒缓了直接用光对视觉造成的压迫感，有利于缓解用眼疲劳。

（3）包装玻璃领域 蒙砂酒瓶是经过蒙砂工艺对酒瓶的处理，形成一种朦胧、高贵典雅的视觉效果，手感也比普通玻璃酒瓶细腻、光滑。除了美感之外，蒙砂酒瓶对保存酒本身也不无益处。酒对温度特别敏感，例如葡萄酒瓶蒙砂过后，不仅能提高产品档次，还能有效地阻止光的进入，最大程度上避免了光对酒的反应作用，可更好地保证酒的质量，相对延长酒的保质期。

化妆品包装行业也采用蒙砂瓶作为化妆品包装市场的主打材料，因其高贵典雅的外观受到广大化妆品消费着的青睐。而且玻璃本身稳定的特质，有效防止了化妆品在光线照射下与化妆瓶起化学反应,可更好地保证化妆品的品质。

(4) 科技领域　电脑、电视、手机已经成为人们日常生活中不可或缺的一部分,而这些电子产品的显示屏幕可以采用蒙砂技术。传统的显示屏幕辐射太大,光线刺眼。用无反射蒙砂玻璃制成的液晶屏幕显示器,让人们清晰地看到屏幕画面的同时,更能减少光线对人眼的刺激。无反射蒙砂玻璃具有高透光、低反射、防眩晕、减反射、防刺眼的特性。普通玻璃的反射率一般在8%左右,经过无反射蒙砂粉蒙砂过后,无反射蒙砂玻璃的反射率由8%降低到1%～2%左右,同时使得80%以上的光线可以穿透,创造了清晰透明的视觉空间,提高了玻璃的透视效果,最大限度地表现了玻璃的透明性。由于无反射蒙砂玻璃的诸多良好特性及实用价值,其如今已成为液晶屏幕显示器制造企业的不二选择。除此之外,无反射蒙砂玻璃还能用于背投电视、触摸屏、PDP保护屏、PTV背投屏幕、DLP电视拼接墙、平板电视、工业仪器表盘、汽车内饰玻璃、高级相框画框、展示橱窗玻璃、背景墙装饰、广告牌玻璃及其他需要应用低反射高穿透玻璃的场合。

7.3　冰雕

冰雕玻璃是利用雕刻制图通过化学反应制作各种立体、剔透精美图案的一种加工玻璃。可以说,冰雕玻璃是凹蒙玻璃的延伸,但冰雕玻璃要比凹蒙玻璃的效果更明显,更具有立体感。

冰雕玻璃具有以下特点。

① 取代砂雕　省时省力,效果比砂雕强几倍,成本比砂雕低,售价比砂雕高好几倍。

② 取代精雕　比精雕制作速度快十倍。效果却不次于精雕。

③ 取代车刻　线条可粗可细,亮度比车刻还亮,虽然没车刻光滑,可立体感远超出车刻。何况车刻还有设备投资较高,技术不易掌握等缺点。同时还具有热溶的特点。这种工艺还可以制作晶贝玻璃上的冰蒙图案。只要1min,冰雕工艺可与任何工艺搭配,不受图案限制。

7.3.1　冰雕玻璃的生产工艺

(1) 工艺要求　冰雕玻璃的生产对于冰雕水池、生产人员以及生产效率有如下要求。

① 冰雕水池　水池大小由所制作玻璃大小决定。PVC板材用来做水池底部及构建四周框架。盖子由木板及塑料薄膜构成,由于氢氟酸、硫酸具有一定的挥发性,所以盖子和四周边框的结合处应具备密封性。

② 生产人员　由于冰雕玻璃是完全由人工生产,而用氢氟酸等物质对玻璃表面进行腐蚀具有很大的危险性,它可以伤及人的皮肤甚至骨头,建议配备碱性

中和设备以解决突发事件。氢氟酸挥发的气体具有毒性和腐蚀性，所以操作时工作人员在处理酸时要穿上防护服、防护靴并戴上手套、面罩。

③ 生产效率　1～2 人每天可生产 20～30m²。

（2）工艺流程　冰雕玻璃制作主要有配制冰雕液、清洗玻璃和浸泡玻璃几步。具体做法如下。

① 配制冰雕液　腐蚀的深度和效果取决于酸的强度和温度、玻璃的品质和浸泡时间。浸泡玻璃需要根据不同的情况调整浸泡的方法。质量比例大致上为 0.12（硫酸）：0.36（氢氟酸）：0.52（水）是普遍适用的，如果要进行深度腐蚀，则需要提高氢氟酸的比例，切记必须先将酸加入水中，而不是将水加入酸中。

② 清洗玻璃　因为普通玻璃表面有一定的无机物存在，所以在玻璃入池浸泡之前，应用酒精或热水对其表面进行擦洗以去除无机物，这样被酸浸泡后的玻璃才能产生晶莹剔透、光洁无疵的效果，同时也可以提高冰雕液的使用寿命。

③ 浸泡玻璃　将玻璃的两面用保护膜贴起以防止酸对玻璃其他部分进行腐蚀，除去装饰纹样部分的保护膜然后将玻璃浸泡入池中，浸泡时间由客户所需得到的效果决定。通常浸泡时间越长，所产生的腐蚀效果越强烈（室内温度一般 35℃ 为最佳反应温度）。当达到满意效果后，一般使用塑料的长柄钩将玻璃从池中取出。

（3）冰雕的工艺设备　玻璃冰雕可以使用冰雕池，如图 7-6 所示。

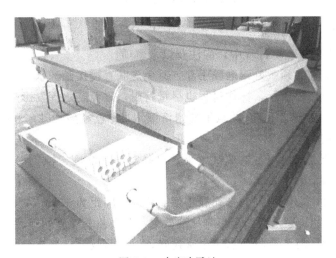

图 7-6　玻璃冰雕池

冰雕池的设备要求如下。

① 所有水箱及管道材料要求用 PP 板材料，其中 PP 板的厚度要求 8～10mm。

② 整个设备要求尽量密封。由于冰雕液具有一定的挥发性，所以盖子和四周边框的结合处应具备密封性（一般是水密封）。

③ 尺寸、规格按客户要求定做。

7.3.2　冰雕液的配制与维护

制备冰雕液的方法、步骤以及在使用过程中的维护方法如下。

① 按 1∶1(质量分) 的方式将蚀刻剂和水稀释、搅拌均匀，配制的药水盖好密封，让其在室温下自然熟化 4～5h。玻璃在新配药水浸泡时间为 20～50min，浸泡时间长短对蚀刻的深度和冰凌的丰满有较大影响，时间长则蚀刻深且冰凌深厚，反之则浅而细腻，所以要按对玻璃效果要求来确定浸泡时间。

② 药水用过一段时间后，浓度会降低，蚀刻深度不够，可适当延长浸泡时间，如效果不明显，就要考虑添加蚀刻剂。

③ 药水使用一段时间后会产生一些白色沉淀物，应定时清理，否则会影响冰凌效果，从而产生白边。清理白色沉淀物后仍产生白边的解决方法是添加蚀刻药液总重量 2％的自来水，用于稀释药液中的杂质离子浓度，再添加蚀刻剂；如蚀刻效果仍较好，仅有少量白边，则只需加入自来水，无需再添加蚀刻剂。

④ 添加方法为总药水量的 10％添加蚀刻剂原液，搅匀并使其在室温下熟化 2h 左右。

⑤ 使用过程尽量将药水密封，以减少药水挥发。

7.3.3　生产注意事项

制造凹蒙冰雕玻璃过程中，应注意以下事项。

① 操作工人必须戴好耐酸胶手套，避免皮肤直接接触药水。

② 操作场地要通风，操作过程也尽量密封，以免药水挥发影响周围环境。

③ 需蚀刻的玻璃用 5％的氢氟酸水溶液（1kg 氢氟酸＋9kg 水）抹洗，然后再用自来水冲洗。

④ 在生产之前应用小玻璃试效果，以确定药水浓度、蚀刻深度及需蚀刻时间，再进行产品生产。

⑤ 浸泡时，玻璃蚀刻面必须静止朝下放置，间距为 1～1.5cm。放置玻璃时应尽量避免产生气泡，否则会影响冰凌效果。如要批量生产可采用层叠方式。

⑥ 停止生产时，应将药水完全密封好，保持药效。

7.4　冰花

冰花玻璃是一种利用平板玻璃经特殊处理形成具有不自然冰花纹理的玻璃。冰花玻璃对通过的光线有漫反射作用，如作门窗玻璃，犹如蒙上一层纱帘，看不清室内的景物，却有着良好的透光性能，具有较好的装饰效果。

冰花玻璃可用无色平板玻璃制造，也可用茶色、蓝色、绿色等彩色玻璃制造。其装饰效果优于压花玻璃，给人以清新之感，是一种新型的室内装饰玻璃。冰花玻璃有两种，一种是化学冰花，一种是物理冰花，两种冰花加工方法不同，所产生的效果也不同。

7.4.1　物理冰花

物理冰花玻璃是一种美观新颖的建筑艺术装饰用玻璃。它具有透光不透明的特点，花形朦胧别致，自然而不重复，其特有的化石般的图案使人有回归自然之感。

物理冰花玻璃可广泛用于建筑物的室内隔断、卫生间及门窗及需要采光又需要阻断视线的各种场合。局部冰花的玻璃可制作美观大方、有较高附加值的冰花镜。将电脑刻花、彩绘与冰花工艺相结合，还可制作出美丽丰富的工艺玻璃产品及系列高级冰花银镜。

（1）物理冰花的技术原理　物理冰花玻璃的制作原理是：将具有很强黏附力的胶液均匀地涂在喷砂玻璃的表面时，因胶液在干燥过程中，体积的强烈收缩和胶体与粗糙的玻璃表面良好的黏结性，使玻璃表面发生不规则撕裂现象。胶体薄膜网龟裂而产生的裂纹成为撕裂的界线，犹如叶子的茎脉，而在撕裂表面形成凹凸起伏、连续而不规则的"冰花"花纹。

（2）材料选择

① 基板材料　制作冰花玻璃的玻璃基板在涂胶前须经喷砂打毛处理，以增大胶与玻璃表面的结合力。加快胶片干燥时剥离颗粒与板面的脱离。磨砂玻璃宜均匀喷制，砂面整齐、粗糙度均一。

② 冰花料　通过多种胶料配方进行反复对比试验，发现以黏度较大的胶料为基料制取的冰花玻璃，剥离面大且深，花形也不均匀。装饰效果不佳。而以明胶为基料配制的冰花料则能取得较好的效果。明胶又叫皮胶或骨胶，是由动物骨皮腱等结缔组织的胶原蛋白部分分解而得到的，易受水分、温度、湿度的影响而变质。是制作冰花玻璃的主要原料，颜色发黄透亮的为好明胶。其正品干胶的含水量在16%以下。

（3）加工工艺　玻璃的物理冰花加工工艺流程如图7-7所示。具体操作过程如下。

图7-7　物理冰花加工工艺流程

① 选择玻璃，并根据需要切割成所需尺寸；

② 用60～80目的金刚砂对玻璃的加工面进行喷砂处理，喷砂要均匀整齐，

以砂面小漏光为准；

③ 把喷砂后的玻璃表面清理干净备用；

④ 配胶：称取 2% 的骨胶、0.5% 的牛皮胶和 97.5% 回用胶放入容器中，加入 90℃ 左右的热水，搅拌均匀使之成为胶水状，将盛有胶水的容器放于 90℃ 的热水中隔水加温 1.5h，此过程即可使胶水保持温度，又有利于回用胶中夹带的玻璃碎屑的沉淀；

⑤ 在温度为 25℃ 的环境下，将配制好的胶水涂布在玻璃的磨砂表面上，可以用毛刷刷，也可以用刮板刮，不管采用哪一种方法，都要保证胶层一样厚，只有这样，才能保证冰花出的均匀一致。冰花花纹的大小与胶层厚度有关，如果需要大些的花纹，可将胶层涂厚些，大约 0.2mm，如果需要小些的花纹，可将胶层涂薄些，大约 0.05mm；

⑥ 将涂好胶的玻璃呈水平状态置于晾干架上，使室内温度控制在 19～24℃，湿度控制在 20%～30%，放置时间为 8～12h，使涂布在玻璃表面的胶水干燥；

⑦ 将玻璃垂直或倾斜地放置在室内的架子上，进行低、中、高温处理，室内要配备有：空调、电加热器和温湿度计，先将温度控制在 20～22℃，湿度控制在 20%～30%，持续时间为 2～4h，再将室温升至 28～30℃，湿度降至 10%，持续时间为 4～6h，然后将室温升至 50～56℃，湿度降至零，持续 3～5h，胶层渐渐爆裂脱落，待胶层脱净，玻璃表面便留下了不规则的冰花图案，从而形成了永不褪脱的冰花玻璃；

⑧ 剔除爆起的胶片，洗净残胶，即得成品冰花玻璃。而脱落的胶片作为回用胶回收。

（4）加工过程中的质量缺陷与原因　冰花玻璃的加工多以手工作业为主。受玻璃和人为因素的影响，容易造成花形不均、花形碎小、未爆面过大或过小等缺陷，直接影响产品的质量和成品率。

① 花形不均　指花形杂乱不一或花纹大小悬殊。造成这一缺陷的原因主要是涂胶液膜厚薄不均。而造成胶片厚薄不均的原因主要如下。

a. 涂胶厚薄不一；

b. 涂胶及不燥时玻璃放置不平；

c. 涂胶或干燥时胶液顺势流淌，造成胶片厚薄不均。

② 花纹杂乱　指玻璃表面形成的图案散乱，玻璃上呈现的爆裂纹线过粗过长。这是因为胶膜在干燥时，温度过低或吹风风速过大，使胶液表面过快结皮，形成"硬皮"。但其胶膜内部的水分蒸发困难，内外难以同步干燥，使胶片干燥不均匀，导致其与玻璃表面结合不牢固，爆花时收缩力不够，胶面呈现大裂纹，胶片顺纹起爆，致使花形杂乱而偏大。如自然干燥时间掌握不好，送入加热间升温过早，胶膜内还将出现气泡。

7.4.2　化学冰花

化学冰花玻璃是用冰花漆喷涂或刷到玻璃上，使玻璃表面形成各式各样的如冰似霜的肌理效果。化学冰花加工比较简单，不需要设备，只要掌握住操作方法，都能做出理想的冰花玻璃。化学冰花漆的种类，根据其图案的不同，可分为裂纹冰花、天鹅绒冰花等，各种冰花漆可以单独使用，也可以混合使用。冰花漆本身是无色的，可以根据需要加入适量色精或玻璃漆，制作出彩色冰花玻璃。

（1）彩色化学冰花玻璃加工工艺

① 先把玻璃磨砂，清理干净，地面洒水保持湿度。

② 把冰花漆倒进塑料容器，加入适量中铬黄。加入量不可太多，否则，会影响冰花效果。

③ 把冰花漆搅拌均匀，静置 10min，让气泡消除。

④ 用软毛刷把冰花漆刷到玻璃的磨砂面，一定要刷均匀，涂膜观感应丰满，太薄则花形小且可见刷痕，太厚则产生流挂现象且易显针状。

⑤ 刷完之后仔细检查一遍，有不均匀或漏刷的地方马上修补。

⑥ 把刷好的玻璃置于常温下，在无风或微风的环境中固化，一般情况下，15～30min 花形开始出现，1h 花形全部形成。

⑦ 冰花漆在 26℃ 出冰花效果最好，冬天和夏天要适当调整室内温度。

⑧ 根据气温情况，冰花玻璃花形完全固化需 1～2 天，彻底固化后即为成品。

（2）加工注意事项

① 冰花涂料涂布完毕后，必须置于常温下，在无风或微风的环境中固化，不得在阳光下晒或电风扇吹，以防影响冰花效果。

② 玻璃在涂布冰花涂料前进行蒙砂或喷砂处理黏结会更加牢固。

③ 如果气温较高且气候干燥，可在工作间洒水来增加湿度，而使花形变大。

④ 玻璃冰花涂料在涂布过程中应连续操作，一次涂布成型。如果发现缺陷需进行修补，间隔时间不应超过 1min。

⑤ 冰花涂料可用聚酯清漆专用稀释剂稀释，也可以加入适量彩晶而使之变为彩色冰花。

⑥ 冰花玻璃在固化之后，不可用稀释剂擦，不可在水中浸泡，否则，会破坏画面而导致冰花层脱落。

第8章
玻璃丝网印刷技术

丝网印刷属于孔版印刷，它与平印、凸印、凹印一起被称为四大印刷方法。孔版印刷包括誊写版、镂孔花版、喷花和丝网印刷等。其中应用最广泛的是丝网印刷。

丝网印刷是将丝织物、合成纤维织物或金属丝网绷在网框上，采用手工刻漆膜或光化学制版的方法制作丝网印版。现代丝网印刷技术，则是利用感光材料通过照相制版的方法制作丝网印版（使丝网印版上图文部分的丝网孔为通孔，而非图文部分的丝网孔被堵住）。印刷时通过刮板的挤压，使油墨通过图文部分的网孔转移到承印物上，形成与原稿一样的图文。

8.1 丝网印刷玻璃概念

8.1.1 丝网印刷玻璃定义

丝网印刷玻璃就是利用丝网印版，使用玻璃釉料，在玻璃板上进行装饰性印刷而成的加工玻璃。玻璃釉料也称玻璃油墨、玻璃印料，它是由着色料、黏结料混合搅拌而成的糊状印料。着色料由无机颜料、低熔点助熔剂（铅玻璃粉）组成，黏结料在玻璃丝印行业中俗称为刮板油。印刷后的玻璃制品，要放火炉中，以 $520\sim600℃$ 的温度进行烧制，印刷到玻璃表面上的釉料才能固结在玻璃上，形成绚丽多彩的装饰图案。

8.1.2 丝网印刷玻璃工艺原理

丝网印刷由五大要素构成，即丝网印版、刮印刮板、油墨、印刷台（机）以及承印物（玻璃基片）。基本原理是利用丝网印版图文部分网孔透油墨，非图文部分网孔不透墨的基本原理进行印刷。其工艺流程为：印刷准备→上片→定位→版台接触→刮釉→回釉→版台分离→卸片。

印刷时，在丝网印版一端上倒入油墨，用刮印刮板在丝网印版上的油墨部位施加一定压力，同时朝丝网印版另一端移动。油墨在移动中被刮板从图文部分的网孔中挤压到承印物上。由于油墨的黏性作用而使印迹固着在一定范围之内，印刷过程中刮板始终与丝网印版和承印物呈线接触，接触线随刮板移动而移动，由于丝网印版与承印物之间保持一定的间隙，使得印刷时的丝网印版通过自身的张力 N_1 和 N_2 而产生对刮板的反作用力，这个反作用力称为回弹力 F_2。回弹力使丝网印版除印压线外都不与玻璃表面接触，釉料在刮墨板的挤压力 F_1 作用下通过网孔，从运动中的压印线漏印到玻璃基片表面，如图 8-1所示。

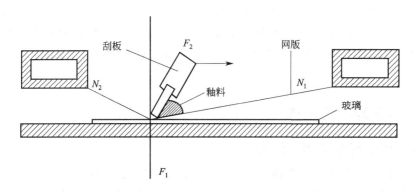

图 8-1　丝网印刷工作原理

随着丝网印版与刮墨板的相对运动，挤压力 F_1 和回弹力 F_2 也随之移动，使丝网印版与承印物只呈移动式线接触，而丝网印版其他部分与承印物为脱离状态。使油墨与丝网发生断裂运动，保证了印刷尺寸精度和避免蹭脏承印物。当刮板刮过整个版面后抬起，同时丝网印版也抬起，并将油墨轻刮回初始位置。至此为一个印刷行程。

根据丝网印刷技术原理，把油墨印刷到平板玻璃的表面，而后采用油墨的固化措施，使得图案牢固经久耐用。其生产工艺过程如图 8-2 所示。

图 8-2　丝网印刷玻璃生产工艺流程

8.1.3　丝网印刷工艺特点

丝网印刷的特点归纳起来主要有以下几个方面。

① 丝网印刷可以使用多种类型的油墨　即油性、水性、合成树脂乳剂型、

粉体等各类型的油墨。

② 版面柔软　丝网印刷版面柔软且具有一定的弹性不仅适合于在纸张和布料等软质物品上印刷，而且也适合于在硬质物品上印刷，例如玻璃、陶瓷等。

③ 丝网印刷压印力小　由于在印刷时所用的压力小，所以也适于在易破碎购物体上印刷。

④ 墨层厚实，覆盖力强。

⑤ 不受承印物表面形状的限制及面积大小的限制　由前述可知，丝网印刷不仅可在平面上印刷，而且可在曲面或球面上印刷；它不仅适合在小物体上印刷，而且也适合在较大物体上印刷。这种印刷方式有着很大的灵活性和广泛的适用性。

8.2　印刷网版的制作

8.2.1　印刷网版制作方法分类

印刷网版（感光版）的制作方法分直接法、间接法、直间法三种，从本质上讲这三种制版方法的技术要求是一样的，只是涂布感光胶或贴膜的工艺方法有所不同，见图 8-3。

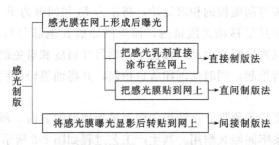

图 8-3　感光制版法的种类

（1）直接制版法　直接制版法即感光乳剂直接制版法，是在绷好的网版上涂布一定厚度的感光乳剂（一般为重氮盐感光乳剂），涂布后干燥，然后用制版底片与其贴合放入晒版机内曝光，经显影、冲洗、干燥后就成为丝网印刷网版。其工艺流程如下：感光乳剂配制→绷网→脱脂→烘干→涂膜→烘干→曝光→显影→烘干→修版→最后曝光→封网。

（2）直间制版法　直间制版法是在制版时首先将涂有感光材料膜片基的感光膜面朝上平放在工作台面上，将绷好的丝网框平放在片基上，然后在网框内放入感光乳剂并用软质刮板加压涂布，经干燥充分后揭去塑料片基，附着了感光膜的丝网即可用于晒版，经显影、干燥后就制出丝印网版。工艺流程为：绷网→脱脂→烘干→剥离片基→曝光→显影→烘干→修版→封网。

（3）间接制版法　间接制版法是将感光膜片（俗称水菲林）首先进行曝光，用 1.2% 的 H_2O_2 硬化后用温水显影，干燥后制成可剥离图形底片，制版时将图形底片胶膜面与绷好的丝网贴紧，通过挤压使胶膜与湿润丝网贴实，揭下片基，用风吹干就制成丝印网版。

无论采用任何一种制版方式，都需要选网、绷网、上浆、干燥、晒版、显影、干燥等基本步骤。

8.2.2　丝网的选择

丝网是制作印刷网版的骨架，支撑感光浆或感光膜的基体。因此，在决定制版和印刷质量的因素之中，首先要对丝网进行正确选择。编制丝网用的材料有棉纱、真丝、尼龙、聚酯、不锈钢丝、铜丝及其他金属多种。在制作丝网印版时，应对丝网材料进行全面了解，才能为正确选用并制作出高质量的印版打好基础。

（1）丝网材料的特性

① 棉纱丝网　由于其经线、纬线的均匀度很差，使得网孔大小不一致，形状各异；棉纱线表面光滑度也差，抗拉力很低，耐压率也很低；棉纱丝网制作的印版质量不理想，解象差，耐印效果也不尽如人意，因此已很少使用。

② 真丝丝网　其经线、纬线的均匀度，抗拉强度，表面光洁度均较棉纱丝网高，缺点是延伸率太大，容易老化变质，耐光效果不好，长期暴露在光照下极易变脆。

③ 尼龙丝网　是由一种合成纤维编织。在编织上有多股和单丝之分。其经线、纬线的粗细可根据不同的要求进行加工，网眼的面积密度较均匀，耐磨性较好，延伸率也比真丝丝网低，同时尼龙丝网制作的印版使用时静电较小。缺点是耐酸性能稍差。

④ 聚酯丝网　也称涤纶丝网，也是由一种合成纤维编织。经线、纬线的粗细也可根据要求制作，网眼面积和密度也较均匀，它的耐化学药品性能比尼龙丝网强，延伸率较尼龙丝网低。缺点是印刷时产生静电，含水性方面较尼龙丝网差。

⑤ 金属丝网　指的是用不锈钢丝、钢丝编织的丝网，也有用电镀金属镍制作的丝网。其特点是强度高、耐磨性好、耐化学药品性能优良、表面光洁度也高，而且导电性能特好，极易在印刷时加热，很适合需要加温的丝印油墨或浆料。金属丝网的缺点是弹性小，丝网有了折痕就无法恢复弹性，只能报废处理。

在目前的丝网印刷中，一般常采用尼龙丝网作为印版的基材，不过在制作非常精密的图像印版时，也常采用聚酯丝网和金属丝网作为印版基材。

（2）丝网材料的编织　市场上丝网品种多种多样，在编织的形式上也有很多的不同，但就其编织的主要形式来讲，有以下几种。

① 波纹式编织　是一种最通行的编织形式，这种编织形式抗拉强度较好，也较均匀。缺点是丝网受到刮墨板的压力后，纬线容易移位，造成图像拉长。这种编织形式的丝网，由于其结构的不稳定，产品印量不易过大，过大的印数会造成前后印品的误差很大。

② 辫子式编织　这种编织形式的丝网，其耐印率大大提高，能保证图像的精密度，较好地避免刮墨板压力引起的纬线移动，辫子式编织的丝网厚度明显增加，印刷后的墨层厚度也会随之增大。

③ 半辫子式编织　这种编织形式结合了波纹式编织和辫子式编织形式的优点，这种丝网很适合印刷印量大，但图像精密度要求不高的印品。

（3）丝网的规格　丝网的规格一般用"目"表示。指的是每一英寸丝网的长度中所容纳的网孔是多少。每一英寸丝网的长度中，网孔的数目越多同孔的孔径就越小。例如120目，指的是一英寸长度的丝网中有120个网孔；250目，指的是一英寸长度的丝网中有250个网孔。依此类推。每一英寸长度的丝网中网孔数少于180目，人眼可以分辨，如果多于180目，人眼就不容易看清网孔。

市场上对丝网也有用"型号"来表示的，例如：真丝网SP56号表示为150目单纱丝网，真丝网XX15号表示为50目双纱丝网。

常用的丝网"目"和"型号"的对应关系见表8-1。

表8-1　常用的丝网"目"和"型号"的对应关系

丝网型号	对应关系
真丝单纱丝网（SP）	38号=102目、40号=107目、42号=112目、45号=121目、48号=129目、50号=134目、52号=139目、54号=144目、56号=150目、58号=156目
真丝双纱丝网（XX）	6号=74目、7号=82目、8号=90目、9号=97目、10号=109目、11号=116目、12号=125目、13号=129目、14号=139目、15号=150目、16号=160目
尼龙丝网	109号=109目、125号=125目、150号=150目、175号=175目、200号=200目、225号=225目、250号=250目、270号=270目、300号=300目、330号=330目、350号=350目、380号=380目
聚酯单丝丝网	120号=47目、135号=53目、150号=59目、175号=69目、220号=79目、225号=90目、250号=100目、270号=110目、300号=120目、330号=130目、350号=140目

在印刷过程中，采用 160 目尼龙丝网制作的印版常出现感光胶膜与丝网粘接牢固度不够好，印刷的线条易变粗而且有毛刺，刮墨板刮印时也费力的问题；采用 250 目尼龙丝网制作的印版，印刷精度能提高，刮墨板利印时省力、毛刺变小；采用 360 目尼龙丝网制作的印版，感光胶膜和丝网粘接牢固、刮墨板刮印省力、印刷精度明显提高，线条、文字边缘整齐，线条和间距可达到 0.2～0.15mm。半色调的四色印件产品，常选用 80 目、100 目、130 目的丝网来制版即可满足印刷的要求。

（4）丝网材料的质量保证　作为丝网印刷的基材——丝网，就其质量的好坏应注意以下几方面。

① 丝网要有一定的强度和耐磨性，保证良好绷网和印刷要求，并能满足大批量产品的印刷和丝网版的回收和再次利用。

② 丝网要求网线光洁，网孔大小均匀、方正、密度均称、延伸率小，缩水率要低，避免网孔变形或网孔堵塞，并且方便印版的制作和印刷作业的实施。

③ 丝网要有耐化学药品的性能，有较强的抗酸、抗碱性能和抗老化性能，受各种溶剂、油墨、浆料的影响应减小到最低限度，胶膜擦洗方便，印版图像能保存，不至于因长期存放使印版变脆而报废。

④ 丝网要有一定的回弹性，回弹性不能过大或过小，过大时印刷容易造成图像边缘不清；过小时刮墨板利印较困难。合理的弹性应依据图像大小，印刷时网框和承印物之间的距离，油墨、浆料的黏稠度等多种因素来确定。

（5）丝网材料在制版时的选择　根据原稿的设计要求、图像大小、线条粗细选用不同目数的丝网。设计要求高，图像小，文字小，线条细，最细线条宽度为 0.2mm 左右的可选用 250 目及以上目数的丝网制作印版；反之设计要求不高，图像大，线条宽，最细线宽在 0.3mm 以上的可选用 200 目及以下目数的丝网制作印版。应注意的是，丝网网目低于 180 目，制作的印版印出的图像边缘齿牙较明显。

根据产品墨层的厚薄度来选择不同目数的丝网。丝网目数越多，网孔直径就越小，油墨或浆料通过量也就越少，印品上堆积的墨层也就显得很薄；丝网网目少，其网孔直径就大，油墨或浆料的通过量就多，印品上堆积的墨层也相应增厚。

根据油墨或浆料、颜料颗粒粗细大小来选择不同目数的丝网制作印版，选择制作印版的丝网目数应小于颜料颗粒的 1/2，保证一个网孔能通过两个以上的颜料颗粒，这样才能保证优质的印刷效果。

制作的丝网印版要求耐酸性强，对于油墨、浆料需加温才能印刷的颜料，在丝网制版时应选择金属丝网来制作印版，金属丝网制成的印版可以通电加温来降低油墨或浆料的黏稠度，方便印刷。同时金属丝网耐酸性强方便于洗涤及回收。

真丝网、尼龙丝网、聚酯丝网有白色和黄色两种。采用直接制版活在曝光时，白色丝网容易引起光的衍射，使制得的印版和底片产生误差（印版的感光部分大于底片），图像边缘部分发虚。白色丝网木宜制作高精度的印版，要晒制高精度印版最好选择黄色丝网，以减少曝光时光的衍射现象，制出的印版和底片的误差能限制在最小的范围内，保证了印版的质量，从而避免了光线在白色丝网上因反射引起的光晕，造成的图像失真，边缘不齐的问题。

各类丝网的优缺点及使用效果见表8-2。

表8-2　各类丝网的优缺点及使用效果

名　称	网目数/目	精度	耐印率	耐药性	经济性	使用比例/%
聚酯丝网	70～380	一般	良好	良好	良好	80
尼龙丝网	70～400	差	良好	一般	良好	16
金属丝网	80～500	良好	良好	良好	一般	3
真丝丝网	70～200	一般	一般	差	差	1

总之，丝网是制作丝网印版的基材，丝网对印版制作的质量有着很重要的影响。要想制得一块理想的印版，在制作丝网印版前，对丝网性能、可变因素都要弄清楚，慎重选择，这样制作的丝网印版才能使产品达到预期效果。

8.2.3　网框的选择

网框是制作丝网印版的重要材料之一，网框选择的合适与否对制版质量，以及对印刷质量有着直接的影响。

（1）网框材质种类及比较　按材质，网框一般有木框、铝框、铁框、塑料框、不锈钢框、铜框六种，常用的有木框、铝框、铁框等。

①　木框　价格比较便宜，制作方便，可手工绷网又可机械绷网，但其不足之处在于强度低，易变形，只适于低精度产品的印刷，而不适于快速高精度网印，此外木框拉出来的网易松弛，回收性差。

②　铁框　相比木框具有尺寸稳定，坚固耐用的特点，但其体重、易生锈，使用起来较不方便，且只可用机械绷网。

③　铝框　虽也只适用于机械绷网，但其具有变形小、体积轻、不易生锈、移动方便的特点，因此铝框是目前印刷制版中采用最多的一种网框。

（2）网框选择　为了保证制版、印刷质量及其他方面的要求可根据以下条件选择网框。

①　网框必须具有一定的强度。因为绷网时，丝网对网框产生一定的拉力和

压力。这就要求网框耐压，不能产生变形，要保持网框尺寸精度。

② 在保证强度的条件下，网框尽量选择重量轻的，便于操作和使用。

③ 网框与丝网粘接面要有一定的粗糙性，以加强丝网和网框的粘接力。

④ 网框的坚固性。网框在使用中要经常与水、溶剂接触，以及受温度变化的影响，这就要求网框不发生歪斜等现象，以保证网框的重复使用。这样可减少浪费，降低成本。

⑤ 生产中要配置不同规格的网框，使用时根据印刷尺寸的大小确定合适的网框，可以少浪费，而且便于操作。

目前比较正规、变形不大的网框是铝合金网框，其尺寸应比图案大，具体尺寸应该是图案的外缘距网框应在 70～100mm。另外选择网框，其强度很重要，关键是水平方向的刚性足够。

（3）新网框预处理

① 预应力处理　绷网后因网框的弯曲变形会对丝网的张力稳定性产生影响，为了减少这种影响，在制样前一般要对新网框边部作预应力处理，即让框边适当地向外弯曲，其挠度约 4mm，每个内角略大于 90°，以防止绷网时网框向内变形。

② 打磨网框　新的网框不能有任何锋利的边缘和尖角，因为这些都会损坏丝网，丝网在绷网时随时有可能被撕破，故必须对新网框的边缘和框角进行圆化处理。

③ 粗化处理　表面光滑的铝框是很难贴紧丝网的，为了保证丝网与网框的粘接强度，网框的粘接面必须有一定的粗糙度，故要用打磨机进行粗化处理，同时确保打磨后没有毛刺。

④ 预处理　新网框在使用前，一般要用溶剂（如酒精）进行除脂，同时在粗化面涂上一层粘网胶打底。

8.2.4　感光材料的选择

（1）感光胶种类及性能　简单来说，感光胶就是见光可发生化学反应的胶状液体，用刮斗在清洗干净且完全干燥的丝网上均匀地涂布，即可得到具有感光性能的网版。

感光胶的种类很多，常用的是重氮化合物感光胶和双硫化光聚合物感光胶。双硫化光聚合物感光胶与重氮化合物感光胶相比，含水分少，干燥过程中收缩小，这一优点可使网版上的图文获得锐利的边缘，而且可加快制版的速度。当使用水基油墨时，其持久性更好。因而，双硫化光聚合物感光胶正在逐渐取代重氮化合物感光胶。

除了上述两种感光胶之外，有些大规模的网印公司还使用一种纯光聚合物感光胶，纯光聚合物感光胶可预先配制，感光速度快，曝光时间短，但价格昂贵，一般网印使用双硫化光聚合物感光胶即可。

对于印量较大的印活（多于500印），特别是使用水基油墨，则应该采用特殊的抗水感光胶。标准的双硫化光聚合物感光胶和纯光聚合物感光胶都有很好的抗水性，但它们不适于印量较大的活件。

（2）感光胶的配制　无论是双硫化光聚合感光胶还是一般的重氮感光胶，其成品都包括两部分，一部分是胶基，另一部分是见光发生反应的感光剂。配制感光胶时，先加入一些温水将瓶中的感光剂粉末溶解（有些感光剂是深棕色的液体，而不是粉末），由于感光胶与水中的矿物质可能发生反应，最好使用蒸馏水溶解感光剂。水的温度应不高于38℃，否则会影响感光剂的性能；如果水温太低，则粉末不易溶解。摇动瓶子或适当搅拌，有助于感光剂的溶解。

下一步是将感光剂溶液加入到胶基中去，并用非金属棒（如木勺等）进行搅拌，大概需要10min左右，搅拌时不要来回拉动搅拌，最好以"∞"形进行。然后把配好的感光胶放置几个小时，待其中的气泡逸出，就可以使用了。

感光胶对热特别敏感，应该在低于38℃的条件下保存。放在冰箱中，可以保质1~2个月。如果感光胶变成了棉絮状，或有些块状沉淀，就不能再使用了。纯光聚合物型感光胶，在出售时就已是配制好的，保存期长达5年。

8.2.5　绷网

（1）绷网工艺过程　绷网是制作丝网印版的第一道工序。绷网质量对制版质量有着直接的关系。所以，必须认真、细致地做好绷网前的准备工作和绷网工作。绷网工艺流程如下：选择网框→清洁网框→预涂粘网胶→干燥→排列网夹→裁取丝网→绷网→涂粘网胶→干燥→裁切取网→网版整理。

绷网首先按照印刷尺寸选好相应的网框，将网框与丝网黏合的一面清洗干净，如果是第一次使用的网框，需要用细砂纸轻轻摩擦，使网框表面粗糙，这样易于提高网框与丝网的粘接力，如果是使用过的网框也要用砂纸摩擦干净，去掉残留的胶及其他物质。清洗后的网框在绷网前，先在与丝网接触的面预涂一遍黏合胶并晾干。绷网时，用手工或机械绷网，丝网拉紧后使丝网与网框贴紧，并在丝网与网框接触。部分再涂布黏合胶，然后吹干，注意黏合胶不宜涂得过厚或过薄，在吹干时，可用橡胶板或软布，边擦拭粘接部分，边施加一定的压力，使丝网与网框粘接的更牢固。待黏合胶干燥后，松开外部张紧力，剪断网框外边四周的丝网，然后用单面不干胶纸带帖在丝网与网框粘接的部位，这样可起到保护丝网与网框的作用，还可以在防止印刷时溶剂或水对黏合胶的溶解，以保证丝网印版的有效使用。最后用清水或清洗剂冲洗丝网，待丝网晾干后，就可用于感光胶涂布（制版）。

（2）绷网方法及特点　绷网是制作丝网印版必不可少的一个工序。绷网，是将丝网在一定拉力下牢固地固定在网框上，并使绷好的丝网具有一定的张力，以满足感光剂涂布及其他制版要求。丝网张力的大小以及绷网质量的高低，对印刷质量也有直接的影响。彩色印刷时，要求套色的丝网印版每色版的绷网张力必须保持基本一致，这样才能保证套印准确。

绷网主要有手工绷网和机械绷网两种方法。手工绷网是一种简便的传统方法。通常适用于木制网框。这种方法是通过人工用钉子、木条、胶黏剂等材料将丝网固定在木框上。手工绷网的张力一般能够达到要求，但张力不均匀，才做比较麻烦、费时，绷网质量不易保证。这种方法多用于少量印刷和印刷精度要求不高的场合。

机械绷网是利用机械力量，使丝网绷紧，用黏合剂将其与网框牢固的黏合在一起。待黏合剂干燥后，取下网框，用聚酯膜单面压敏胶纸带封边。以防黏合剂溶解，并使丝网印版外观整洁。各种材质的网框均可用机械绷网。机械绷网具有张力均匀，绷网时间短等特点。容易掌握所需张力。适于高精度要求的制版。图8-4 为气动绷网机。

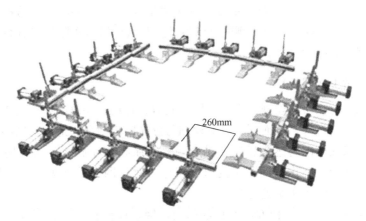

260mm

图 8-4　气动绷网机

（3）绷网角度的选择　绷网角度是指丝网的经、纬线（丝）也网框边的夹角。绷网有两种形式，一种是正绷网，另一种是斜交绷网。

① 正绷网　是丝网的经、纬线分别平行和垂直于网框的四个边。即经、纬线与网框边呈 90°。

② 斜交绷网　是指丝网的经、纬线分别与网框四边呈一定的角度。采用

正绷网形式绷网，操作比较方便，由于能够充分利用丝网，可节省丝网的边角料。减少丝网浪费。但是，在套色印刷时采用这种形式绷网制版容易出现龟纹，所以套色印刷一般不采用正绷网。采用斜交绷网利于提高印刷质量，对增加漏墨也有一定效果。其不足是丝网浪费较大。在印刷精度要求比较高和彩色印刷中，绷网角度的选择对印刷质量有直接的影响，绷网角度选择不适合，就会出现龟纹。所以，一般复制品的印刷，常适用的绷网角度是20°～35°，在印制高分辨率的线路板时，由于使用的丝网目数较高，所以绷网角度选择45°比较适合。在实际绷网时，为了减少丝网浪费，一般复制印刷品多采用正绷网。

（4）绷网张力的确定　丝网印刷精度与丝网印版的精度有关，而丝网张力的影响丝网印版质量的重要因素之一。丝网张力与网框的材质及强度、丝网的树质、温度、湿度、绷网方法等有关。通常在手工绷网和没有张力仪的情况下，张力确定主要凭经验而定，绷网时一边将丝网拉伸、一边用手指弹压丝网，一般用手指压丝网，感觉到丝网有一定弹性就可以了。

在使用绷网机以及大网框绷网时，一般都使用张力仪测试丝网张力。

在使用绷网机绷网时，由于绷网夹头的移动（松紧调试）是通过气压表来控制实现的，所以不同质地的丝网，其绷网的气压值不同。通常绢网（真丝丝网）的绷网气压值是 $7\sim9$kgf/cm^2（1kgf/cm^2＝98.0665kPa）；尼龙丝网的绷网气压值是 $8\sim10$kgf/cm^2；涤纶丝网的绷网气压值是 $8\sim10$kgf/cm^2；不锈钢丝网的绷网气压值是 $10\sim13$kgf/cm^2。绷网可以参考这些数据根据实际情况进行绷网，以获得比较理想的绷网张力。

8.2.6　感光胶的涂布

（1）感光胶涂布前丝网处理　丝网的制造、运输、存放、使用过程中其表面会黏附灰尘、油污等，从而严重影响丝网与感光胶的结合，造成丝网印版的质量下降，为了保证丝网与感光胶紧密结合，要在涂布感光胶之前对丝网进行前处理。丝网前处理是制作丝网印版的重要工序。对丝网的前处理通常采用两种方法，即物理处理法和化学处理法。

① 物理处理法　这种方法的目的的使丝网表面极化，以利于丝网与感光胶的结合。这种方法的用浮石和硅酮碳化物经研磨成粉状，通过机械对丝网表面处理。或使用硅酮碳化物粉末对丝网进行处理，粉末颗粒为 20μm 以下。处理后用水将丝网清洗干净并干燥，然后即可用于制版。

② 化学处理法　通常在制版前使用苯酚、甲酚和磷酸类腐蚀剂对合成纤维丝网表面进行处理，以使丝网表面粗糙，达到与感光胶紧密结合的目的。苯酚、甲酚和磷酸类腐蚀剂容易损伤丝网，所以在进行化学处理时要充分

注意。

　　除了对丝网表面进行极化处理外，还可以苛性碱、清洗剂等对丝网进行脱脂清洗，采用脱酯清洗方法可有效地去除丝网表面油污、灰尘等物质，使丝网与感光胶粘接牢固。用上述溶剂清洗后还要用清水冲洗，干燥后，即可用于制版。

　　（2）感光胶的涂布　感光胶的涂布方法很多，最常用的是旋转法和刮斗法。其中刮斗涂布法又分为机械涂布法和手工涂布法。

　　① 旋转涂布法　是把版固定在涂布器上使之回传，将感光胶倒在版的中心，倒下的液体由于离心力的作用向四周均匀地涂布成膜的方法。与用刮斗涂布相比可得到高度均匀的膜。如果感光胶黏度、旋转速度、网目等条件不变的话，任何人都能进行质量固定的涂布。但只适用于小块版的涂布（一般不超过 50mm × 50mm）。如图 8-5 所示。

　　② 手工涂布法　手工涂布有不锈钢刮斗涂布、平毛刷涂布、塑料刮板涂布 3 种方法，目前主要采用刮斗手工涂布。刮斗也称上浆器，是一个用不锈钢板作成的细长形状的小簸箕（图 8-6）。也可用薄塑料板来制作，注

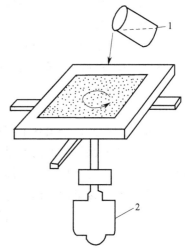

图 8-5　旋转涂布法示意
1—感光胶；2—电动机

图 8-6　刮斗

意涂布用的沿口一定要光滑无缺口。沿口可以是直的，也可以是圆弧状的。刮斗有两种用途：一是涂布感光胶，二是用于封网。刮斗尺寸根据网框尺寸而定，也可以采用小刮斗多次涂刮的方法，选一种中等长度的经常使用。国内市场上可以见到的规格有 65mm、250mm、300mm、400mm、500mm、600mm。

通常图幅面积、胶斗长度及刮胶面积的关系如下：

    a. 图幅面积＝$a×b$（a 为短边、b 为长边）；

    b. 刮胶面积＝$(a+4)$cm×$(b+6)$cm；

    c. 刮斗长度＝$(a+4)$cm。

这样，既省胶液，又有充足的作业面积。

刮斗与丝网接触的刃口边，必须保证较高的平整度，不能有碰伤的痕迹。如果平整度低或有碰伤，涂布后的膜层则会出现条痕或膜层厚度不均匀的现象，从而使印刷后的图文线条出现毛刺和墨层厚度不均匀。刮斗的刃口边沿应光滑，以防在涂布时造成刮伤丝网的后果。由于绷好的网有一定的弹性，刮涂时容易出现膜的厚度不均匀的现象，即中间部位膜厚而四边膜薄。为避免出现这类问题，通常制作刮斗时使接触丝网的一边略呈一定的弧状。这样可以避免因丝网弹性造成的膜厚不均匀的现象。

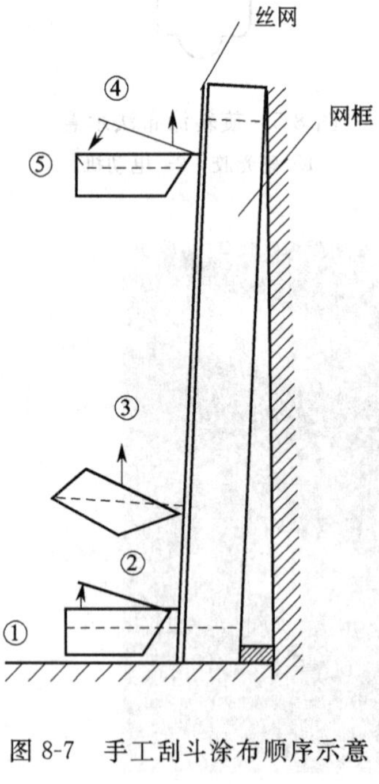

手工刮斗涂布的顺序见图 8-7，图中：①把绷好网的网框以 80°～90°的倾斜竖放，往斗中倒入容量为 60%～70%的感光液，把斗前端压到网上。②把放好的斗的前端倾斜，使液面接触丝网。③保证倾角不变的同时进行涂布。此时如果涂布的速率过快，容易产生气泡造成针孔。④⑤涂布到距网框边 1～2cm 时，让斗的倾角恢复到接近水平，涂布至多涂的液体不剩下为止。这样全部涂布感光胶后，把框上下倒过来重新涂布一次，然后干燥。第一次干燥应充分，若用热风干燥，应掌握适当温度，温度过高，有产生热灰雾的可能，必须引起注意。干燥后，再按同样的要领涂布 2～3 次，直至出现光泽。刮斗接触网的力量的大小依涂布速率不同而不同，如果把刮斗往返一次算作一个行程的话，一次涂布的感光膜的厚度在完全干燥状态下为 1.2～1.6μm。因而 7～8 个行程后可以得到 10μm 的膜厚。

图 8-7　手工刮斗涂布顺序示意

通常涂布的丝网面是与承印物接触的面，为了提高其耐印力，可让刮斗在面上往返 1~2 次算作一个行程。这种刮斗涂布只需稍作练习即可掌握，如果行程数固定，通常可以得到相应的膜厚。但是膜厚的要求相当严格时，必须利用膜厚计测定。

涂胶次数视要求的膜版厚度而定。为使涂层表面平整，采取"湿涂干"涂布法，即涂布与干燥交替进行。每交替一次称为 1 遍，一般膜层需涂 2~3 遍，每遍 2~3 次。如果胶的稠度、通孔率及涂膜作业参数发生变化，则涂胶次数亦应改变，甚至也可"湿涂湿"1 遍完成。

③ 机械涂布法　使用刮斗进行手工涂布时，需要操作者有熟练的技术，感光胶的厚度会因操作者的疲劳而产生误差，难以得到稳定的涂布层。因此，为使涂布的感光胶膜层厚度均匀，一般大面积的网版涂布往往采用机械自动涂布方式。这种涂布设备有三种类型：涂布斗移动型、版框移动型和水平移动型，最常用的是涂布斗移动型。

使用涂布斗移动型涂布机涂布感光胶时，必须注意涂布斗与丝网接触部分的间隙、角度、压力和速度。涂布条件因感光胶的黏度、成分及性质的不同而不同，因此通常要依照实验数据而定。若使用的感光胶保持不变，其涂布条件也不会变，因而能得到感光胶厚度均一的印版，曝光的时间参数也可以统一。

一般认为感光胶中含有的固体成分越多，涂布斗与丝网面的间隙应越大，涂布速率应越慢，则涂布的感光胶厚度层就越厚。涂布速率过快，会使感光胶中混入气泡，因此，速率的规定非常重要。作为感光胶涂布的特点之一，在丝网上进行一次涂布时，因感光胶的流动，干燥后感光胶层的厚薄是不均匀的。反复进行涂布、干燥，加大感光胶层厚度，曝光后可以减少产生的针孔，使图案的边缘清晰。印版的耐印力、耐溶剂性也可以相应得到加强。

下面以瑞士 HARLACHER H-41 自动涂布机涂胶为例，其操作流程如下。

a. 开启主电闸，开启开关，根据网版尺寸，选择、安装并固定专用前、后涂布刮斗。

b. 根据该网版待印刷玻璃片数对感光胶厚度的要求，调节前、后涂布刮斗的接触压力。对于玻璃片数较多、需要获得较厚感光胶涂层的网版，调节刮墨面刮斗压力在 3bar($1bar=10^5Pa$) 左右；调节印刷面刮斗压力在 2.5bar 左右；刮墨面刮斗比印刷面刮斗压力高 0.3~0.5bar。对于需要获得较薄感光胶涂层的网版，调节刮墨面刮斗压力在 4bar 左右；调节印刷面刮斗压力在 3.5bar 左右；刮墨面刮斗比印刷面刮斗压力高 0.3~0.5bar。

c. 将已配制好的感光胶溶液倒入前、后涂布刮斗，并用灰铲使其均匀分布在涂布刮斗内。

　　d. 安装并固定网版，设置涂胶架顶端和底端的停止位。

　　e. 根据需要手动操作涂胶或选择已设置好的涂膜程序涂胶。

　　f. 涂胶结束后，整理前、后涂布刮斗，取下网版晾干。

　　g. 晾干后将网版印刷面网框四边贴上透明胶带，保护丝网与网框之间的黏合，同时避免晒版时网版粘在晒版玻璃的表面。

8.2.7　晒版

　　晒版和显影晒版也称为曝光，将准备好的图文阳片与涂过感光胶的网版选择好正确位置紧密贴合在一起放入晒版机中。晒版机类型很多，采用光源也各不相同，有箱式晒版机和架式晒版机，可根据需要选用。晒版机密合后，开动真空抽气系统，抽空压实后，打关光源进行曝光。曝光的目的是使非图文部分的感光胶膜在光的作用下发生交联反应，失去亲水基，形成网状交联结构而不被水溶解，显影冲洗后仍然保留在丝网上。图文区域因受图形的遮挡未受到光的照射，此处胶膜不发生反应，经水显影冲洗后，胶层脱离，在丝网上形成通孔的图形。

　　晒版质量取决于光源、光距及曝光时间等因素。晒版用的光源一般采用弧光灯，此外也有用高压水银灯、卤素灯、氙灯的，还有使用一般的白炽灯和日光灯进行晒版的。不管哪种光线，都要做到能使感光膜硬化，最理想的光源是能发出从紫外至青紫波长的光源。如果光源与感光胶膜表面的间距很小，会造成版面中心部位曝光过度，使版面中心与版面四周边缘曝光不均匀；反之，间距过大，会产生曝光不足或产生晕影。

　　控制的办法是：光源与感光胶表面的距离与感光胶表面形成图文的形状和尺寸有直接关系，可用经验关系式 $F \geqslant 1.5D$ 来控制，其中，F 表示光源与感光胶膜之间的距离、D 表示底片上图像的对角线尺寸或直径。如能较好地掌握两者间关系，就可避免曝光过量或曝光不足的缺陷。

　　曝光时间与光距以及光源照射强度与印版质量有密切关系，光强度越高，曝光时间越短；光强度低时，曝光时间就得加长。光源强度一定时，光距越大，曝光时间越长，反之，曝光时间就越短。显影需将曝过光的印版置入水槽中浸泡 10min 左右，并在水中不断晃动网框，待未感光部分吸收水分膨润后，即可用水冲洗显影，要显影的网版需斜置于水槽中，用喷枪对网版进行反复冲洗。显影应尽量在短时间内完成，图文部分感光膜因吸水膨胀被水冲掉，而曝光部分硬化与丝网牢固的黏合在一起。

8.2.8　显影

　　把曝过光的印版浸入水中 $1\sim2$min，要不停地晃动网框，等未感光部分吸收水分膨润后，用水冲洗即可显影。显影应尽量在短时间内完成。有时用 $3.5 \sim$ $5.5 kgf/cm^2$ 的喷枪，从两面喷水显影。由于感光液的种类不同，有的容易显影，有的不容易显影，但无论如何都必须把未感光的部分完全溶解掉。图案细时，要用 $8 \sim 10$ 倍放大镜检查细微的部分是否完全透空，必须完全透空才行。显影完成，再用海绵或吹风机迅速除去水分进行干燥。

由于感光液的种类不同，对聚合度高的乙烯醇乳剂膜和耐溶剂性的乳剂膜，应用温水显影。对于尼龙感光膜多用工业酒精来显影，直至最细的图像能充分显出后，仔细检查，图像全部清晰显出即可用清水冲洗，烘干即可。显影的酒精可保留，多次使用。

显影程度的控制原则是：在显透的前提下，时间愈短愈好。时间过长，膜层湿膨胀严重，影响图像的清晰性；时间过短，显影不彻底，会留有蒙翳，堵塞网孔，造成废版。蒙翳是一层极薄的感光胶残留膜，易在图像细节处出现，高度透明，难与水膜分辨，常误认为显透。为便于观察，可采用灯光显影水槽；也可采用自制灯光观察台。

8.2.9　干燥

显影后的丝网版应放在无尘埃的干燥箱内，用温风吹干。丝网版烘干箱是制版专用设备，用于对丝网清洗和涂布感光胶后的低温烘干。烘干温度一般可控制在 $(40 \pm 5)℃$。

烘干箱应配有自动控温系统或定时装置，并保持箱体内的清洁。丝网烘干箱可分为立式和卧式两种。立式烘干箱占地面积小，适用于面积较大而精度要求不高的丝网版。卧式烘干箱占地面积大，适用于面积较小而精度要求较高的丝网版。两种烘干箱分别为多排式和多层式，可保证多块丝网版同时烘干。

烘干时事先应把网版表面的水分吹掉，避免干燥时水分在丝网表面下流而产生余胶，影响线条边缘的清晰度。如果用坚膜剂处理版面，在水洗完毕后即可进行，注意布流均匀。

8.2.10　印前检查

印前网的检查及处理新版制作完毕后要进行全面的检查及后处理。具体内容如下。

① 检查丝网印版质量。包括图形是否全部显影、图文网点线条是否有毛刺、残缺、断条及网孔是否被堵塞塞等现象，如果有上述现象应及时补救，若无法补救，应考虑重新制版，以确保印刷质量。

② 检查网膜上是否存在气泡、砂眼，靠近网框的四边有无未封网之处。

③ 检查晒版定位标记是否符合印刷时的要求。

④ 用胶带将丝网与网框进行黏结以提高丝网与网框的牢固度。

⑤ 在网框适当位置贴上版标标注名称、丝网目数、感光灯型号、制版日期及人员等。

8.3   丝网印刷玻璃生产技术

8.3.1   丝网印刷前准备

做好印刷前的准备工作，是保证印刷顺利进行的必不可少的一种工作。在印刷生产前需做好以下几方面的基本准备工作。

① 清理印刷场地，保证印刷台或印刷机四周有一定操作活动空间，避免其他物体妨碍工作。保持场地清洁，避免灰尘等影响印刷质量。

② 注意调整印刷车间湿度和温度，以适应印刷要求。

③ 准备好合适的刮板，并检查刮板是否有碰伤，如果有碰伤要进行研磨，以防刮伤印版影响印刷质量。

④ 检查丝网印版是否完好，发现问题及时修正，保证丝网印版图文四周封网，避免非图文部分有漏墨现象。用湿润的布轻擦版面，去除版面上的灰尘。

⑤ 根据承印物特点，调整丝网印版与承印物之间合适的间隙。

⑥ 检查所用油墨的颜色及黏度是否符合要求。

⑦ 根据承印物尺寸大小，确定其在印刷台上的位置。固定好印刷辅助设备的规矩。

⑧ 做好晾纸架等烘干设备的使用准备工作。如果使用烘干机，要预先调整好烘干温度。做好以上检查的准备工作，即可开始印刷。

除此之外，还要根据实际需要，注意其他有关联的各项准备工作。

8.3.2   印刷前注意事项

丝网印刷前除了做好准备工作以外，还应注意其他有关问题。印刷前应从以下几方面注意。

(1) 印刷场所的清洁   丝网印刷随着印刷精度要求不断提高，特别的印刷线路板、电气元件等高精度印刷，对环境也提出了较高的要求。一般要求印刷车间、制版车间必须清洁，空气中没有灰尘，否则会影响印刷质量。对印刷精度要求较高的车间，必要时还要安装空气净化设备，以保持印刷、制版车间的清洁。

(2) 温度及湿度   春、夏、秋、冬四季气温及湿度变化较大，对印刷精度影响也相对较大，特别是多色套印，影响更为明显，所以，要求室内湿度、温度要相对稳定，并根据季节变化适当调整室内的温度和湿度，以保证印刷尺寸精度。

(3) 充分了解承印物的性质   由于丝网印刷应用范围非常广泛，承印材料种类繁多，而承印物的形状也有所不同，在印刷前要根据不同的要求选择适当的油墨和溶剂以及刮板等。

8.3.3　丝网印刷过程

丝网印刷过程实际上是釉料的转移过程。在丝网印刷中，釉料的转移是依靠刮板所施加的压力，将釉料从丝网的网孔中挤压漏印到玻璃表面上的。在这个过程中，釉料从网版到玻璃表面的转移分以下几个步骤来完成。

印刷时，无论是刮釉还是回釉过程，釉料均在刮板的运动区间始终呈圆棒回转式移动，如图8-8所示。其回转速率与刮板的运动速率和釉料的黏度有关。不同的是，刮釉时釉料需要通过丝网网框，而回釉时釉料呈一定厚度的膜层涂布在网版网面上。釉料的黏度和流变学性质对回转运动有较大的影响，高黏度的釉料在刮板运动时无法在版上回转，不能进行正常的印刷。

釉料在刮板压力作用下，通过网版通孔部分转移到玻璃表面上的过程，可按照刮板移动的时间顺序作说明，如图 8-9 所示。

① 当刮板进行刮釉运动时，处于刮印角内的釉料随着刮板向前移动的同时，自身做回转式运动，并不断填充于丝网的通孔中，如图 8-9 中 A 所示。

② 在刮板的运动过程中，已经填充于通孔中的釉料会不断地刚好处于刮板的正下方，承受较大的压力而压缩，并使其黏附在玻璃表面，如图 8-9 中 B 所示。

③ 根据丝网印刷的原理，在印刷过程中，丝网与玻璃表面始终成线性的接触。所以，处于刮板正下方具有一定的黏度的釉料，在下一个瞬间的离版操作中会受到丝网与玻璃表面的拉扯，使其伸长，如图 8-9 中 C 所示。

④ 在离版操作完成的瞬间，釉料被分段成两部分，上段留在通孔中，下段覆盖于玻璃表面上，如图 8-9 中 D 所示。

⑤ 最终，被分成两段的釉料会因其自身的黏弹性由丝状复原，如图 8-9 中 E 所示。

影响这一过程的主要因素是釉料的黏弹性、釉料和丝网界面的张力、玻璃基片对釉料的接受性。釉料的转移可归纳为釉料的填墨、转移和铺展三个过程。

填墨是向网孔内灌釉的过程。填墨的过程受很多因素的影响，如釉料受外力作用的大小、

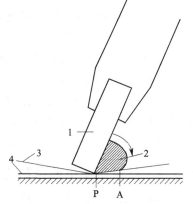

图 8-8　釉料的移动回转示意
1—刮板；2—回转釉料；3—丝网印刷；
4—玻璃基片；P—印刷与玻璃的接触点；
A—釉料移动的位置

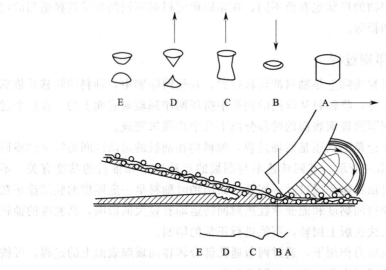

图 8-9 印刷釉料的移动说明

时间、丝网的通墨性以及釉料的流变性等。一般情况下，釉料在填充通孔时，刮板前端与版面接触的角成锐角是一个重要因素。刮印角度小，填墨量大；反之，刮印角度大，填墨量小。在一定的速率范围内，刮墨速率增加，填墨量增加；超出该速率范围，填墨量则减少。钝角的刮板胶刮比锐角的胶刮填墨量要多。方角的刮胶的直角因磨损变成圆形时，网版上釉料层的刮除就不能充分进行，在丝网的通孔上面留下厚厚的釉料层，会使釉料的转移性变差。另外，丝网的材料、网孔的形状和大小等，都对网孔填墨量有一定的影响。

转移是指网版通孔中的釉料，在刮板压力下压缩并与玻璃表面黏附，在离版操作中，釉料呈墨丝状并有一个向上的拉抗力，与黏着在玻璃表面的釉料之间一边相互抗拉，一边变形流动，先拉丝后分裂。

当釉料与丝网分离后，断裂的墨丝具有黏弹性，能迅速缩回，避免了飞墨的故障。这时，如果釉料停止流变，则印迹会有明显的网迹，其程度取决于丝网的接触面积。为了消除网迹现象，要求釉料转移到玻璃表面上仍具有一定的流动性，使釉料层很快流平，同时还要防止印迹过分扩大，以获得表面光滑的釉层。

8.3.4 丝网印刷中的控制要点

（1）网距 网距是丝印网版与承载物（玻璃基片）之间的距离。丝印网版在丝网印刷过程中，丝印网版同玻璃基片具有两个相对位置：一种是静态（即无刮印动作），两者处于非接触状态，它们之间有一定的网距；另一种是刮压情况，丝网版与玻璃受到刮板的压力，使刮板始终与丝网印版和承载物（玻璃基片）呈线性接触，接触线随刮板的移动而匀速移动。没有这两种状态，就印不出来所需要的图案。准确把握丝网版同玻璃之间的相对距离和位置的变化，是保证印刷质量的关键。

网距在印刷过程中主要有两大作用，即调整丝网的张力和拉伸率以及保证釉料的转移效率。网距的设定必须适中。有时为了弥补网版张力的不足，会采用增加网距的方法。由于网距的增加只有较大的刮印压力才能使网版与玻璃基片接触。刮压过大又导致了丝网的磨损严重，从而影响网版的使用寿命，这种情况对于大批量的生产订单表现得尤为严重。如果网距过小，丝网没有足够的张力回弹，使网版与釉料的分离、釉料的转移效率、图案清晰度等受到影响。最佳网距的计算如图 8-10 所示。

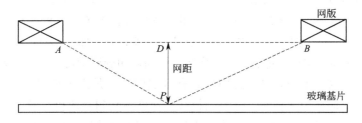

图 8-10 最佳网距的计算示意

设网版长度为 AB，网距高度为 PD，刮板加压时 P、D 接触，刮板压力引发的网版长度为 $AP+PB$，延伸长度为 $(AP+PB)-AB=C$，根据勾股定理，$\sqrt{AP^2}=\sqrt{AD^2+DP^2}$，求 AP 并代入公式。计算结果 $(AP+PB)-AB=C$ 小于延伸长度，在丝网延伸长度极限范围内，则网距的设定高度正确；如果 C 值大于丝网延伸长度，则要调整网距的高度。

（2）印刷压力 印刷压力是刮板在刮釉方向移动时作用于网版上的压力，也是由于刮板的形状、网版的张力、橡胶刮板的弯曲程度而产生的作用在刮板刃口的力。由于橡胶刮板的弯曲，刮板施于网版上的力与刮板移动方向上的力构成印刷压力，它决定印刷质量。

在一定的印刷条件下，正确掌握印刷压力，对正确实施印刷，保证印刷产品的质量是非常重要的。因为丝印网版只有在刮板的一定压力才能与玻璃表面接触，且呈线接触。如果印刷压力小，网版就接触不到玻璃表面，也就无法进行印刷；而印刷压力过大，将出现网点扩大、图像模糊、刮板胶刮变形过度的情况，影响印刷质量，同时也会加快胶刮、网版的磨损，降低其使用寿命，并导致丝网印版松弛，印刷图案变形。因此，控制刮板压力是保证产品质量的关键因素之一。

手工印刷时靠手臂调节印刷压力，机械印刷时则靠调节螺栓、气压来调节印刷压力。

（3）刮印角度　刮印角度是指刮板纵长方向与其运动方向在 90°角范围内任意变换的角度。在印刷过程中，每刮一次或每回一次墨，由于刮板的转换，导致刮板与其运动方向角度发生一点变化，使得刮板两头偏斜，一头较另一头稍向前移。

而在自动印刷机上，改变斜度的目的是为了克服刮板在丝网表面上下移动时所产生的轨道震动，并且避免刮板运动方向与图像点、面平行，然而通常情况下，要达到这个目的是很困难的，因为改变斜度会造成油墨流到另一边的网框上。这个问题可以通过斜角绷网改变网目的方向来解决。即图像方向与边框成一定角度，刮墨方向平行于边框，这样刮墨方向与图文线条方向自然成一定角度。对于承载物为玻璃的平面印刷而言，刮印角度一般在 45°～70°之间为宜。

（4）刮印速率　刮板的刮印速率与印刷效果有很大关系。板在刮印时使油墨均匀位移并保证整个图文部分均匀地通过油墨。所以，刮印速率对油墨的转移量以及对油墨的转移均匀程度都有一定的影响，因而对印刷质量也会产生很大影响。

由于承印物的不同，刮印速率也是有区别的。但是无论承印物的质地如何，刮板都要尽量保持匀速移动，如果刮板移动速度不均匀，忽快忽慢，承印物上就会产生墨杠。如果在刮印时虽然速率均匀，但移动动速度太慢，图文边缘就会油墨渗透，致使图文扩大。反之，如果速度过快，会出现图文部分墨量不足，墨色太淡，所以在印刷时，特别是手工印刷时，要通过实验确定合适的刮印速率。

（5）釉料黏度　釉料黏度是由釉料的成分、颗粒大小、黏结剂、表面张力、存放时间等因素决定的。印刷时釉料黏度必须要适中，如果黏度太大，釉料难以通过网孔转移到玻璃表面，且印刷中容易干网，影响生产效率；如果黏度太低，印刷图案边缘就会釉墨渗透，线条不再平滑。

8.3.5　丝网印刷的生产方式

彩釉丝网印刷生产通常有两种方式，一种是手工印刷，另一种是机械印刷。其中机械印刷又分为全自动印刷和半自动印刷两种。

（1）手工印刷　手工印刷机结构简单手工印刷从玻璃的上片、印刷和收料等全部工作均由手工操作完成，操作相对容易，但印刷速率低。每次印刷时因受操作者胶刮力度的影响，釉层厚度易发生变化，故采用手工印刷机生产，要求操作者在手持刮墨板刮印过程中，须具有一定的经验和技巧，具体要求如下：

① 直线性，印刷时刮墨板应直线前进，不能左右晃动；
② 匀速性，不能前慢后快、前快后慢或忽慢忽快；
③ 等角性，刮板的倾斜角度应保持不变，特别要注意倾斜角逐渐增大的通病；
④ 均匀性，印刷的压力要保持均匀一致；
⑤ 居中性，保持刮板与网框内侧两边的距离相等；

⑥ 垂边性，刮墨板与边框保持垂直。

手工印刷机多用于种类多、规格小、数量少的彩釉玻璃产品印刷，大批量彩釉印刷中很少使用。

手工丝印台如图 8-11 所示。

图 8-11　手工丝印台

（2）机械自动印刷　全自动印刷机的整个印刷过程均由机械完成。全自动玻璃印刷机有多色套印功能，装有由光电管控制的自动停止装置，如图 8-12 所示。

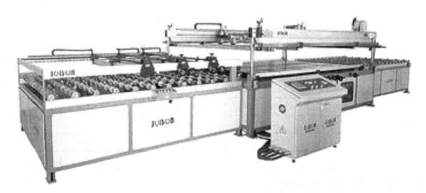

图 8-12　全自动玻璃印刷机

全自动玻璃印刷机非常适合印刷规格整齐、单一的生产订单。这种印刷机的主要特点是：

① 上片、初定位、精准定位、印刷、卸片全自动运行；

② 可采用自动、手动两种印刷模式，易于操作；

③ 印件采用进口同步防滑带升降输送，传动平稳，低噪声，长寿命；

④ 二次重复定位，采用板线式以及多点定位两种方式，确保各种形状玻璃对位精准；

⑤ 压力均衡，自动补给的轻便调节印刷刮座系统，保证印刷均匀精细；

⑥ 印刷传动采用进口直线导轨以及同步齿带，运行平稳，无级调速；

⑦ 电器控制采用 PLC 可编写控制系统；

⑧ 设备设有自动报警装置以及周边安全保护开关，并可选择配置气动机械安全保护装置，确保安全生产。

（3）机械半自动印刷　半自动印刷机承印物放入和取出由人工操作，印刷由机械来完成。其工作效率虽然比不上全自动印刷机，但上网版和印刷附件的更换都非常简单，在建筑彩釉玻璃生产中被广泛使用。如图 8-13 所示为半自动玻璃印刷机，其工作参数见表 8-3。

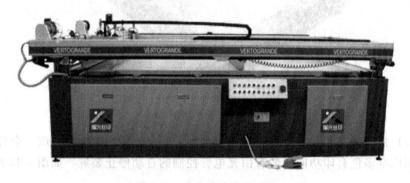

图 8-13　半自动玻璃印刷机

表 8-3　半自动玻璃印刷机工作参数

规　格	YKP2450	YKP2030	YKP1825	YKP1322
最大玻璃尺寸/mm×mm	2500×5000	2000×3000	1830×2440	1300×2200
最大网版尺寸/mm×mm	2900×5800	2400×3800	2230×3240	1700×3000
工作台平面度/mm	0.3	0.25	0.2	0.15
重复定位精度/mm	±0.15	±0.15	±0.1	±0.1
工作台面高度/mm	950±25	950±25	950±25	950±25

8.3.6　丝网印刷玻璃的烧结

玻璃是非晶质无机材料，随着温度的升高而软化，当加热达到玻璃的软化温度时，玻璃就会变形。玻璃彩釉通过丝印装饰于平板玻璃的表面，需通过高温烧结固结于玻璃表面，但烧结温度必须低于被装饰玻璃的软化温度，才能保证装饰玻璃不变形。一般玻璃釉料的烧结温度不高于 520℃，通常控制在 480～520 ℃。

　　详细操作参见本书的另一分册——《玻璃强化及热加工技术》中 6.2.5 部分。

8.4　丝网印刷玻璃常见问题及处理方法

　　丝网印刷玻璃常见问题可分为制版过程中出现的问题和丝网印刷过程中出现的问题两大类型。

8.4.1　制版问题及处理方法

　　(1) 图像分辨力低，层次丢失

　　① 晒版时，底版与胶膜接触不实　采用真空吸附或其他方式使之紧密接触。

　　② 底版（阳图片）质量不好　检查底版密度和图像质量。

　　③ 感光胶本身质量差，分辨力低　选用高质量感光胶。

　　④ 光源选用不当　使用与感光胶光谱波长匹配的光源。

　　⑤ 丝网目数太低　提高丝网目数。

　　⑥ 显影冲洗处理不当　检查显影冲洗程序，调整水压和水温。

　　(2) 图像边缘清晰度差

　　① 晒版时，底版与胶膜接触不实　采用真空吸附或其他方式使之密合。

　　② 显影冲洗不够　从两面冲洗图像直到干净和清楚。

　　③ 曝光时光线的散射　使用有色丝网。

　　④ 感光胶膜涂布不匀　检查涂布工序，增大丝网张力。

　　⑤ 相对于图像选择丝网目数太低　适当提高丝网目数。

　　(3) 图像细线和小网点消失

　　① 晒版时底版与丝网胶膜贴合不实　提高真空晒版机的真空度。

　　② 底版密度不足　选用密度高的软片制作照相图文底版。

　　③ 曝光时间不长　减少曝光时间，或增大光源与被曝光体之间的距离。

　　④ 光源照射不均匀　选用带有暗箱的点光源。

　　⑤ 显影不充分　充分进行显影。

　　⑥ 感光胶的残液开成透明的不透水层，阻塞了网版，网版上看得见图像但印不出图案，多见于高目数的小网点及线条和图案边缘。因此，冲版显影时注意细节部分要冲透，冲版后迅速吸去残液，有条件的还可用高压空气泵吹通网孔。

　　(4) 印版产生气泡

　　① 感光胶在使用前搅拌不均匀或感光胶本身有气泡。在涂布感光胶前，将感光胶用玻璃棒或木棒充分搅拌均匀，或适当加以消泡剂。

　　② 制版环境灰尘较多，丝网版膜上落有灰尘。注意制版环境空气中的灰尘程度，尽量减少灰尘及防止灰尘落入。

③ 涂布感光胶的速率不均匀或涂布速率过快（使气体残留在感光胶内）。在涂布时，要保持涂布速率均匀，另一方面刮涂速率也不宜太快。

④ 晒版时，制版软片上落有灰尘。晒版时所用的网版要保证清洁无灰尘，这也是避免产生气泡的一个重要方面。

（5）印刷图像线条锯齿现象

① 丝网目数选择不当　根据图形更换适当的丝网。

② 曝光不足　进行曝光试验，增加曝光时间。

③ 胶膜厚度不够　均匀涂布，增加胶层厚度。

④ 曝光时光线的衍射　使用有色丝网。

⑤ 绷网张力不均匀　提高绷网张力和均匀度。

⑥ 显影时水压过大、时间过长　减少冲洗压力及时间。

（6）印版显影困难

① 曝光时间过长　进行曝光试验，调整曝光时间。

② 刮胶以后，存放过久　缩短存放时间。

③ 干燥温度过高引起热交联　按使用说明控制干燥温度。

④ 感光胶已经曝光　检查操作室灯光。

⑤ 晒版时底版与胶膜接触不实　采用真空吸附或其他方式使底片与感光膜紧密接触。

⑥ 感光胶失效　更换新感光胶。

⑦ 曝光时光线的衍射　使用有色丝网。

（7）底膜残留

① 感光乳剂配制与使用时间隔过长　缩短使用间隔期。

② 涂布不均匀　增加丝网张力，用上网浆器均匀上胶。

③ 干燥温度过高引起热交联　按感光胶使用说明，控制干燥温度。

④ 曝光灯源选用不当　合理选择灯源，以强紫外光（卤素灯）为宜。

⑤ 曝光不足或曝光过度　进行曝光试验，调整曝光时间。

⑥ 晒版时底版与胶膜接触不实　采用真空吸附或其他方式使之紧密接合。

⑦ 晒版时底版与胶膜接触不实　底版本身黑白反差小。检查底版透明度和黑度。

⑧ 显影时间不足　增加显影时间显透图文。

（8）网版有针孔

① 丝网脱脂不良除垢不净　用质量好的清洗剂把丝网清洗干净。

② 底版不洁，晒版玻璃上有污物　清除阳图片和真空架上的尘土污物。

③ 涂胶速率过快　慢且匀速的进行涂布。

④ 乳剂中有气泡或污物　搅拌及静置一段时间。

⑤ 丝网纤维上有水，干燥不良　在规定的温度下，彻底干燥丝网。

⑥ 上胶刮数不足　增加上胶刮数（2～3 次）。

⑦ 感光胶失效　更换新感光胶。

（9）感光胶膜与丝网黏结不好

① 丝网脱脂不良除垢不净　用质量好的清洗剂把丝网清洗干净。

② 干燥时间不够　在规定的温度下彻底干燥丝网。

③ 冲洗不合适　按感光胶使用说明检查冲洗温度。

④ 曝光不足，不应溶解部分在显影时缓和分解　增加曝光时间，进行曝光试验。

⑤ 涂布不均匀　增加丝网张力，用上网浆器均匀上胶。

⑥ 胶体与感光剂混合不均，乳剂放置时间过长　搅拌混合均匀，并检查其配比，检查制造厂家规定的贮存期限。

（10）感光膜使用时间短或网版破损

① 丝网脱脂除垢不净、干燥不彻底　用质量好的清洗剂把丝网清洗干净并干燥后放在干净无尘的地方防止二次污染。

② 木制网框产生形变　更换为铝制网框。

③ 网版张力松弛感光膜面产生不平衡的收缩　增加绷网张力，并放置一段时间再上网版胶，绷好的网要放置 2～3 天再用于晒版印刷。

④ 干燥温度过高使丝网产生形变　使用恒温控制器保证温度在 40℃ 以下。

⑤ 胶膜厚度不够　均匀涂布，增加胶层厚度。

⑥ 油墨细度不够或有异物　继续研磨油墨并去除异物过滤后使用。

⑦ 机械性摩擦　洗版时应用较软的物品擦洗。

⑧ 溶剂不当，与感光胶发生反应　注意溶剂的使用与感光胶匹配。

⑨ 曝光不足　进行曝光试验，增加曝光时间并进行二次曝光。

⑩ 油墨质量差，在网版上干燥快，洗版太多　提高油墨质量，避免干燥过快，减少擦版次数。

⑪ 印刷时刮板压力过大　减小刮板压力，修磨刮刀刃口。

8.4.2　丝网印刷问题及处理方法

玻璃丝网印刷常见故障主要有糊版、油墨在玻璃上固着不牢、墨膜边缘缺陷、着墨不匀、针孔、气泡、网痕、印刷位置不精确、成品墨膜尺寸扩大、背面黏脏、印版漏墨、图像变形、滋墨、飞墨、静电故障等。

故障产生的原因是多方面的，涉及丝印网版、丝印刮版、丝印油墨、丝印设备、丝印材料以及操作技术等诸多因素。丝印故障的产生，有单一方面原因的，但更多的则是各种原因交叉影响的结果。

（1）糊版　糊版也称堵版，是指丝网印版图文通孔部分在印刷中不能将油墨转移至玻璃上的现象。这种现象的出现会影响印刷质量，严重时甚至会无法进行正常印刷。丝网印刷过程中产生的糊版现象的原因是错综复杂的，其主要原因如下。

① 玻璃的原因　玻璃表面没有处理干净，还存在水印、纸印、油印、手印、灰尘颗粒等污物，因而造成糊版。

② 车间温度、湿度及油墨性质的原因　丝网印刷车间要求保持温度20℃左右和相对湿度50％左右，如果温度高，相对湿度低，油墨中的挥发溶剂就会很快地挥发掉，网上油墨的黏度变高，从而堵住网孔。另一点应该注意的是，如果停机时间过长，也会产生糊版现象，时间越长糊版越严重。如果环境温度低，油墨流动性差也容易产生糊版。

③ 丝网印版的原因　制好的丝网印版在使用前用水冲洗干净并干燥后方能使用。如果制好版后放置过久，不及时印刷在保存过程中或多或少就会黏附上灰尘，印刷时如果不洗涤，就会造成糊版。

④ 印刷压力的原因　印刷过程中压印力过大，会使刮板弯曲，刮板与丝网印版和玻璃不是线接触，而呈面接触，这样每次刮印都不能将油墨刮干净，而留下残余油墨，经过一定时间便会结膜造成糊版。

⑤ 丝网印版与玻璃间隙不当的原因　丝网印版与玻璃之间的间隙不能过小，间隙过小在刮印后丝网版不能及时脱离玻璃，丝网印版抬起时，印版底部粘上一定油墨，这样也容易造成糊版。

⑥ 油墨的原因　在丝网印刷油墨中的颜料及其他固体料的颗粒较大时，就容易出现堵住网孔的现象。

另外，所选用丝网目数及通孔面积与油墨的颗粒尺寸相比小一些，使较粗颗粒的油墨不易通过网孔而发生封网现象也是其原因之一。对因油墨的颗粒较大而引起的糊版，可以从制造油墨时着手解决，主要方法是严格控制油墨的细度。

发生糊版故障后，可针对版上油墨的性质，采用适当的溶剂擦洗。擦洗的要领是从印刷面开始，由中间向外围轻轻擦拭。擦拭后检查印版，如有缺损应及时修补，修补后可重新开始印刷。应当注意的是，版膜每擦洗一次，就变薄一些，如擦拭中造成版膜重大缺损，则只好换新版印刷。

(2) 油墨在玻璃上固着不牢

① 对玻璃进行印刷时，很重要的是在印刷前应对玻璃进行严格的脱脂及前处理的检查。当玻璃表面附着油脂类、黏结剂、尘埃物等物质时，就会造成油墨与玻璃黏结不良。

② 油墨本身黏结力不够引起墨膜固着不牢，最好更换其他种类油墨进行印刷。稀释溶剂选用不当也会出现墨膜固着不牢的现象，在选用稀释溶剂时要考虑油墨的性质，以避免油墨与玻璃黏结不牢的现象发生。

（3）墨膜边缘缺陷

① 产生原因　在玻璃丝网印刷产品中，常出现的问题是印刷墨膜边缘出现锯齿状毛刺（包括残缺或断线）。产生毛刺的原因有很多，但是主要原因在于丝网印版本身质量问题。

a. 感光胶分辨力不高，致使精细线条出现断红或残缺。

b. 曝光时间不足或曝光时间过长，显影不充分，丝网印刷图文边缘就不整齐，出现锯齿状。好的丝网印版，图文的边缘应该是光滑整齐的。

c. 丝网印版表面感光胶涂布不均匀时进行印刷，丝网印版与玻璃之间仍旧存有间隙，由于油墨悬空渗透，造成印刷墨迹边缘出现毛刺。

d. 印刷过程中，由于版膜接触溶剂后发生膨胀，且经纬向膨胀程度不同，使得版膜表面出现凹凸不平的现象，印刷时丝网印版与玻璃接触面局部出现间隙，油墨悬空渗透，墨膜就会出现毛刺。

② 处理方法　在玻璃丝网印刷产品中，常出现的问题是印刷墨膜边缘出现锯齿状毛刺。为防止锯齿状毛刺，可从下列几方面考虑解决。

a. 选用高目数丝网制版。

b. 选用分辨力高的感光材料制版，要选用架桥型、解像性良好的感光胶。

c. 制作一定感光胶膜厚的丝网印版，以减少膨胀变形。

d. 也可采用斜交绷网法绷网，最佳角度为 22.5°。

e. 精细线条印刷，也可采用间接制版法制版，因为间接法制版出现毛刺的可能较小。

f. 在制版和印刷过程中，尽量控制温度膨胀因素，使用膨胀系数小的感光材料。

g. 提高制版质量，保证丝网印版表面平整光滑，网版线条的边缘要整齐。

h. 应用喷水枪喷洗丝网印版，以提高显影效果。

i. 网版与玻璃之间的距离、刮板角度、印压要适当。

（4）着墨不匀　引起墨膜厚度不匀的原因有很多，就油墨而言是油墨调配不良，或者正常调配的油墨混入了墨皮；印刷时，由于溶剂的作用发生膨胀、软化，将应该透墨的网孔堵住，起了版膜的作用，使油墨无法通过。

为了预防这种故障，调配后的油墨（特别是旧油墨），使用前要用网过滤一次再使用。在重新使用已经用过的印版时，必须完全除去附着在版框上的旧油墨。印刷后保管印版时，要充分的洗涤（也包括刮板）。

如果回墨板前端的尖部有伤损的话，会沿刮板的运动方向出现一条条痕迹。在印刷玻璃时，就会出现明显的着墨不匀。所以，必须很好地保护刮板的前端，使之不发生损伤，如果损伤了，就要用研磨机认真地研磨。

印刷台的凹凸也会影响着墨均匀。凸部墨层薄，凹部墨层厚，这种现象也称为着墨不均。另外，玻璃的背面或印刷台上粘有灰尘的话，也会产生上述故障。

（5）针孔 针孔现象对于从事玻璃丝网印刷的工作人员来说，是最常见的问题。针孔发生的原因也多种多样，针孔是印刷产品检查中最重要的检查项目之一。

① 附在版上的灰尘及异物 制版时，水洗显影会有一些溶胶混进去。另外，在乳剂涂布时，也有灰尘混入，附着在丝网上就会产生针孔。这些在试验时，如注意检查的话，就可发现并可进行及时的补修。若灰尘和异物附着在网版上，堵塞网版开口也会造成针孔现象。在正式印刷前，要认真检查网版，消除版上的污物。

② 玻璃表面的洗涤 玻璃板在印刷前应经过前处理使其表面洁净，之后马上进行印刷。如玻璃经过处理后，不马上进行印刷，会被再次污染。经过前处理，可去除油脂等污垢，同时，也可除去附着在表面上的灰尘。

③ 要特别注意在用手搬运玻璃时，手的指纹也会附着在印刷面上，印刷时形成针孔。

（6）气泡 玻璃在印刷后，墨迹上有时会出现气泡，产生气泡的主要原因和处理方法如下。

① 玻璃印前处理不良 玻璃表面附着灰尘以及油迹等物质，应在印前正确处理玻璃。

② 油墨中的气泡 为调整油墨，加入溶剂、添加剂进行搅拌时，油墨中会混入一些气泡，若放置不管，黏度低的油墨会自然脱泡，黏度高的油墨则有的不能自然脱泡。这些气泡有的在印刷中，因油墨的转移而自然消除，有的却变得越来越大。为去除这些气泡，要使用消泡剂，油墨中消泡剂的添加量一般为$0.1\%\sim1\%$，若超过规定量反而会起到发泡作用。油墨转移后即使发泡，只要玻璃的湿润度和油墨的流动性良好，其印刷墨膜表面的气泡会逐渐消除，油墨形成平坦的印刷墨膜。如果油墨气泡没有消除，其墨膜会形成环状的凹凸不平的膜面。一般油墨中的气泡在通过丝网时，也会因丝网的作用可以脱泡。

③ 印刷速率过快或印刷速率不均匀也会产生气泡 应适当降低印刷速率，保持印刷速率的均匀性。

如果上述几条措施均不能消除印刷品中的气泡，可考虑使用其他类型油墨。

（7）网痕 丝网印刷玻璃的墨膜表面有时会出现丝网痕迹，出现丝网痕迹的主要原因是油墨的流动性较差。丝印过程中，当印版抬起后，转移到玻璃上的油墨靠自身的流动填平网迹，使墨膜表面光滑平整。如果油墨流动性差，当丝网印版抬起时，油墨流动比较小，不能将丝网痕迹填平，就得不到表面光滑平整的墨膜。为了防止印刷品上出现丝网痕迹，可采用如下方法。

① 使用流平性好的油墨进行印刷。

② 可考虑使用干燥速率慢的油墨印刷，增加油墨的流动时间使油墨逐渐流平并固化。

③ 在制版时尽量使用丝较细的单丝丝网。

(8) 墨膜尺寸扩大　丝网印刷后，有时会出现印刷尺寸扩大。印刷尺寸扩大的主要原因是油墨黏度比较低以及流动性过大；丝网印版在制作时尺寸扩大，也是引起印刷尺寸扩大的原因。

为避免油墨流动性过大而造成印刷后油墨向四周流溢，致使印刷尺寸变大，可考虑增大油墨黏度，以降低油墨的流动性。在制作丝网印版时，要严格保证丝网印版的质量，保证网版的张力。

(9) 印版漏墨　版膜的一部分漏墨，称为漏墨故障，其原因是：刮板的一部分有伤；刮墨的压力大；版与玻璃之间的间隙过大；版框变形大，局部印压不够；油墨不均匀；丝网过细；印刷速率过快等。

如果玻璃上及油墨内混入灰尘后，不加处理就进行印刷的话，因刮板压力作用会使版膜受损；制版时曝光不足产生针孔等，都会使版膜产生渗漏油墨现象。这时，可用胶纸带等从版背面贴上做应急处理。

这种操作若不十分迅速，就会使版面的油墨干燥，不得不用溶剂擦拭版的整体。擦拭版也是导致版膜剥离的原因，因此最好避免。版的油墨渗漏在油墨停留的部分经常发生，因此在制版时最好加强这一部分的控制。

(10) 图像变形　印刷时由刮板加到印版上的印压，能够使印版与被印物之间成线接触就可以了，不要超过。印压过大，印版与玻璃成面接触，会使丝网伸缩，造成印刷图像变形。丝网印刷是各种印刷方式中印压最小的一种印刷，如果忘记了这一点是印不出好的印刷品来的。如不加大压力不能印刷时，应缩小版面与玻璃面之间的间隙，这样刮板的压力即可减小。

(11) 滋墨　滋墨指玻璃图文部分和暗调部分出现斑点状的印迹，这种现象损害了印刷效果，玻璃丝网印刷容易产生此种现象。其原因有以下几点：印刷速率与油墨的干燥过慢；墨层过薄；油墨触变性大；静电的影响；油墨中颜料分散不良，因颜料粒子的极性作用，粒子相互凝集，出现色彩斑点印迹。

改进的方法是：改进油墨的流动性；使用快干溶剂；尽可能用黏度高的油墨印刷；增加油墨的湿膜厚度，尽量使用以吸油量小的颜料做成的油墨；尽量减少静电的影响。

(12) 飞墨　飞墨即油墨拉丝现象，造成的原因是：油墨研磨不匀；印刷时刮板离版慢；印刷图像周围的留空太少；产生静电，导致油墨离网版角度过小。可根据不同原因采取相应措施。

(13) 静电故障　静电电流一般很小，电位差却非常大，一并可出现吸引、排斥、导电、放电等现象，给丝网印刷带来不良影响。印刷时的丝网，因刮板橡胶的加压刮动使橡胶部分和丝网带电。丝网自身带电，会影响正常着墨，产生堵版故障；在玻璃输出的瞬间会被丝网吸住。引起原因和影响如下。

① 印刷加热线时玻璃容易带电。

② 静电易使玻璃表面吸附油墨颗粒，使玻璃表面不干净。

③ 因静电而引起的人体触电，是由于接触了带电物，或积蓄前静电在接地时产生火花放电而造成的。电击产生的电流虽然很小，不会发生危险，但经常发生电击，会给操作人员的心理带来不良影响。

防止静电产生的方法有：调节环境温度，增加空气湿度，适当温度一般为20℃左右，相对湿度60％左右；可使静电在湿的空气中进行传递；降低网距，减小印刷速率。

玻璃彩绘与镶嵌技术

9.1 玻璃彩绘技术

9.1.1 彩绘玻璃定义与分类

（1）彩绘玻璃定义　彩绘玻璃是一种应用广泛的高档玻璃品种。它是用特殊颜料直接着墨于玻璃上，或者在玻璃上喷雕成各种图案再加上色彩制成的，可逼真地对原画复制，而且画膜附着力强，可进行擦洗。根据室内彩度的需要，选用彩绘玻璃，可将绘画、色彩、灯光融于一体。如复制山水、风景、海滨丛林画等用于门庭、中厅，将大自然的生机与活力剪裁入室。

（2）彩绘玻璃的分类　根据彩绘玻璃的性质不同，可分为传统彩绘玻璃和新型彩绘玻璃两种类型。

① 传统彩绘玻璃　传统彩绘玻璃是目前家居装修中较多运用的一种装饰玻璃。制作中，先用一种特制的胶绘制出各种图案，然后用铅油描摹出分隔线，最后再用特制的胶状颜料在图案上着色。彩绘玻璃图案丰富亮丽，居室中彩绘玻璃的恰当运用，能较自如地创造出一种赏心悦目的和谐氛围，增添浪漫迷人的现代情调。

② 新型彩绘玻璃　新型彩绘玻璃又称彩色艺术强化玻璃，是通过现代数码科技输出在胶片或 PP 纸上的彩色图案画的艺术品与平板玻璃经过工业胶黏合而成，相映生辉，在达到美观的同时起到强化防爆等功能，广泛用于居家移门（推拉门）等，同样有透明、半透明或不透明之效果。图案可即时订制，尺寸、色彩、图案可随意搭配，安全而更显个性不易雷同，同时又制作迅速，渐有代替传统彩绘玻璃的趋势。

（3）彩绘玻璃的制作工艺　彩绘玻璃的制造过程是在玻璃上先贴保护膜、画稿，再按先重后轻、先浓后淡的次序上色。具体操作步骤为：在贴好即时贴的玻璃上画稿→按所画线条单刀刻出轮廓→喷主干部分→喷末梢部分。

9.1.2　传统彩绘玻璃的制作

（1）制作工具

① 上色的工具　主要是喷枪和喷笔。喷绘面积较大时使用喷枪，喷绘面积较小，表面比较细腻的使用喷笔。

② 喷绘用的颜色　分为两类：一类是一般涂料，主要用于单面观看的装饰玻璃的着色；另一类是玻璃专用涂料，其特点是颜色透明，制出的装饰玻璃画可以两面观看，广泛用于门窗玻璃、屏风壁画的着色。

（2）传统彩绘玻璃的工艺流程

① 画稿　首先准备好彩色画稿，最好用水彩或水墨使画稿比较接近玻璃的艺术效果。画稿设计的精细程度根据艺术家的个人风格，或取决于客户的要求。

② 放大画稿　彩色画稿完成以后，放大草图是制作的第二步，放大的画稿必须和实际制作尺寸完全一致，由设计者本人完成。所有制作的尺寸和细节，必须在放大稿上非常详尽的表现出来。在分割完放大设计稿以后，在透明纸上剪下样模。剪下的样模的形状就是以后切割玻璃依据。

③ 确定铅条位置的镶嵌图　放大稿完成后，接下来便是画出镶嵌图稿，它涉及在放大稿上画出铅条的线条。这些线条将确定画面分成多少个小块以及这些小块的玻璃将会是怎么样形状。

④ 当在放大稿上确定了所有的切割线条以后，即在透明纸上用黑墨水笔，将图案全部描下来，用双面剪刀沿黑线将透明纸一块块剪下。然后标上号码、色系。最理想的线条是 2mm 宽和铅条的壁厚一样。以后根据号码选择玻璃还要在放大稿上标出所用铅条的粗细。

⑤ 选择玻璃　如果对玻璃的机理及色彩的选择错误的话，将体现不出设计的意图和所要达到的效果。因此，必须认真地挑选玻璃。在中世纪初，玻璃艺术家是在自己的工作室制作玻璃的，但是今天可以找到各种品牌的由玻璃厂生产的彩色玻璃（80cm×65cm 左右一片）。为了选择玻璃，把放大的画稿固定在墙上并填上颜色，然后用小块玻璃样板对着日光比较颜色和机理，挑选最适合的玻璃。

⑥ 切割玻璃　在选择完玻璃以后，玻璃需经过切割成型，按照剪下透明纸切割。必须准确切割，还要考虑省料。

⑦ 焙烧　在整幅画稿中，如脸部、手部等手绘的部分需多次入窑炉焙烧画过的玻璃。

第一次焙烧：用黑色玻璃色粉与树脂及醋或水调配勾勒轮廓线条，增加黏附度。然后入到炉窑中焙烧，烧至 620℃左右，自然冷却后取出。

第二次焙烧：轮廓线烧制完成后，着底色，用特制刷子平涂使颜色在玻璃上非常均匀。然后放到炉窑中焙烧，根据不同材质的玻璃，调节温度，自然冷却后取出。

第三次焙烧：上暗部色彩，颜料中有浅棕色、有深棕色、灰黑色、暗红色等。在第二次烧制的基础上再次均匀地涂抹颜料，用刷子在玻璃上非常快速地刷平，根据画面的明暗需要，由浅及深地刷，使颜色富有层次感，然后等待 15min 左右，颜色干枯，用小刮刀或小笔将画面的亮部颜料轻轻刮去。再放入炉窑焙烧，有点像版画的制作。

第四次焙烧：经过三次焙烧，轮廓线、底色、暗部画面已基本成型，再进行中间层次的描绘即细部的刻画。再入炉焙烧到 620℃经过多次焙烧，彩画玻璃的层次会越来越丰富，色彩也会越来越亮丽。

(3) 玻璃喷绘实例

① 在玻璃上喷绘荷花　先贴即时贴绘稿，然后按照原稿的勾勒线用刀把保护膜刻透，花瓣、叶子，按轮廓线刻透不揭，叶筋、叶干刻透揭下，着色时，先从叶筋、叶干处喷起。荷花的花瓣着色很特别，因为花瓣尖上是红的，颜色深，所以着色的顺序是从里往外，逐渐推进，山岭的着色与此相同。

② 在玻璃上喷绘牡丹　牡丹图案的雕刻方法与荷花不同，花瓣、叶、干均照轮廓线刻透，枝干、叶筋处揭起待着色。花瓣的着色与荷花花朵的着色相反，是从外往里推进，因为花瓣底部颜色重，而尖上颜色浅，其他花与此相同。

总之，彩绘玻璃的着色都是从最深处上起，而后渐浅，这是因为浅颜色遮盖不住深颜色，而深颜色的叶、干被喷上浅颜色后会显得更成熟。另外，花朵、叶子着色后，整个喷一层白色，立体感会更强，如果喷一遍清漆或亮油，画面就变成苏州刺绣似的清新淡雅的双面效果了。

9.1.3　UV 玻璃喷绘机

UV 平板喷绘是 UV 固化油墨与数码喷印技术的完美结合。UV 平板喷绘的工作效率和喷绘质量非常高，能在多种材料表面进行彩色喷绘，不但能喷绘软质材料，而且还可向多元化方向发展，如在玻璃、木材、地板砖、天花板、陶瓷等材料上都可以喷绘出美丽的图案，是数码喷印技术的发展趋势。利用该技术，可以实现想喷什么就喷什么，速率快、精度高，不但具有普通喷绘机的优点，而且现在使用 UV 平板喷绘就可即时打印，立等可取。具有生产效率高，节约更多时间并降低制作成本等优势。玻璃 UV 喷绘机如图 9-1 所示。

UV 平板喷绘给人们带来打印材料的多样性，使它有了更广的应用领域，能够满足各行业、各种材料彩色喷绘的多种需求。

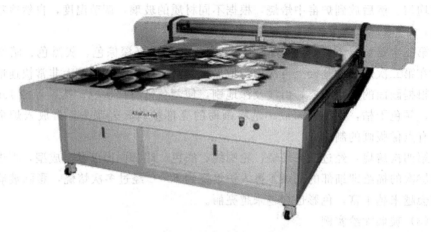

图 9-1　玻璃 UV 喷绘机

（1）UV 玻璃喷绘机的设备性能

① 喷印高度自动化，自动升降　喷头高度自动控制系统能够自动探测材质的厚度，并将喷头的高度自动调节到用户设定的位置，因此在各种材质上都能实现完美打印。

② 具有喷印材料校正的定位销　具有喷印材料校正功能的定位销装置，可实现精准的喷印材料定位，因此可确保图像的"边边垂直"打印和重复打印。

③ 自动封头功能　为确保获得最佳打印品质，采用简便易用的自动封喷头装置，可以在不脏手的情况下将喷头保持在最佳打印状态。

④ 除静电功能　防静电设计能有效消除喷印材料上的静电，避免因静电产生的墨点飞溅现象。

⑤ 环保接墨功能　气动控制接墨等装置提供了环保洁净的作业环境。

（2）UV 玻璃喷绘机的操作规程

① 开机顺序：先开前三个开关，再打开打印软件。然后打开 35V 电源跟其他开关（送布开关：往上为放车体，往下为放布，中间为停）。

② 关机顺序：从后往前依次关闭。

③ 上布时布的两边最好压在两个压轮之间。把布拉平，拉紧，抬起压杆。

④ 轨道定期加润滑油，地线定期浇盐水。

⑤ 冬天室内温度最好不低于 20℃，室内湿度不低于 40%。

⑥ 保持室内清洁，以免灰尘堵塞喷头。

⑦ 光栅定期擦拭。

⑧ 严禁更改系统时间。

⑨ 不能连续打开两次打印软件。

⑩ 须打开软件后再打开 35V 电源开关。

⑪ 冲洗喷头以后一定要保证喷头电路部分的干燥，如果有电路部分有液体或不干燥容易烧掉喷头跟喷头控制板。

⑫ 每次工作完以后都要对喷头进行保养维护（使用保鲜膜与面巾纸包喷头）。

⑬ Photoshop 的模式必须设为 CMYK，存储为 TIFF 格式。

⑭ 在机器工作的时候，其他机器严禁访问本机，否则容易出现乱码现象。

⑮ 机器电路所有部分不能带电插拔。

⑯ 机器两边的急停开关不能随意乱动。

⑰ 使用吸尘器清洗喷头时要竖着清洗，不要来回摩擦清洗。

⑱ 打雷时最好关闭机器断电。

（3）使用注意事项

UV 平板喷绘机比较昂贵，为了延长 UV 平板喷绘机的使用寿命，通常在使用 UV 平板喷绘机时应注意以下几点。

① UV 平板喷绘机喷头的保养要注意防静电，防干墨现象。

② 最好在不使用 UV 平板喷绘机后用溶剂清洗液与海绵湿润喷头表面，以防喷头过干造成断线。

③ 温度太高会造成一些 UV 平板喷绘机出现飞墨拉毛现象，建议控制好室内温度，还有室内清洁对喷头与机器是最好的保养。

（4）喷绘机喷头的保养

喷绘机在使用过程中常常出现喷头堵塞，为减少喷嘴的堵塞，每天须对喷头做一些适当而有效的日常维护，以保持喷头最佳工作状态。

① 初期保养维护　设备安装完毕后，以及设备启用初期对喷头进行的保养维护要求如下。

a. 为使喷头进入最佳工作状态，在设备正式开始工作前，请务必用 1～2 天的时间尽最大可能多的打印一些画面，而且打印画面时最好是 CMYK 四色全用到，而且在画面的两边都加上 C，M，Y，K 四色的测试条以确保所有喷头始终处于喷墨状态。

b. 喷绘时最好把机器清洗端内的海绵连同其托架一起取出。

② 日常保养维护　每天所有的打印作业全部完成后，为使喷头保持最佳工作状态且避免由于溶剂性墨水挥发而堵塞喷嘴，保证以后打印工作的顺利进行，需按以下方法对喷头进行维护。

a. 关闭设备电源。

b. 首先用专用的清洗液将保湿海绵或保鲜膜清洗干净，然后再将清洗液倒在其上面。

c. 将喷绘机机头移回机器的清洗端并使喷头喷嘴与保湿海绵或保鲜膜紧密结合。

③ 喷嘴轻微堵塞的处理方法

a. 在喷绘机工作过程中，发现喷嘴出现轻微堵塞现象后要毫不犹豫地暂停打印，然后用吸尘器或手动气泵使墨水从喷嘴喷出进行喷嘴清洗，清洗完毕后再继续打印。

b. 及时处理喷嘴轻微堵塞，对于在长时间打印过程中保持喷嘴最佳工作状态是非常重要的。

c. 要仔细检查喷头情况并查找喷嘴堵塞的原因所在。

④ 频繁发生喷嘴堵塞的处理方法

a. 先让喷绘机暂停工作，然后使喷绘机的机头移动到清洗位置。

b. 保持设备电源处于打开状态，将副墨盒联到机头小车板上，浮球开关信号线全部拔掉。

c. 将喷头上的供墨管（副墨盒端）拔掉，然后用玻璃注射器抽取专用清洗液清洗喷头。喷头的清洗方法是：每次用 40mL 清洗液，每隔 10min 清洗 1 次，共 3～4 次。

d. 清洗后重新插上供墨管和浮球开关信号线，然后继续先前暂停的打印作业。

⑤ 其他处理方法　以上处理方法见效不大或暂时没有效果时，应做如下处理。

a. 将喷头从喷头安装架上拆下取出。

b. 在干净的玻璃容器中倒入适量的专用清洗液，以放入喷头后淹没喷头底部 2～3mm 为宜，然后用保鲜膜将玻璃容器密封起来，达到防灰防尘的目的，并保持静置 1 天以上（注意：喷头顶端的信号接口切勿接触清洗液，否则会损坏喷头）。

c. 喷头浸泡完毕后，用超声波清洗器进行微波震荡，在清洗器的容器中倒入适量洁净的喷头专用清洗液，再将喷头底部放入清洗液中浸没约 2～3mm，然后启动清洗器，请选择专用的喷头清洗器，如果使用一般的超声波清洗器一定要严格控制时间，时间最长不能超过 5min，以防损坏喷头（注意：连续使用清洗器清洗不要超过 3 次）。

d. 用玻璃注射器抽取 40mL 专用清洗液，从喷头上部的供墨管接口处往里注射，注意观察从喷嘴喷出的水线状态，如果所有的水线都很直，说明清洗有效，这个喷头可以继续使用（前提是电路与压电晶体均完好），如果仍有部分水线喷歪，则须按第二、三步骤再做几次。

⑥ 设备预计要几天暂不使用时的处理方法　如果设备预计要 2 天以上暂不

使用，必须将喷头中的墨水清洗干净，否则喷嘴中的墨水会因为溶剂逐渐挥发而干结，严重的甚至会对喷嘴产生不可逆的损坏。处理方法如下。

a. 关闭喷绘机的电源。

b. 将机头移动到清洗位置，在喷头下方放一个耐腐蚀容器用于装清洗废液。

c. 用玻璃注射器抽出或者直接倒出副墨盒中的墨水，然后用专用清洗液将副墨盒洗干净。

d. 将喷头上的供墨管（源自副墨盒）拔掉，然后用玻璃注射器抽取专用清洗液清洗喷头，做几次，最后不要把喷头中残留的清洗液吹干净，一定要留足够的清洗液在喷头内部，因为清洗液对喷嘴可以起保温作用。

e. 将处理过的喷头放入干净的耐腐蚀容器并密封（用保鲜膜即可）起来后可存放 1 个月左右，如果要长时间存放一定要注意密封，若清洗液干了会损伤喷头。

9.2　玻璃镶嵌技术

9.2.1　镶嵌玻璃的定义与分类

（1）镶嵌玻璃的定义　镶嵌玻璃是指利用各种金属嵌条、中空玻璃密封胶等材料将钢化玻璃、浮法玻璃和彩色玻璃，经过雕刻、磨削、研磨、焊接、清洗干燥密封等工艺制造成的高档艺术玻璃。

镶嵌玻璃能体现家居空间的变化，是装饰玻璃中具有随意性的一种。它可以将彩色图案的玻璃、雾面朦胧的玻璃、清晰剔透的玻璃任意组合，再用金属丝条加以分隔，合理地搭配"创意"，呈现不同的美感，更加令人陶醉。

镶嵌玻璃广泛应用于家庭，宾馆，饭店和娱乐场所的装修、装潢。

（2）镶嵌玻璃的分类　镶嵌玻璃按性能可分为安全中空镶嵌玻璃和普通中空镶嵌玻璃。中空镶嵌玻璃是指将嵌条、玻璃片组成图案置于两片玻璃内，周边用密封胶粘接密封，形成内部是干燥气体具有保温隔热性能的装饰玻璃制品。

9.2.2　镶嵌玻璃的制作

（1）材料

① 玻璃　安全中空镶嵌玻璃两侧应采用夹层玻璃、钢化玻璃。夹层玻璃应符合《夹层玻璃》（GB 9962）的技术要求，钢化玻璃应符合《钢化玻璃》（GB 9963）的技术要求。

普通中空镶嵌玻璃两侧可采用浮法玻璃、着色玻璃、镀膜玻璃、压花玻璃等。浮法玻璃应符合《平板玻璃》（GB 11614）的技术要求，着色玻璃应符合

《着色玻璃》（GB/T 18701）的技术要求，镀膜玻璃应符合《镀膜玻璃》（GB/T 18915.1～18915.2）的技术要求，压花玻璃应符合《压花玻璃》（JC/T 511）的技术要求。其他品种的玻璃应符合相应标准或由供需双方商定。

② 嵌条　中空镶嵌玻璃的嵌条可以是金属条等各种材料，其质量应符合相应标准、技术条件或订货文件的要求。

③ 密封胶　中空镶嵌玻璃可采用弹性密封材料或塑性密封材料作周边密封，其质量应符合相应标准、技术条件或订货文件的要求。

（2）主要生产设备与工艺

① 主要设备　镶嵌玻璃的主要生产设备有电动真空吸盘（吸玻璃专用设备）、三爪手动吸盘（起重运输玻璃工具）、焊钉枪、电动螺丝刀、手枪电钻、钢卷尺、水平标尺铁、钢直尺、方钢、焊接机等。

② 工艺　镶嵌玻璃的主要工艺过程如下。

a. 利用各种金属嵌条、中空玻璃密封胶等材料将小块玻璃相拼接，嵌条有多种类形：扁平、圆形、U字形、工字形，粗细不同，软、硬度有别，根据不同需要使用。可以随各种不同的复杂的玻璃形状而弯曲。每一个连接点须用电烙铁焊接，熔化焊丝焊接，焊点须自然，大小适中。一面焊完后，小心地将整块翻身，再焊另一面。在镶嵌拼接过程中，要非常严格地按照放大稿相拼接，耐心仔细以达到玻璃最后所要求的正确尺寸。

b. 整块玻璃镶嵌、焊接完以后，接下来的步骤是嵌油灰（腻子）。将油灰加桐油稀释后嵌入铅条和玻璃之间缝隙中，使之牢固。并加强铅条的厚重感。加深色泽。使玻璃和铅条浑然一体。

c. 玻璃全部拼接完成后，在安装之前，必须考虑它的牢度和对风的承受力。所以在有些点上焊上铁丝以便将来安装时能和窗框上的铁条相捆绑连接。这一步骤需在做放大稿时就考虑这些点的位置安排。

9.2.3　镶嵌玻璃的质量要求与检测

（1）外观质量要求　镶嵌玻璃对于成品的外观质量有严格的要求。以制品为试样，在批量中要求抽取，在较好的自然光线或散射光照条件下，距试样600mm处用肉眼进行观察。主要观测内容包括：

① 嵌条应光滑、均匀，无明显色差，不得有焊液、氧化斑、污点及手印。

② 焊点或接头平滑，厚度不超过1.5mm，不得有漏焊。

③ 焊点的涂色应符合双方规定的颜色要求。涂色的表面不得有起皮脱落。

④ 玻璃拼块与嵌条或边条之间不得有透光的露缝。

⑤ 玻璃拼块的结石、裂纹、缺角、爆边不允许存在，中空镶嵌玻璃外侧玻璃的裂纹、缺角和爆边不得超过玻璃厚度。玻璃拼块的磨边应平滑、均匀。

⑥ 宽度≤0.1mm、长度≤30mm 的划伤每平方米允许存在两条．宽度＞0.1mm 或长度＞30mm 的划伤不允许存在。

⑦ 中空镶嵌玻璃内不得有污迹、夹杂物的存在．

⑧ 有贴膜的镶嵌玻璃不得有大于 0.5mm 的明显气泡存在。

（2）尺寸允许偏差　以制品为试样，在批量中按要求抽取，镶嵌玻璃的长（宽）度偏差用精度为 0.5mm 的钢直尺或钢卷尺测量；厚度用符合《外径千分尺》（GB/T 1216）规定的千分尺或具有同等精度的量具在玻璃板四边中心进行测量，取其平均值，数值修约至小数点后一位；叠差用精度为 0.5mm 的钢直尺测量。具体要求如下。

① 矩形中空镶嵌玻璃的长度及宽度允许偏差见表 9-1，其他形状或长度≥3000mm 的镶嵌玻璃的允许偏差由供需双方商定。

表 9-1　长度及宽度允许偏差　　　　　　　单位：mm

长（宽）度 L	允许偏差
$L<1000$	±2
$1000≤L<2000$	+2，−3
$2000≤L<3000$	±3

② 厚度允许偏差　中空镶嵌玻璃的厚度允许偏差见表 9-2。

表 9-2　厚度允许偏差　　　　　　　单位：mm

公称厚度 t	允许偏差
$t≤22$	±1.5
$t>22$	±2.0

注：中空镶嵌玻璃的公称厚度为玻璃原片的公称厚度与间隔层厚度之和。

③ 叠差　叠差指组成中空镶嵌玻璃的两片外侧玻璃因为错位形成的差值。矩形镶嵌玻璃的最大允许叠差见表 9-3，其他形状或长度≥3000mm 的镶嵌玻璃的叠差由供需双方商定。

表 9-3　最大允许叠差　　　　　　　单位：mm

长（宽）度 L	最大允许叠差
$L<1000$	2.0
$1000≤L<2000$	3.0
$2000≤L<3000$	4.0

（3）耐紫外线辐照性能　两块中空镶嵌玻璃试样经紫外线照射试验，试样内表面无结雾或污染痕迹、玻璃无明显错位、无胶条蠕变、嵌条无明显变色为合格。

耐紫外线辐射性能的检测采用紫外线试验箱（图 9-2），箱体尺寸为 560mm×560mm×560mm，内置由紫铜板制成的直径 150mm 的冷却盘两个。光源为输出功率不低于 40W/m² 的 300W 紫外灯，每次试验前用照度计检查光源输出功率。试验箱内温度为（50±3）℃。

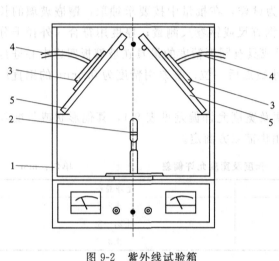

将工艺条件制作的尺寸为 510mm×360mm 的两块试样放在试验箱内，如图 9-2 所示，试样中心与光源相距 300mm，在每块试样中心各放置冷却盘，然后连续通水冷却，进口水温保持在（16±2）℃，冷却盘进出口水温相差不得超过 2℃。紫外线照射 168h 后，将试样取出，观察试样内表面有无雾状、油状或其他污物，玻璃是否有明显错位、胶条有无蠕变，嵌条有无明显变色。如果出现上述现象，应将试样放置于温度为（23±2）℃。湿度为 30％～75％的环境中存放一周后再进行观察，如果玻璃内表面的污迹消失则判定合格，否则为不合格。

图 9-2　紫外线试验箱

1—箱体；2—光源；3—冷却盘；4—冷却水管；5—试样

（4）露点　将玻璃表面局部冷却，当达到一定温度时，玻璃内部的水汽在冷点部位结露，该温度为露点。

露点仪主要由铜槽、温度计和测量面组成，如图 9-3 所示。测量管的高度为 300mm，测量表面直径为 450mm，温度计测量范围为 −80～30℃，精度为 1℃。

将三块制品或三块与制品相同材料、相同工艺条件制作的尺寸为 510mm×360mm 的样品为试样。在温度为（23±2）℃，相对湿度 30％～

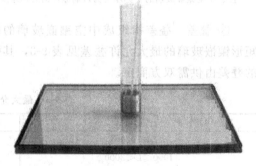

图 9-3　露点仪

75％的条件下放置 24h 以上。试验在该环境条件下进行，向露点仪中注入深约 25mm 的乙醇或丙酮，再加入干冰，使温度冷却到等于或低于 −30℃，并在试验中保持该温度。将试样水平放置，在表面涂一层乙醇或丙酮，使露点仪与试样表面紧密接触，停留 3min 后移开露点仪，立刻观察试样的内表面有无结露或结霜。

要求三块中空镶嵌玻璃试样的露点均≤−30℃为合格。

（5）离温高湿耐久性能　三块中空镶嵌玻璃试样经高温高湿循环耐久试验，试验进行 224 次循环，每个循环分为两个阶段：

① 加热阶段　时间为（140±1）min，在（90±1）min 内将箱内温度升到（550±3）℃，其余时间保温。

② 冷却阶段　时间为（40±1）min，在（30±1）min 内将箱内温度降到（25±3）℃，其余时间保温。

完成 224 次循环后移出试样，在温度（23±12）℃，相对湿度 30%～75% 的条件下放置 24h 以上，然后进行露点测试，露点均≤−30℃为合格。

（6）气候循环耐久性能　两块中空镶嵌玻璃试样经气候循环耐久试验，试验后进行露点测试，露点均≤−30℃为合格。是否进行该项性能试验，可由供需双方根据使用条件加以商定。

9.2.4　镶嵌玻璃的贮存注意事项

① 镶嵌玻璃用木箱或集装箱包装，包装箱应符合国家有关标准规定。每块玻璃应用塑料布或纸隔开，玻璃与包装箱之间用不易引起玻璃划伤等外观缺陷的轻软材料填实。

② 包装标志应符合国家有关标准的规定，应包括产品名称、厂名、厂址、商标、规格、数量、生产日期、执行标准。且应标明"朝上、轻搬轻放、防雨、防潮、小心破碎"等字样。

③ 产品运输应符合国家有关规定。运输时，不应平放或斜放，长度方向宜与运输车辆运动方向一致。

④ 产品应垂直放置贮存于干燥的室内。

● 参考文献

[1] 赵金柱．玻璃深加工技术与设备．北京：化学工业出版社，2012.

[2] 刘志海等．加工玻璃生产操作问答．第二版．北京：化学工业出版社，2012.

[3] 刘缙．平板玻璃的加工．北京：化学工业出版社，2008.

[4] 田英良等．新编玻璃工艺学．北京：中国轻工业出版社，2011.

[5] 刘志海等．低辐射玻璃及其应用．北京：化学工业出版社，2006.

[6] 朱雷波．平板玻璃深加工学．武汉：武汉理工大学出版社，2002.

[7] 刘忠伟等．建筑玻璃在现代建筑中的应用．北京：中国建材工业出版社，2000.

[8] 石新勇．安全玻璃．北京：化学工业出版社，2006.

[9] 王承遇，陶英．玻璃表面处理技术．北京：化学工业出版社，2004.

[10] 赵永田．玻璃工艺学．武汉：武汉工业大学出版社，1992.

[11] Joseph S. Amstock. 建筑玻璃实用手册．王铁华，李勇译．北京：清华大学出版社，2003.

[12] 中国南玻集团工程玻璃事业部．建筑工程玻璃加工工艺及选用．深圳：海天出版社，2006.

[13] 龙逸．加工玻璃．武汉：武汉工业大学出版社，1999.

[14] 宇野英隆，柴田敬介．建筑用玻璃．徐立菲译．哈尔滨：哈尔滨工业大学出版社，1985.

[15] 曹文聪等．普通硅酸盐工艺学．武汉：武汉工业大学出版社，1996.

[16] 干福熹．现代玻璃科学技术，下册．上海：上海科学技术出版社，1990.

[17] 唐伟忠．薄膜材料制备原理、技术及应用．北京：冶金工业出版社，1998.

[18] 马眷荣．建筑材料辞典．北京：化学工业出版社，2003.

[19] 丁志华．玻璃机械．武汉：武汉工业大学出版社，1994.

[20] 刘志海等．节能玻璃与环保玻璃．北京：化学工业出版社，2009.

[21] 王承遇，陶瑛．艺术玻璃和装饰玻璃．北京：化学工业出版社，2009.

[22] 杨修春，李伟捷．新型建筑玻璃．北京：中国电力出版社，2009.